本書の特色と使い方

本書で教科書の内容ががっちり学べます

教科書の内容が十分に身につくよう，各社の教科書を徹底研究して作成しました。
学校での学習進度に合わせて，ご活用ください。予習・復習にも最適です。

本書をコピー・印刷して教科書の内容をくりかえし練習できます

計算問題などは型分けした問題をしっかり学習したあと，いろいろな型を混合して
出題しているので，学校での学習をくりかえし練習できます。
学校の先生方はコピーや印刷をして使えます。（本書 P128 をご確認ください）

学ぶ楽しさが広がり勉強がすきになります

計算問題は，めいろなどを取り入れ，楽しんで学習できるよう工夫しました。
楽しく学んでいるうちに，勉強がすきになります。

「ふりかえりテスト」で力だめしができます

「練習のページ」が終わったあと，「ふりかえりテスト」をやってみましょう。
「ふりかえりテスト」でできなかったところは，もう一度「練習のページ」を復習すると，
力がぐんぐんついてきます。

完全マスター編５年　目次

整数と小数（1）

名前

1 □にあてはまる数を書きましょう。

① $83.6 = 10 \times \square + 1 \times \square + 0.1 \times \square$

② $5.28 = 1 \times \square + 0.1 \times \square + 0.01 \times \square$

③ $0.214 = 0.1 \times \square + 0.01 \times \square + 0.001 \times \square$

④ $0.97 = \square \times 9 + \square \times 7$

⑤ $1.085 = 1 \times \square + 0.01 \times \square + 0.001 \times \square$

2 □にあてはまる不等号を書きましょう。

① 0.01 □ 0　② 3.997 □ 4

③ 5 − 4.99 □ 0.1　④ 2 □ 2.15 − 0.2

3 次の数は，0.001 を何個（こ）集めた数ですか。

① 0.006（　　）こ　② 0.038（　　）こ

③ 0.92（　　）こ　④ 1.5（　　）こ

整数と小数（2）

名前

1 10 倍した数を書きましょう。

① 2.64（　　）　② 0.65（　　）

③ 47.8（　　）　④ 0.009（　　）

⑤ 0.107（　　）　⑥ 7.03（　　）

2 100 倍した数を書きましょう。

① 4.92（　　）　② 0.83（　　）

③ 15.76（　　）　④ 23.968（　　）

⑤ 0.911（　　）　⑥ 10.04（　　）

3 1000 倍した数を書きましょう。

① 0.59（　　）　② 0.3094（　　）

③ 0.0208（　　）　④ 10.67（　　）

整数と小数（3）

名前

1. $\frac{1}{10}$ にした数を書きましょう。

① 10.9（　　　　）　② 6.99（　　　　）

③ 3.07（　　　　）　④ 0.28（　　　　）

2. $\frac{1}{100}$ にした数を書きましょう。

① 49.2（　　　　）　② 572.7（　　　　）

③ 40.09（　　　　）　④ 8.1（　　　　）

3. $\frac{1}{1000}$ にした数を書きましょう。

① 77（　　　　）　② 320（　　　　）

③ 210.5（　　　　）　④ 50.9（　　　　）

次の数を $\frac{1}{100}$ にして，大きい数の方を通りましょう。通った答えを $\frac{1}{100}$ にした形で下の □ に書きましょう。

整数と小数（4）

名前

1. 0 から 9 までの数字を 1 回ずつと，小数点をすべて使って数をつくります。
（0 と小数点は最後にしません。）

① いちばん小さい数をつくりましょう。
（　　　　　　　　）

② 1 より小さくて，1 にいちばん近い数をつくりましょう。
（　　　　　　　　）

③ いちばん大きい数をつくりましょう。
（　　　　　　　　）

2. 次の数は，0.56 を何倍した数ですか。

① 5.6（　　）倍　② 56（　　）倍　③ 560（　　）倍

3. 次の数は，74 を何分の 1 にした数ですか。

① 7.4（　　）　② 0.74（　　）　③ 0.074（　　）

4. 計算しましょう。

① 0.81×10　② 2.71×100

③ 0.43×1000　④ $5.9 \div 10$

⑤ $0.1 \div 100$　⑥ $60.6 \div 1000$

ふりかえりテスト 整数と小数

名前 ＿＿＿＿＿＿＿＿

1 □にあてはまる数を書きましょう。(4×4)

① $32.8 = 10 \times \square + 1 \times \square + 0.1 \times \square$

② $0.978 = 0.1 \times \square + 0.01 \times \square + 0.001 \times \square$

③ $8.06 = \square \times 8 + \square \times 6$

④ $0.002 = \square \times 2$

2 □にあてはまる不等号を書きましょう。(3×4)

① $0 \ \square \ 0.001$

② $2.001 \ \square \ 2$

③ $1.05 - 0.5 \ \square \ 0.5$

④ $0.1 \ \square \ 6 - 5.88$

3 次の数は,0.001を何個(こ)集めた数ですか。(3×6)

① 0.004 (　　　)こ

② 0.061 (　　　)こ

③ 0.87 (　　　)こ

④ 3.3 (　　　)こ

⑤ 0.2 (　　　)こ

⑥ 5 (　　　)こ

4 0.52を10倍，100倍，1000倍した数を書きましょう。(4×3)

① 10倍 (　　　)

② 100倍 (　　　)

③ 1000倍 (　　　)

5 280を $\frac{1}{10}$, $\frac{1}{100}$, $\frac{1}{1000}$ にした数を書きましょう。(4×3)

① $\frac{1}{10}$ (　　　)

② $\frac{1}{100}$ (　　　)

③ $\frac{1}{1000}$ (　　　)

6 計算しましょう。(3×6)

① 0.8×10

② 7.27×100

③ 0.06×1000

④ $3.9 \div 10$

⑤ $40 \div 100$

⑥ $64.5 \div 1000$

7 [0], [1], [2], [4], [6], [8] の6まいのカードと小数点をすべて使って数をつくります。
(0と小数点は最後にしません。)(4×3)

① いちばん小さい数をつくりましょう。
(　　　　　　)

② 1より大きくて，1にいちばん近い数をつくりましょう。
(　　　　　　)

③ いちばん大きい数をつくりましょう。
(　　　　　　)

直方体や立方体の体積（1）

名前

□1 1cm³の立方体の積み木で，下のような形を作りました。
体積は何cm³ですか。

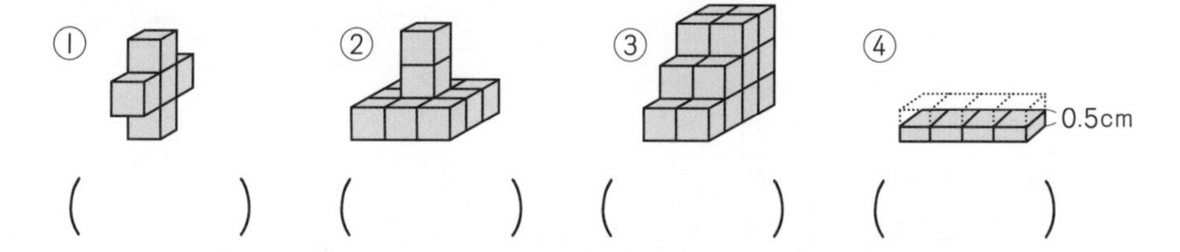

①（　　　）　②（　　　）　③（　　　）　④（　　　）

□2 次の直方体や立方体の体積を求めましょう。

①

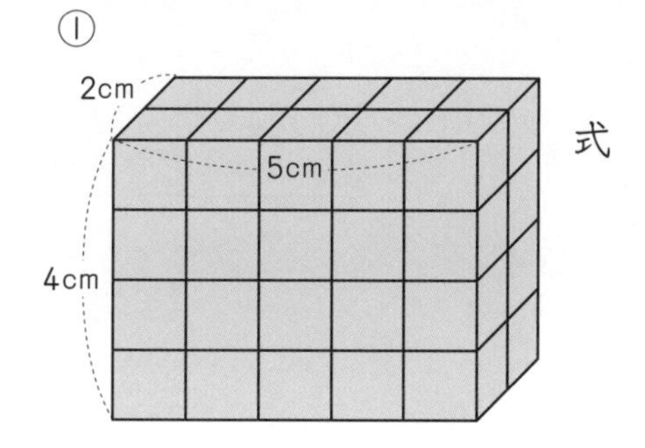

式

答え

②

4cm
4cm
4cm

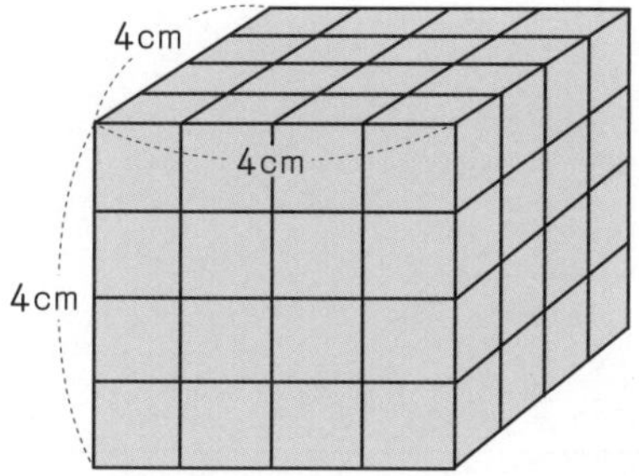

式

答え

直方体や立方体の体積（2）

名前

● 次の直方体や立方体の体積を求めましょう。

①

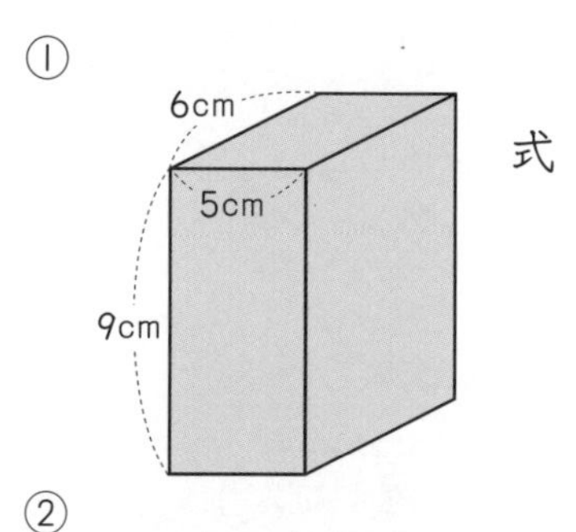

式

答え

②

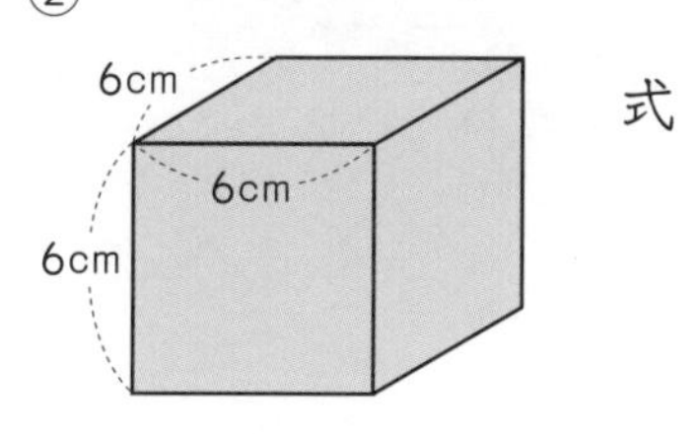

式

答え

③

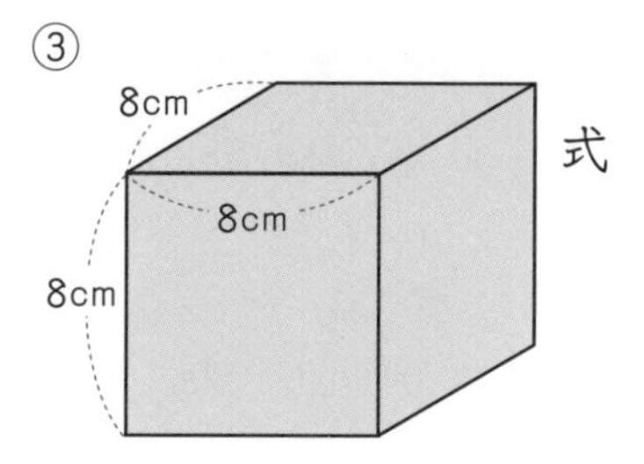

式

答え

④

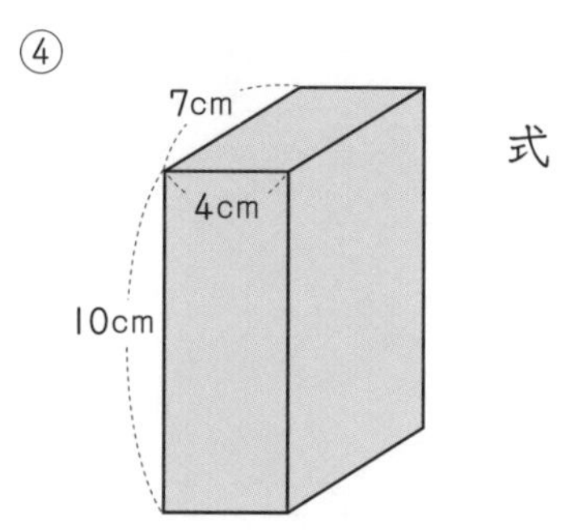

式

答え

直方体や立方体の体積（3）

名前

● 次の展開図(てんかいず)を組み立ててできる直方体や立方体の体積を求めましょう。

①

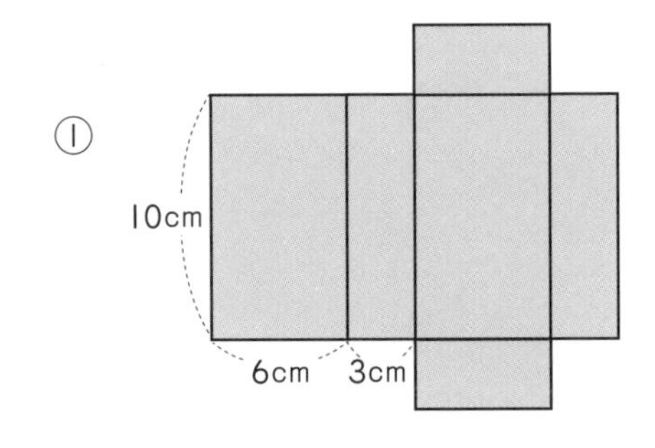

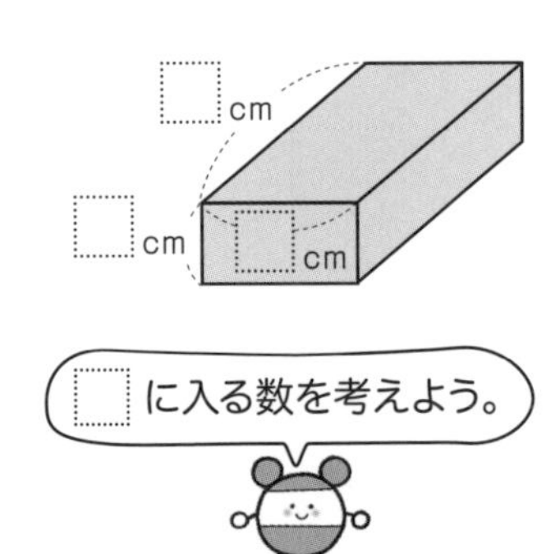

式

答え

②

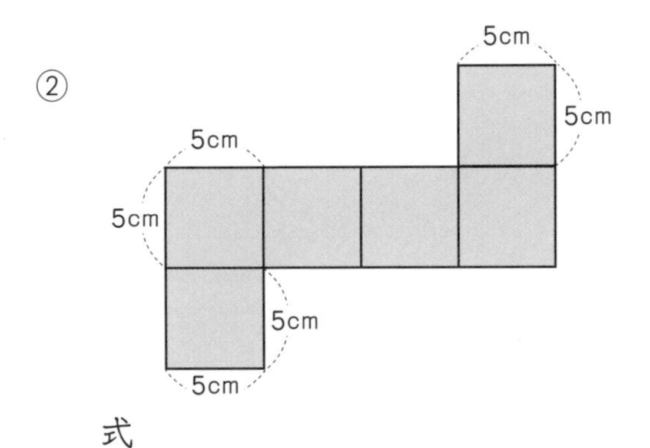

式

答え

直方体や立方体の体積（4）

名前

● 次の直方体や立方体の体積を求めましょう。

①

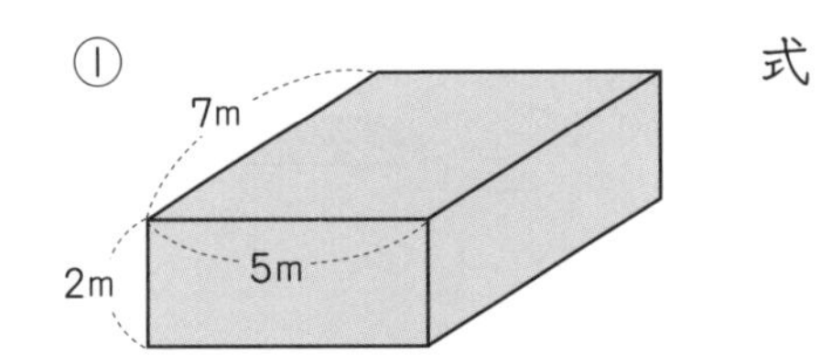

式

答え

②

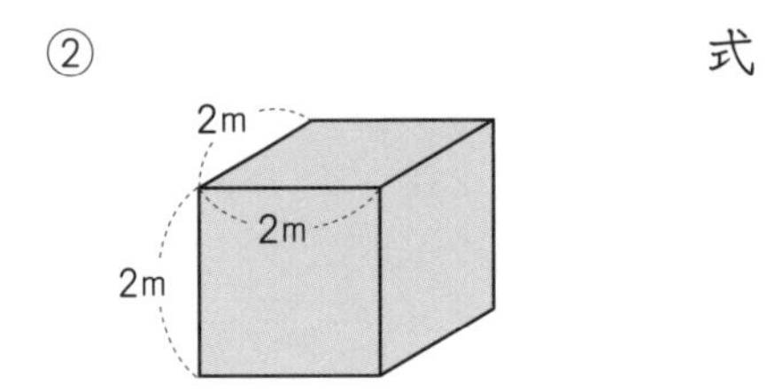

式

答え

③

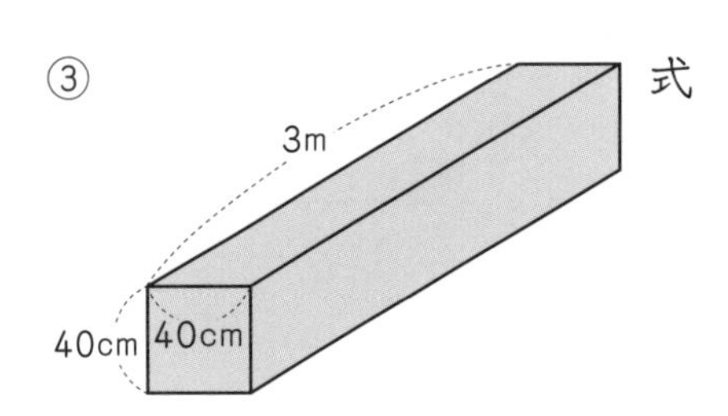

式

答え　　　　cm^3，　　　　m^3

④

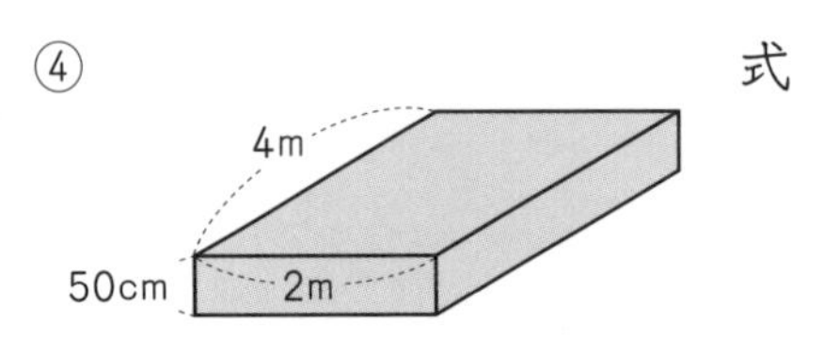

式

答え　　　　cm^3，　　　　m^3

直方体や立方体の体積（5）

名前

体積と容積

● □ にあてはまる数を書きましょう。

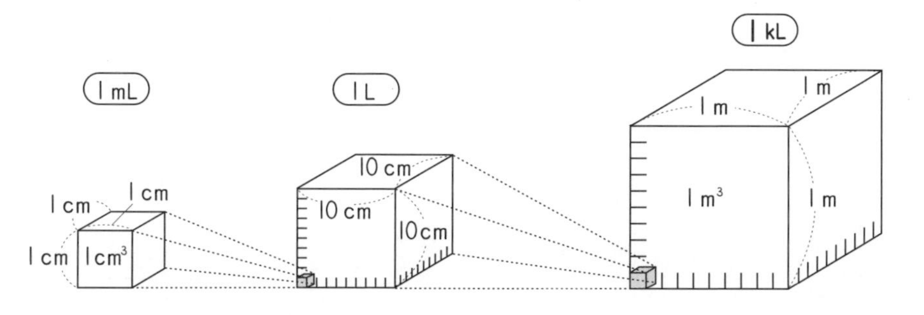

（1 m ＝ 100cm）

① 1m³ ＝ 1m × 1m × 1m

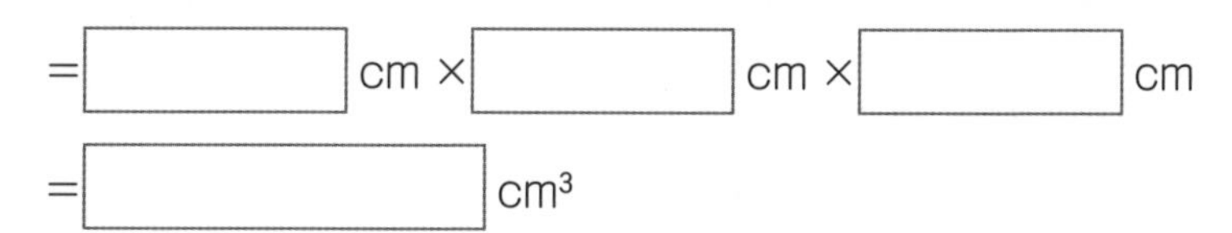

＝ □ cm × □ cm × □ cm

＝ □ cm³

② 1L ＝ □ cm × □ cm × □ cm

＝ □ cm³

③ 1L ＝ □ mL ＝ □ cm³

④ 1mL ＝ □ cm³

⑤ 1m³は何Lか考えます。
1m³に，1L（1辺10cmの立方体）をしきつめると，

たて □ 個，横 □ 個，高さ □ 個になるので，

□ × □ × □ ＝ □（個）

だから，1m³ ＝ □ Lになります。

直方体や立方体の体積（6）

名前

● 次の（　）にあてはまる数を書きましょう。

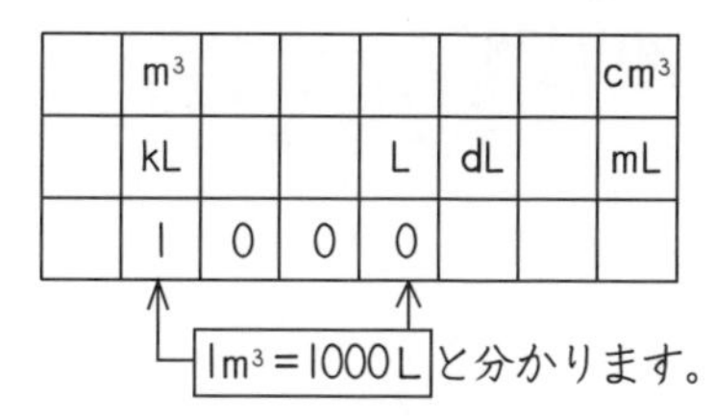

	m³						cm³
	kL			L	dL		mL
	1	0	0	0			

1m³＝1000Lと分かります。

① 5m³ ＝（　　　　）cm³
＝（　　　　）L

② 10m³ ＝（　　　　）cm³

③ 3000000cm³ ＝（　　　　）m³

④ 7L ＝（　　　　）cm³

⑤ 0.4m³ ＝（　　　　）cm³
＝（　　　　）L

⑥ 6dL ＝（　　　　）cm³

	m³						cm³
	kL			L	dL		mL

大きい方を通りましょう。通った方の体積を下の □ に書きましょう。

スタート

① 4m³　② 0.3m³　③ 80m³

① 500000cm³　② 350000cm³　③ 8000000cm³

ゴール

① □　② □　③ □

直方体や立方体の体積（7）

名前

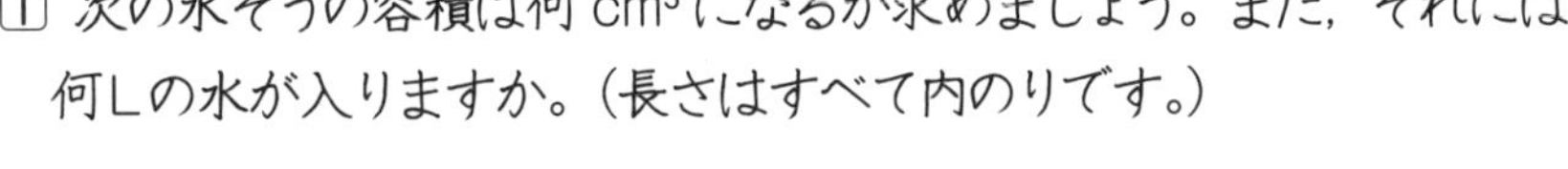

1 次の水そうの容積は何 cm³ になるか求めましょう。また，それには何Lの水が入りますか。（長さはすべて内のりです。）

① 式

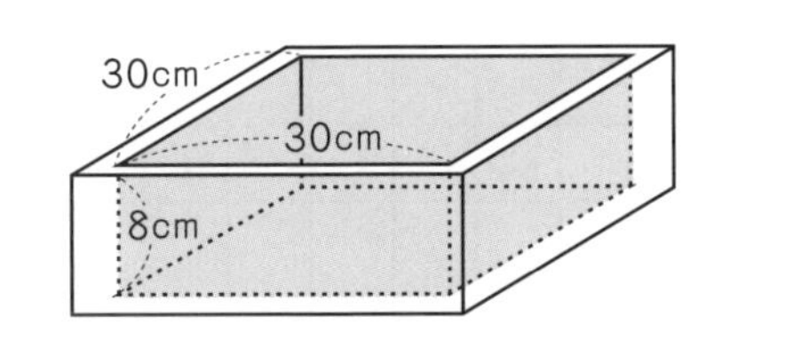

容積（　　　　　）cm³

水の量（　　　　　）L

② 式

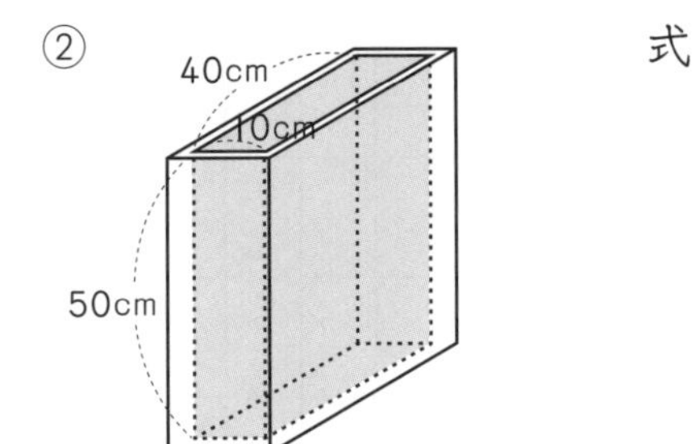

容積（　　　　　）cm³

水の量（　　　　　）L

2 厚さ 1 cm の板でできた入れ物があります。（長さは外がわです。）

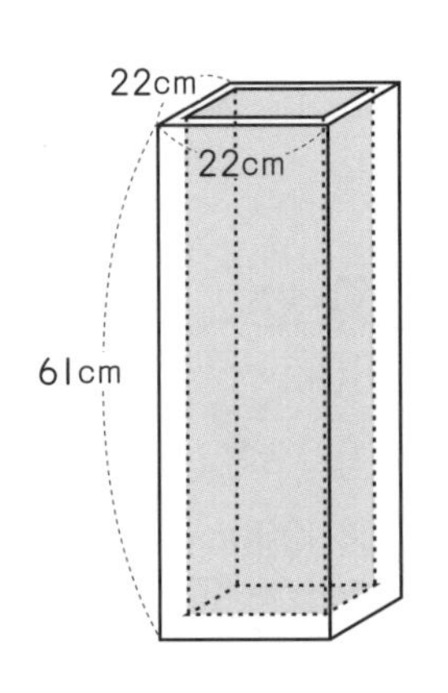

① この入れ物の内のりを求めましょう。

たて（　　　）cm

横（　　　）cm

高さ（　　　）cm

② この入れ物の容積を求めましょう。

式

答え

直方体や立方体の体積（8）

名前

● 次の立体の体積を求めましょう。

① 式

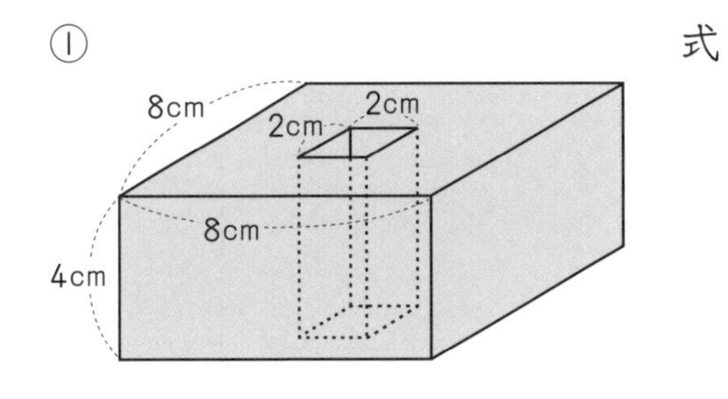

答え

② 式

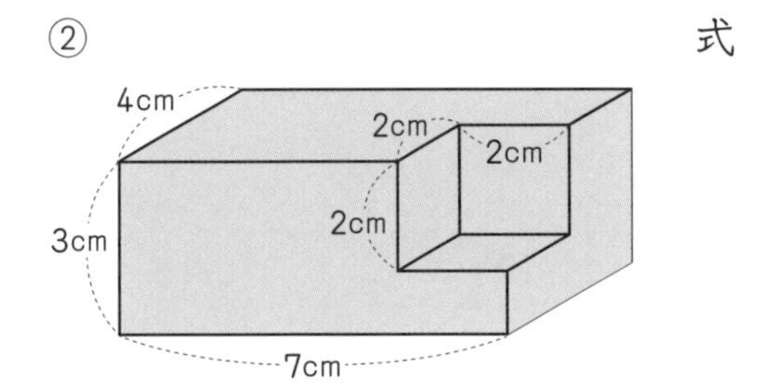

答え

③ 式

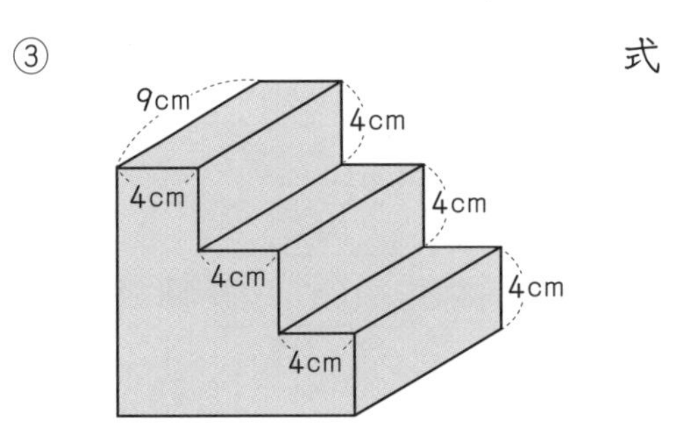

答え

ふりかえりテスト　直方体や立方体の体積

名前

1 1cm³の立方体で，次のような立体を作りました。体積は何cm³ですか。(4×3)

①　②　③

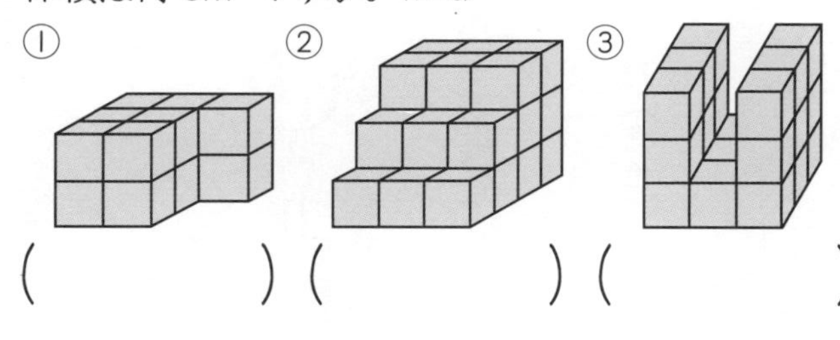

(　　　)(　　　)(　　　)

2 次の直方体や立方体の体積を求めましょう。(8×3)

①

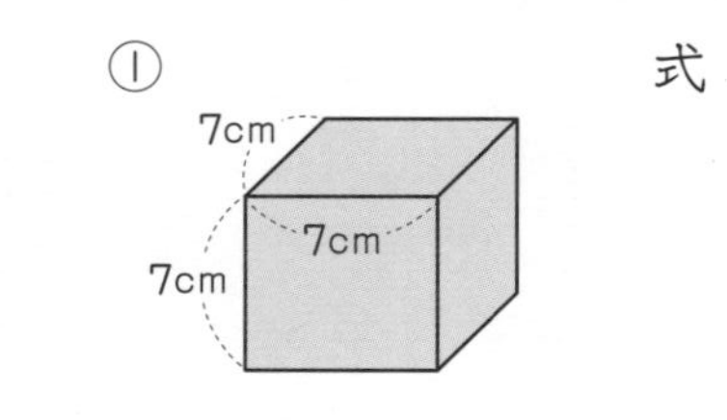

式

答え

②

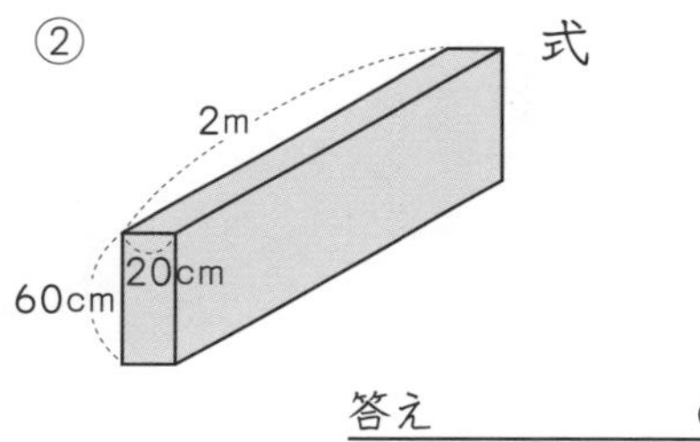

式

答え　　　cm³，　　　m³

③

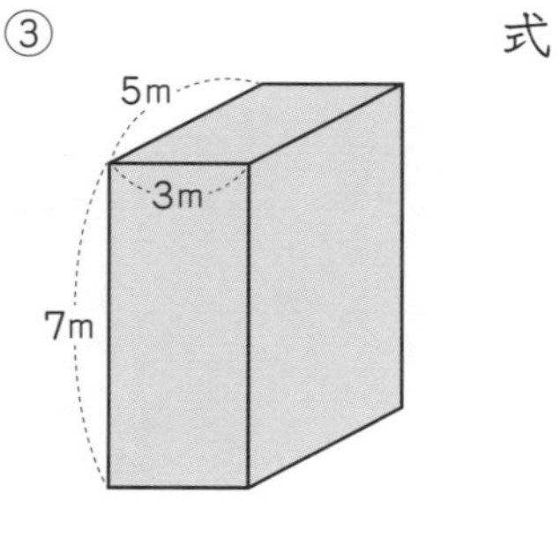

式

答え

3 次の立体の体積を求めましょう。(10×2)

①

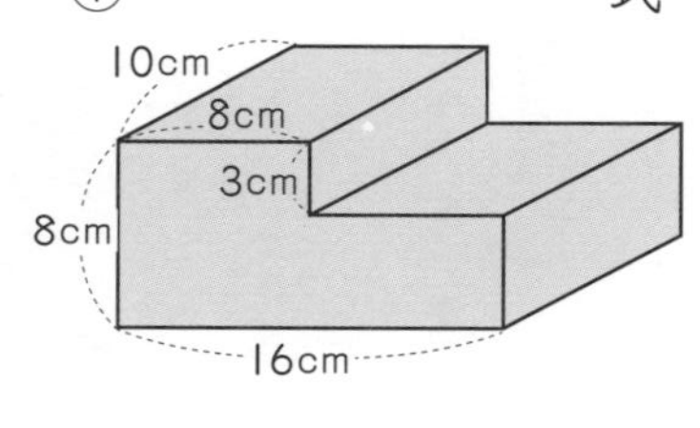

式

答え

②

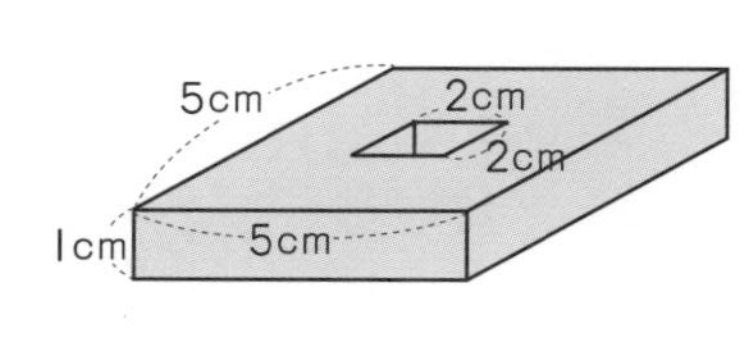

式

答え

4 次の展開図(てんかいず)を組み立ててできる直方体の体積を求めましょう。(10)

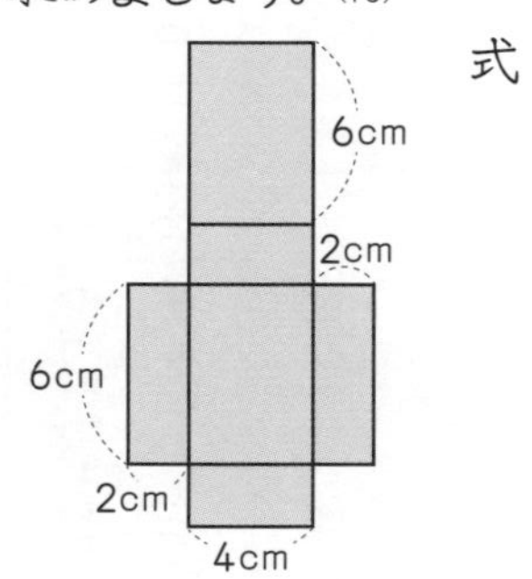

式

答え

5 次の(　)にあてはまる数を書きましょう。(4×3)

① 1m³ =(　　　　)cm³

② 8m³ =(　　　　)L

③ 200000cm³ =(　　　　)m³

6 下の水そうの容積は何cm³ですか。
また，何Lですか。(長さは内のりです。)(7×2)

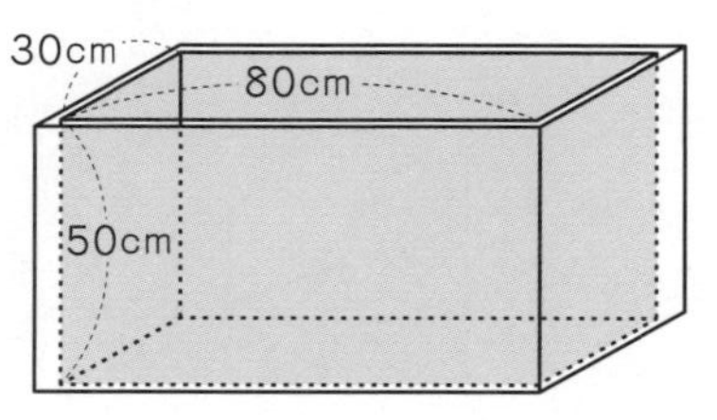

式

答え

7 右のプールに入る水の容積は何m³ですか。(8)

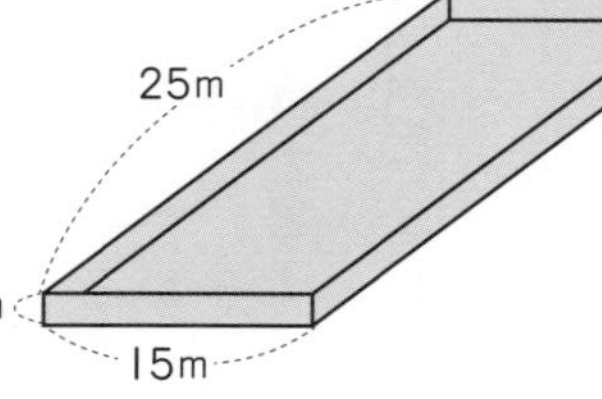

式

答え

比例（1）
面積と比例

名前

● 下の図のように，平行四辺形の底辺の長さが1cm，2cm，3cm，…と変わると，それにともなって面積はどう変わるか調べましょう。

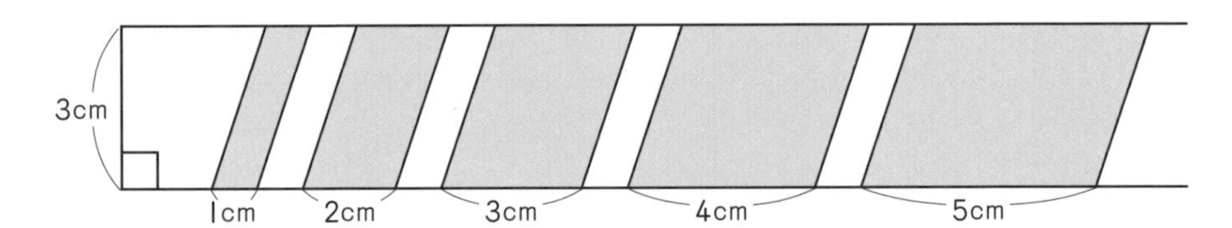

① 底辺□cmが1cm，2cm，3cm，…のとき，面積○cm²はどう変わるか表にまとめましょう。

底辺□(cm)	1	2	3	4	5	6
面積○(cm²)	3					

② 底辺□が2倍，3倍，…になると，面積○はどうなりますか。

（　　　　　　　　　　）

③ ○（面積）は，□（底辺）に比例（ひれい）していますか。

（　　　　　　　　　　）

④ [ ]に数を書いて，□（底辺）と○（面積）の関係を式に表しましょう。

□ × [ ] ＝ ○

⑤ 底辺が9cmのときの面積は何cm²ですか。

式

答え＿＿＿＿＿＿

比例（2）
体積と比例

名前

● 下の図のように，直方体の高さが1cm，2cm，3cm，…と変わると，それにともなって体積はどう変わるか調べましょう。

①（　）の中にそれぞれの体積を書きましょう。

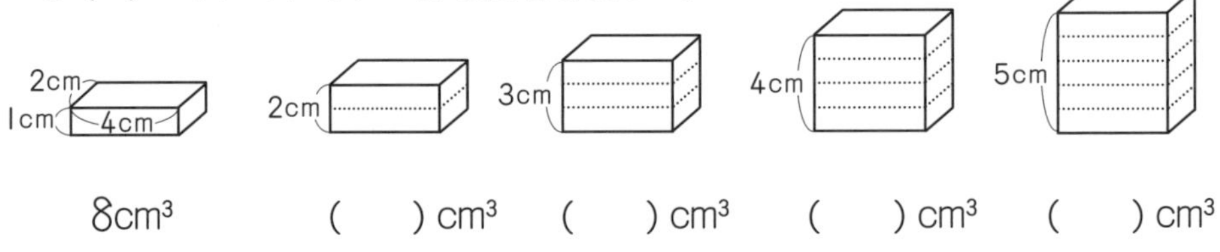

8cm³　（　　）cm³　（　　）cm³　（　　）cm³　（　　）cm³

② 高さ□cmが1cm，2cm，3cm，…のとき，体積○cm³はそれぞれ何cm³になるか表にまとめましょう。

高さ□(cm)	1	2	3	4	5	6
体積○(cm³)						

③ □（高さ）が1cmずつ増（ふ）えていくと，○（体積）はどうなりますか。

（　　　　　　　　　　）

④ □（高さ）が2倍，3倍，…になると，○（体積）はどうなりますか。

（　　　　　　　　　　）

⑤ [ ]に数を書いて，□（高さ）と○（体積）の関係を比例（ひれい）の式に表しましょう。

[ ] × □ ＝ ○

⑥ 高さが10cmのときの体積を求めましょう。

式

答え＿＿＿＿＿＿

比例 (3)

ものの ねだんと比例

名前

● 1mのねだんが50円のはり金があります。はり金を1m，2m，3m，…買うと，それにともなって代金はどう変わりますか。

① 長さ□mが1m，2m，3m，…になると，代金○円がそれぞれ何円になるか表にまとめましょう。

長さ□(m)	1	2	3	4	5	6
代金○(円)						

② □（長さ）が2倍，3倍，…になると，○（代金）はどうなりますか。

（　　　　　　　　　　）

③ ○（代金）は，□（長さ）に比例（ひれい）していますか。

（　　　　　　　　　　）

④ [ ]に数を書いて，□（長さ）と○（代金）の関係を式に表しましょう。

[　　] × □ ＝ ○

⑤ 長さが20mのときの代金を求めましょう。

式

答え

⑥ 代金が1200円のときの長さは何mですか。

式

答え

比例 (4)

比例の関係

名前

1 1まい6円の色紙を□まい買うときの代金○円との関係を調べましょう。

① まい数□まいと代金○円の関係を表にまとめましょう。

まい数□(まい)	1	2	3	4	5	6	7
代金○(円)							

② ○（代金）は，□（まい数）に比例（ひれい）していますか。

（　　　　　　　　　　）

③ □（まい数）と○（代金）の関係を式に表しましょう。

（　　　　　　　　　　）

2 水そうに1分間水を入れると，2cmの深さまで水がたまります。水を入れる時間□分と深さ○cmの関係を調べましょう。

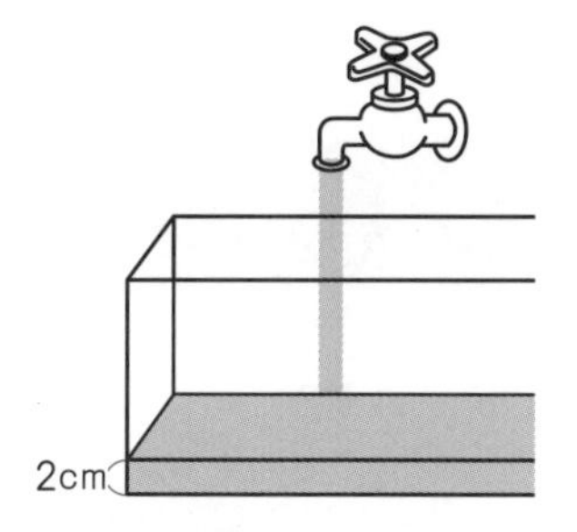

① 時間□分と，深さ○cmの関係を表にまとめましょう。

時間□(分)	1	2	3	4	5	6
深さ○(cm)						

② □（時間）と○（深さ）の関係を式に表しましょう。

（　　　　　　　　　　）

③ 時間が18分のときの深さは何cmですか。

式

答え

小数のかけ算（1）

名前

めいろは，答えの大きい方を通りましょう。通った答えを下の □ に書きましょう。

① 52 × 0.6

② 50 × 0.2

③ 84 × 0.7

④ 4 × 0.9

⑤ 7 × 0.4

⑥ 6 × 0.5

⑦ 26 × 2.3

⑧ 35 × 1.8

⑨ 9 × 3.3

⑩ 8 × 6.9

⑪ 38 × 2.4

⑫ 5 × 8.6

やおや

スタート

① 55 × 0.6

① 60 × 0.5

② 7 × 9.3

② 28 × 2.3

③ 9 × 4.4

③ 7 × 5.6

ゴール

① □　② □　③ □

小数のかけ算（2）

名前

めいろは，答えの大きい方を通りましょう。通った答えを下の □ に書きましょう。

① 7.4 × 8.2

② 5.3 × 6.4

③ 8.8 × 6.3

④ 4.5 × 4.2

⑤ 9.2 × 3.9

⑥ 3.6 × 5.5

⑦ 7.5 × 4.8

⑧ 6.7 × 7.6

⑨ 2.4 × 3.2

⑩ 3.9 × 2.7

⑪ 9.1 × 9.3

⑫ 5.8 × 4.5

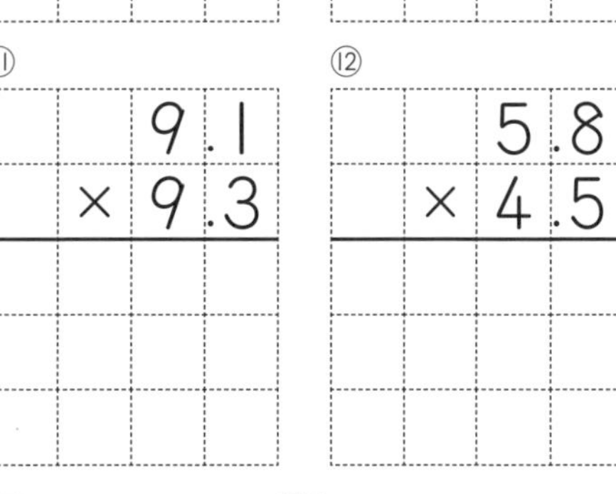

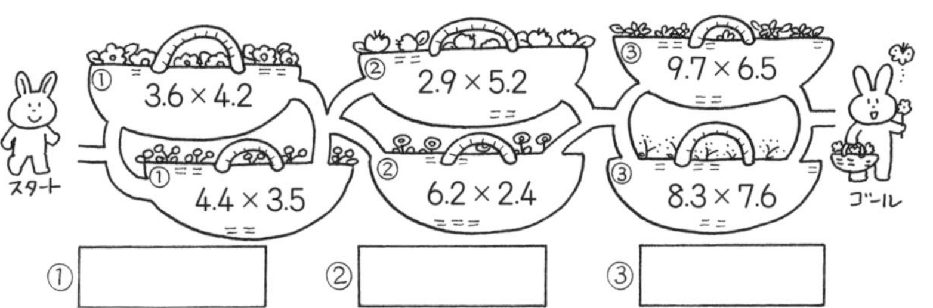

小数のかけ算（3）

名前

めいろは，答えの大きい方を通りましょう。通った答えを下の □ に書きましょう。

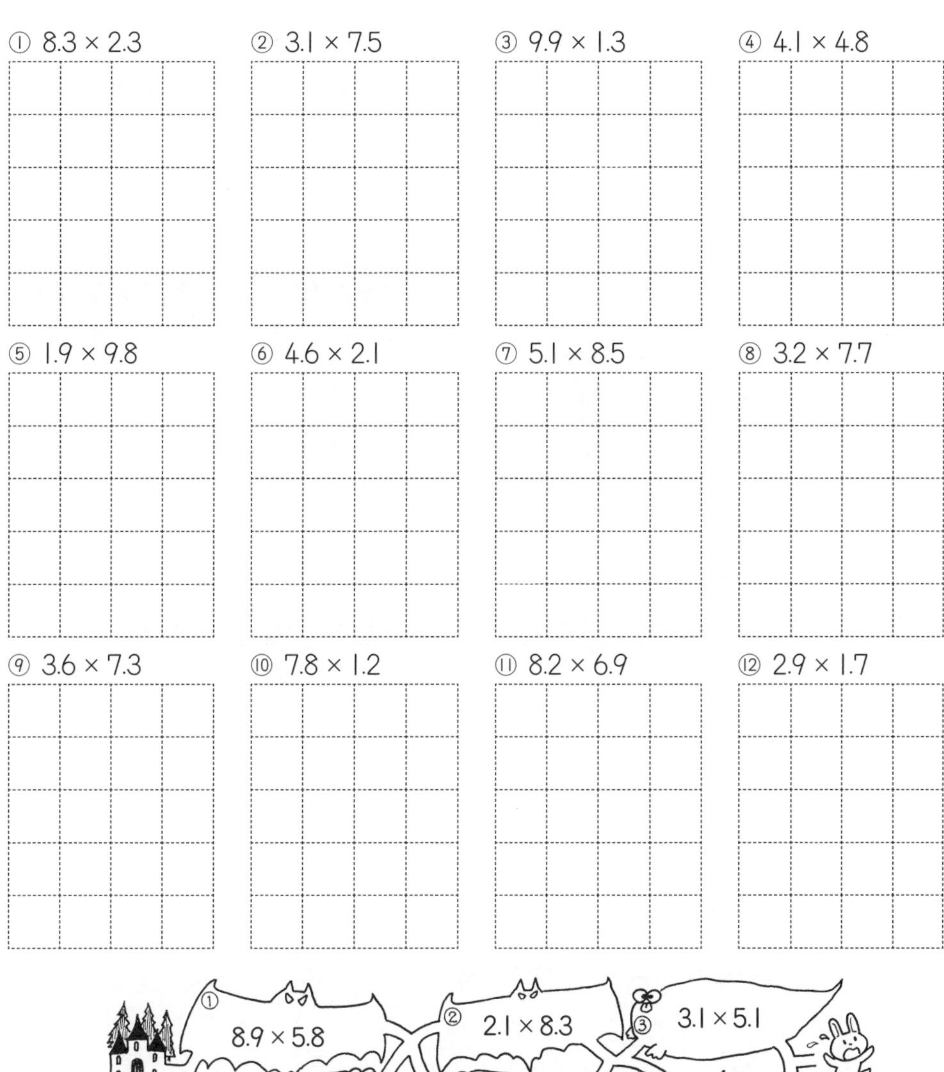

① □　② □　③ □

小数のかけ算（4）

名前

めいろは，答えの大きい方を通りましょう。通った答えを下の □ に書きましょう。

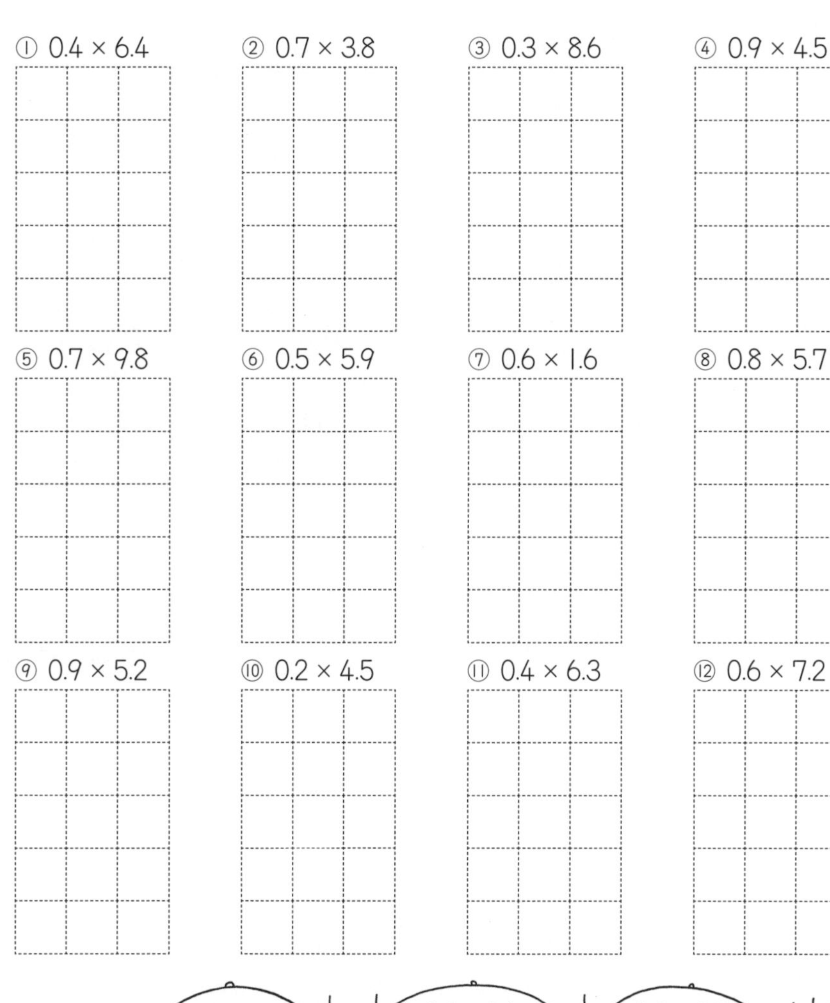

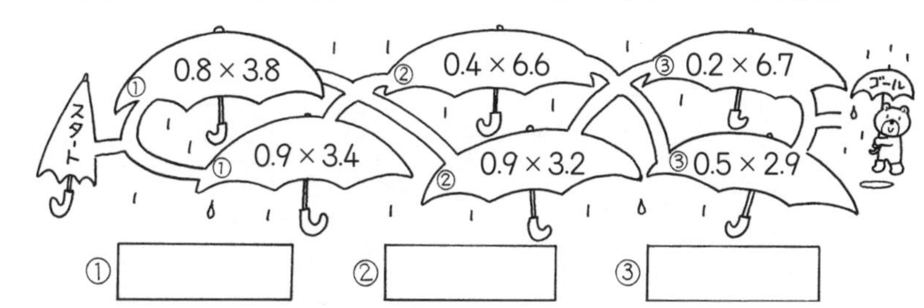

① □　② □　③ □

小数のかけ算（5）

名前

めいろは，答えの大きい方を通りましょう。通った答えを下の □ に書きましょう。

① 0.2 × 0.3

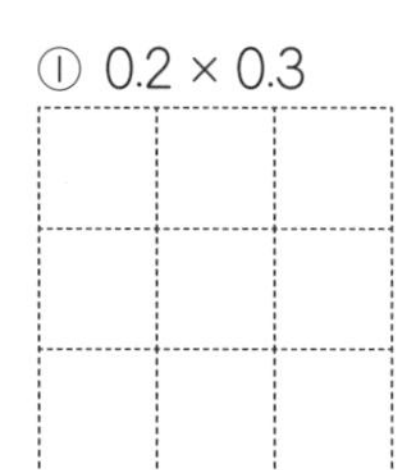

② 0.6 × 0.7

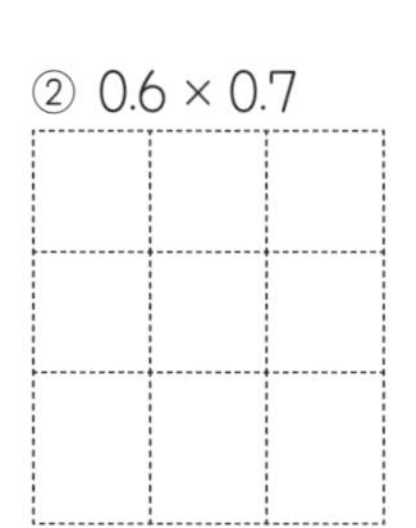

③ 0.9 × 0.7

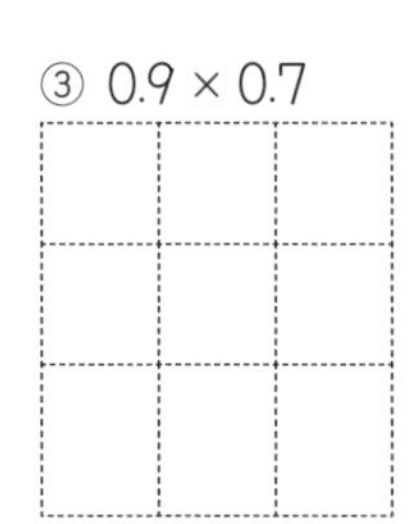

④ 0.8 × 0.6

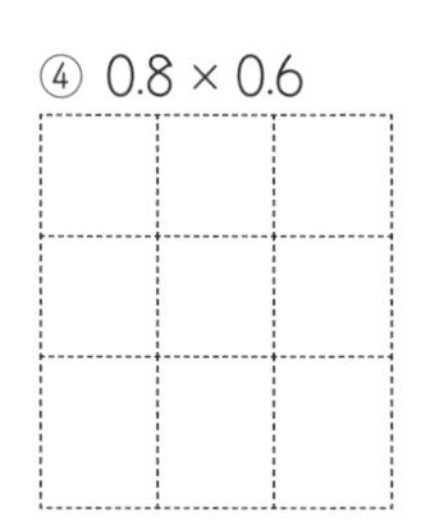

⑤ 0.4 × 0.8

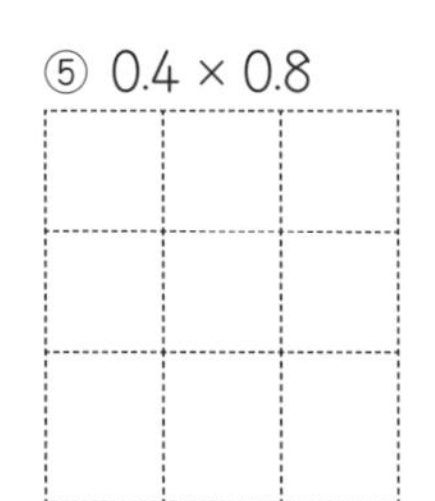

⑥ 0.8 × 0.9

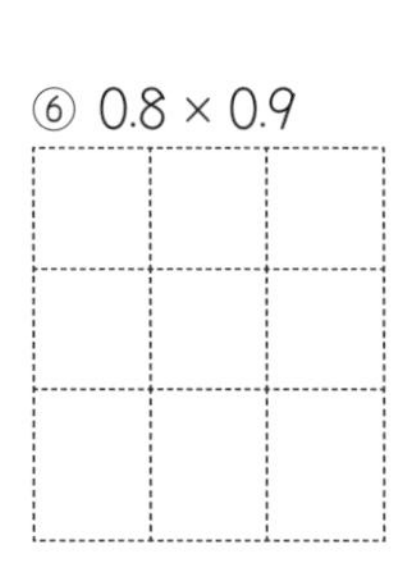

⑦ 0.7 × 0.8

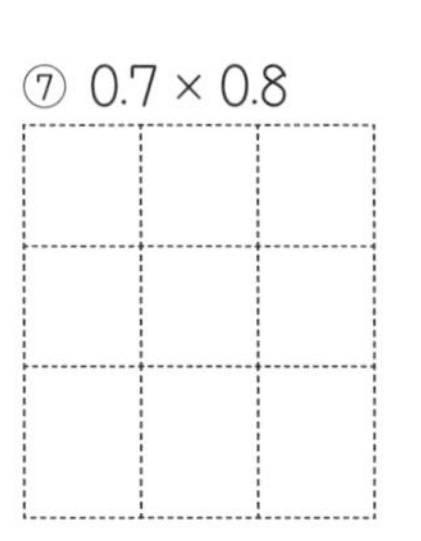

⑧ 0.5 × 0.7

⑨ 0.6 × 0.5

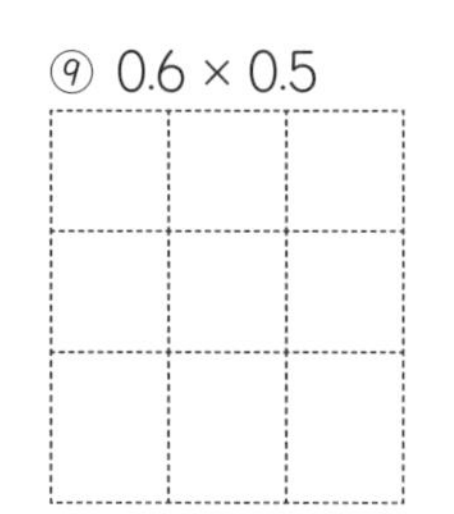

⑩ 0.8 × 0.1

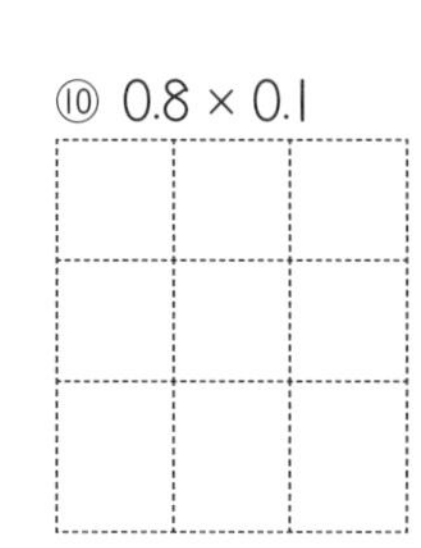

⑪ 0.4 × 0.4

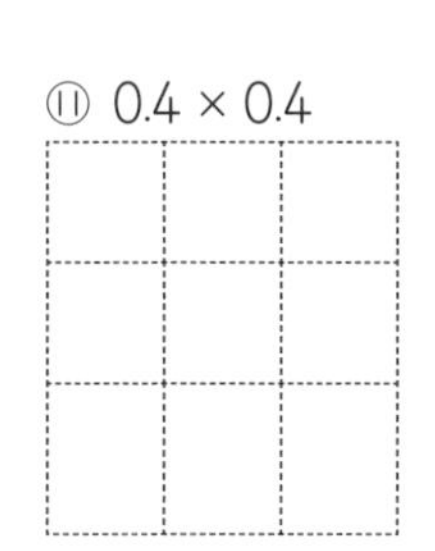

⑫ 0.5 × 0.3

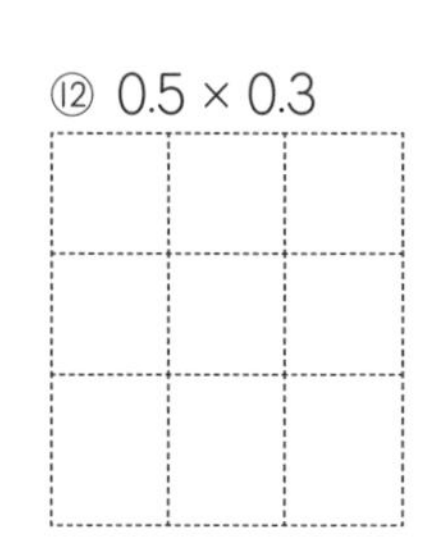

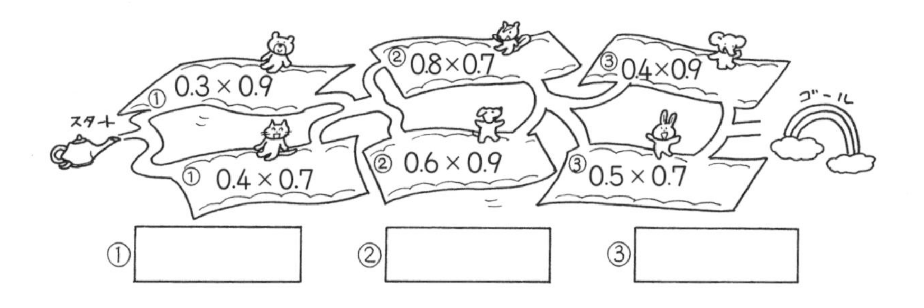

小数のかけ算（6）

名前

めいろは，答えの大きい方を通りましょう。通った答えを下の □ に書きましょう。

① 0.08 × 0.7　② 0.06 × 0.2　③ 0.17 × 0.5　④ 0.24 × 0.8

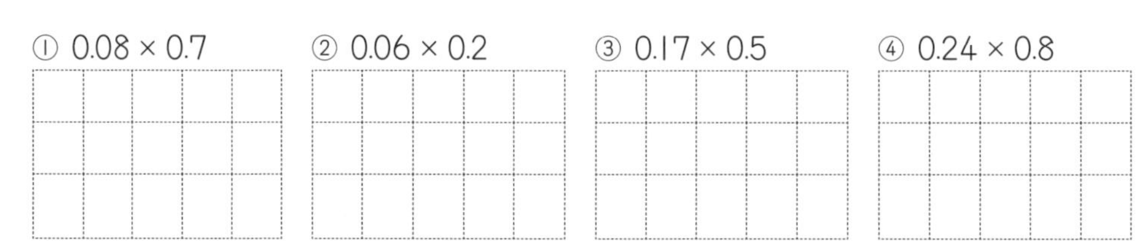

⑤ 0.73 × 0.6　⑥ 0.04 × 0.3　⑦ 0.05 × 0.74　⑧ 0.03 × 0.47

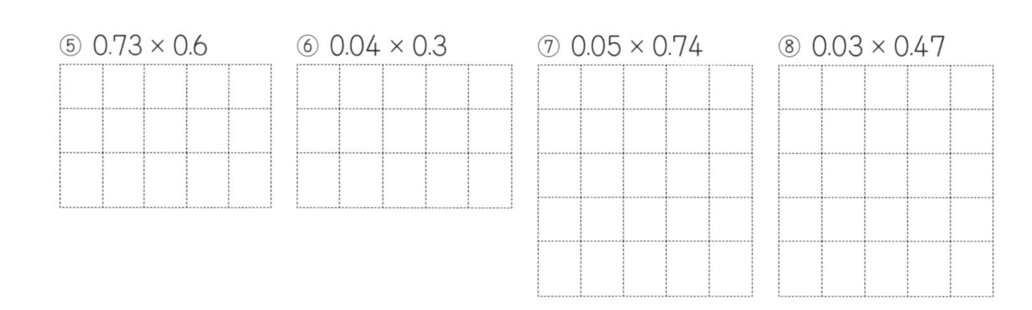

⑨ 0.12 × 0.55　⑩ 0.38 × 0.65　⑪ 0.51 × 0.27　⑫ 0.07 × 0.34

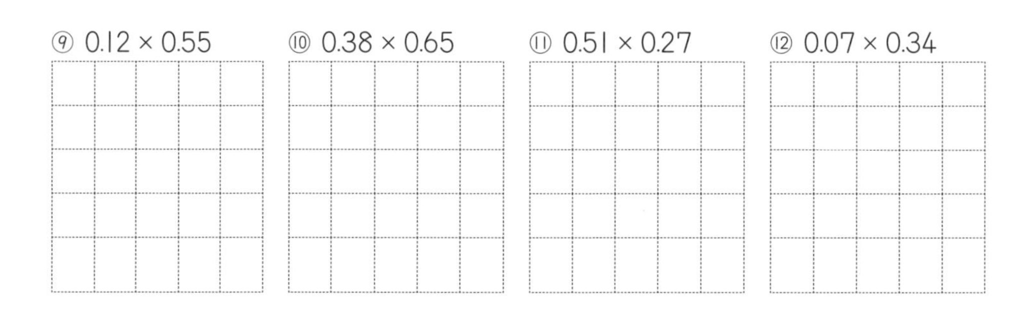

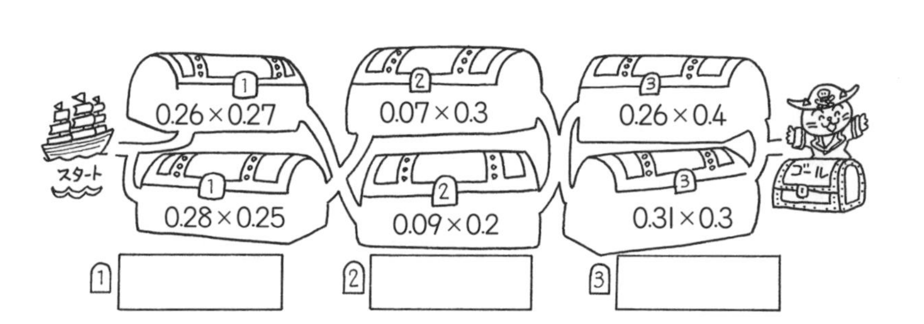

小数のかけ算（7）

名前

めいろは，答えの大きい方を通りましょう。通った答えを下の □ に書きましょう。

① 2.07 × 0.5　② 4.32 × 0.2　③ 8.41 × 0.6　④ 6.55 × 0.8

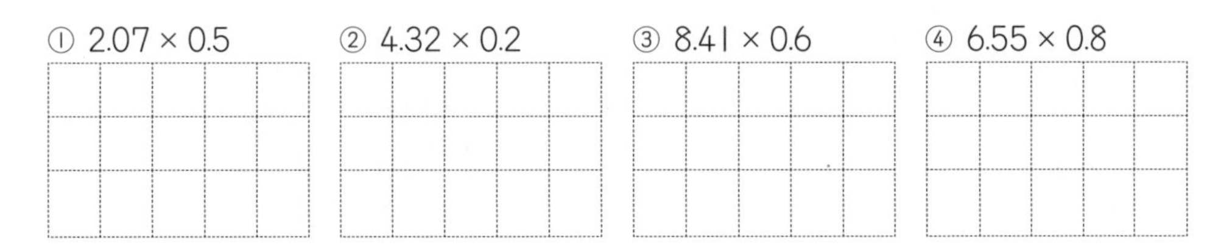

⑤ 5.38 × 0.24　⑥ 9.95 × 0.37　⑦ 8.04 × 0.62　⑧ 4.58 × 0.93

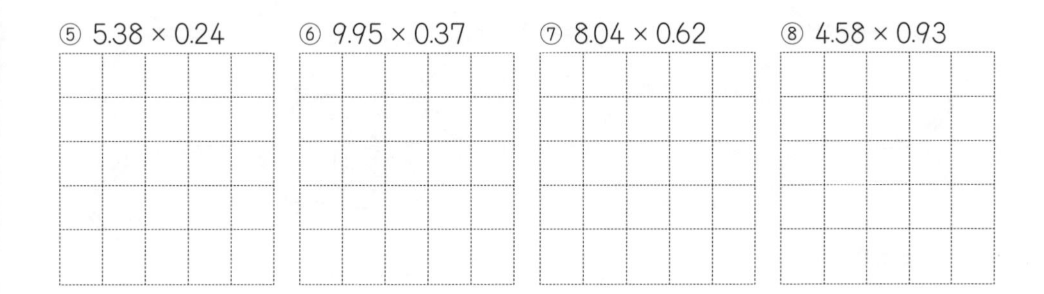

⑨ 7.26 × 4.5　⑩ 7.27 × 1.9　⑪ 5.94 × 3.4　⑫ 9.43 × 2.6

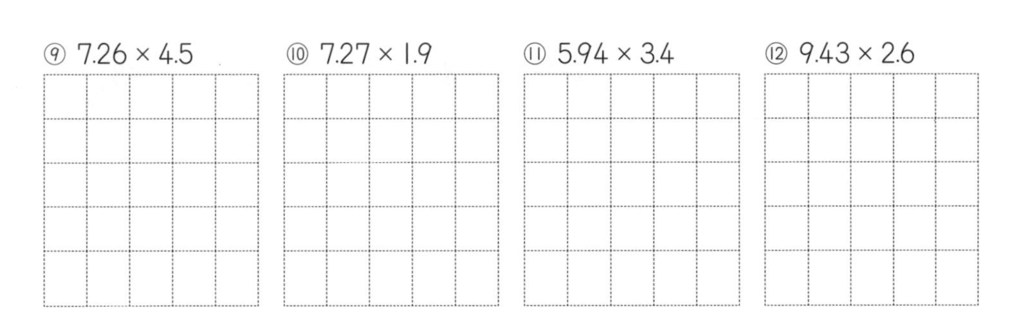

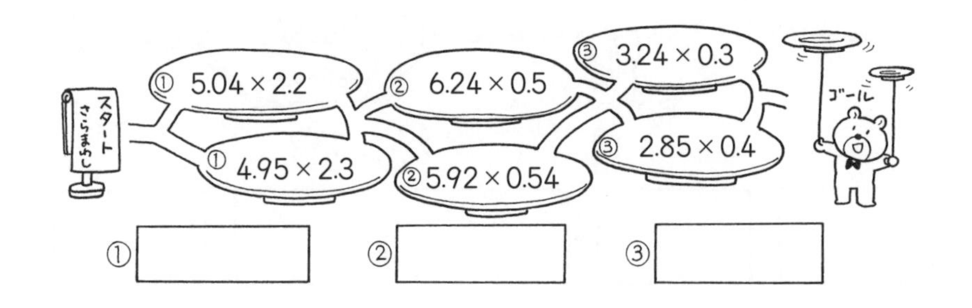

小数のかけ算（8）

名前

めいろは，答えの大きい方を通りましょう。通った答えを下の □ に書きましょう。

① 0.08 × 0.4　② 0.81 × 0.7　③ 48 × 0.2　④ 8.04 × 0.5

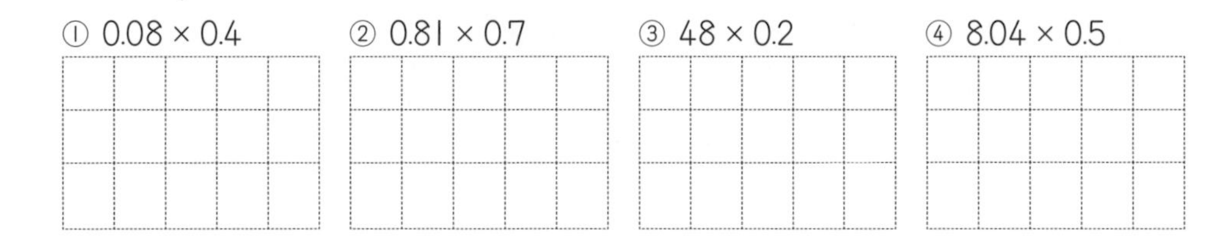

⑤ 2.15 × 4.4　⑥ 1.93 × 7.5　⑦ 13 × 0.58　⑧ 0.07 × 0.27

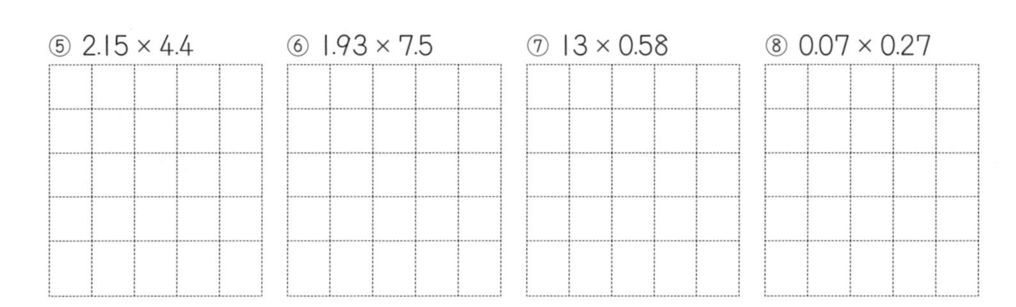

⑨ 0.06 × 0.86　⑩ 0.13 × 0.56　⑪ 2.42 × 0.54　⑫ 5.25 × 0.68

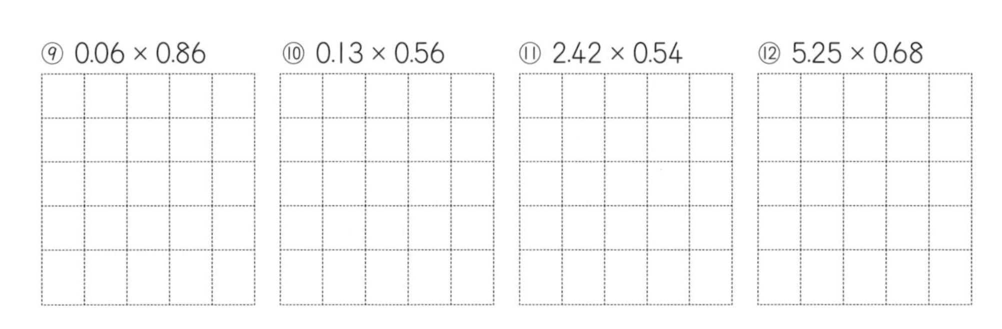

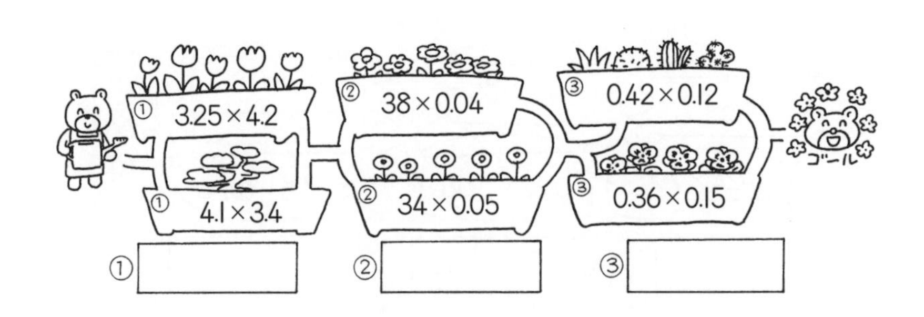

小数のかけ算（9）

名前

めいろは，答えの大きい方を通りましょう。通った答えを下の □ に書きましょう。

① 0.03 × 0.79　② 0.32 × 0.64　③ 0.02 × 0.9　④ 46 × 0.4

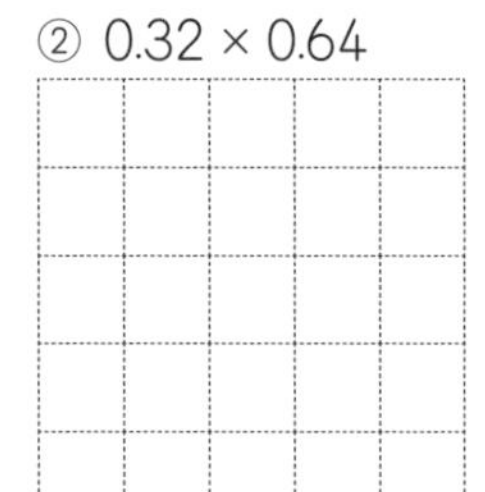

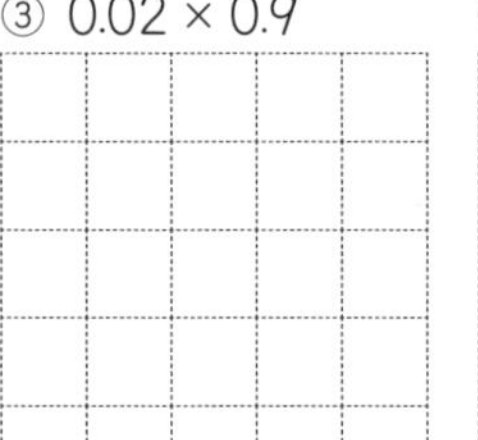

⑤ 8.58 × 3.1　⑥ 6.29 × 3.7　⑦ 83 × 0.17　⑧ 68 × 0.05

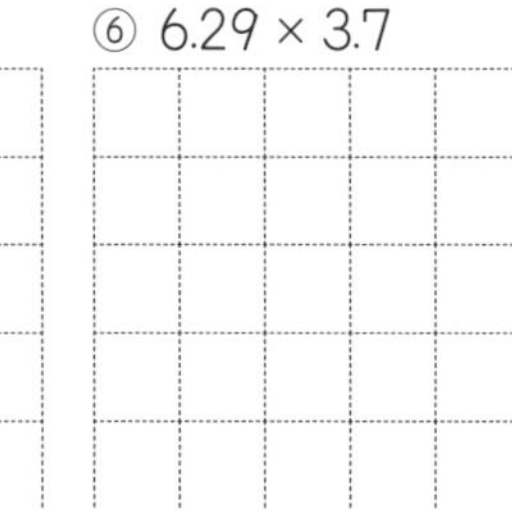

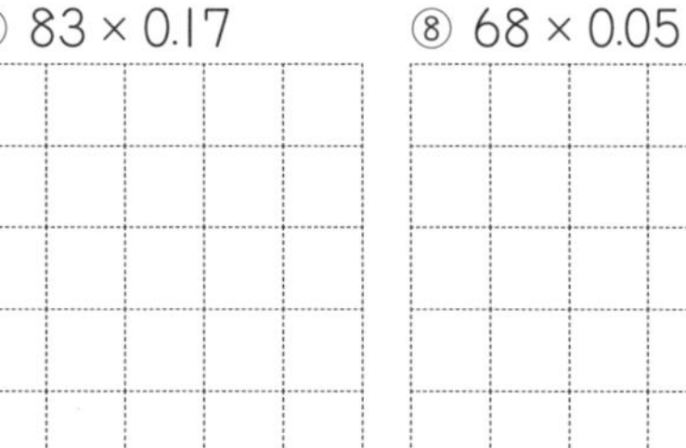

⑨ 9.13 × 0.4　⑩ 6.55 × 0.93　⑪ 1.23 × 0.41　⑫ 0.23 × 0.8

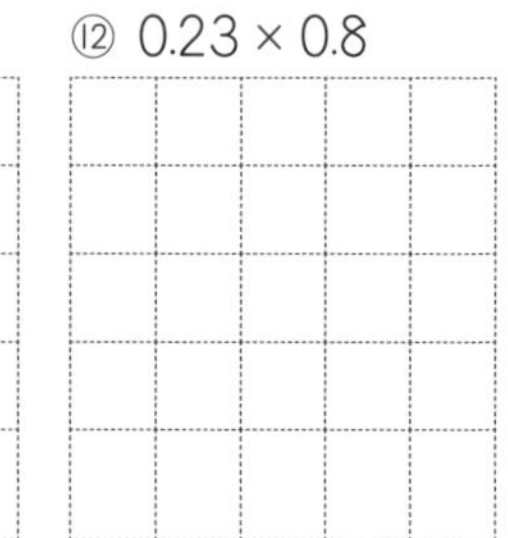

スタート

① 8.15 × 1.9　① 7.24 × 2.2

② 0.27 × 0.05　② 0.22 × 0.06

③ 85 × 0.8　③ 75 × 0.9

ゴール

① □　② □　③ □

小数のかけ算（10）

名前

● 計算をして，答えが大きい方を通ってゴールまで行きましょう。

通った方の，答えを □ に書きましょう。

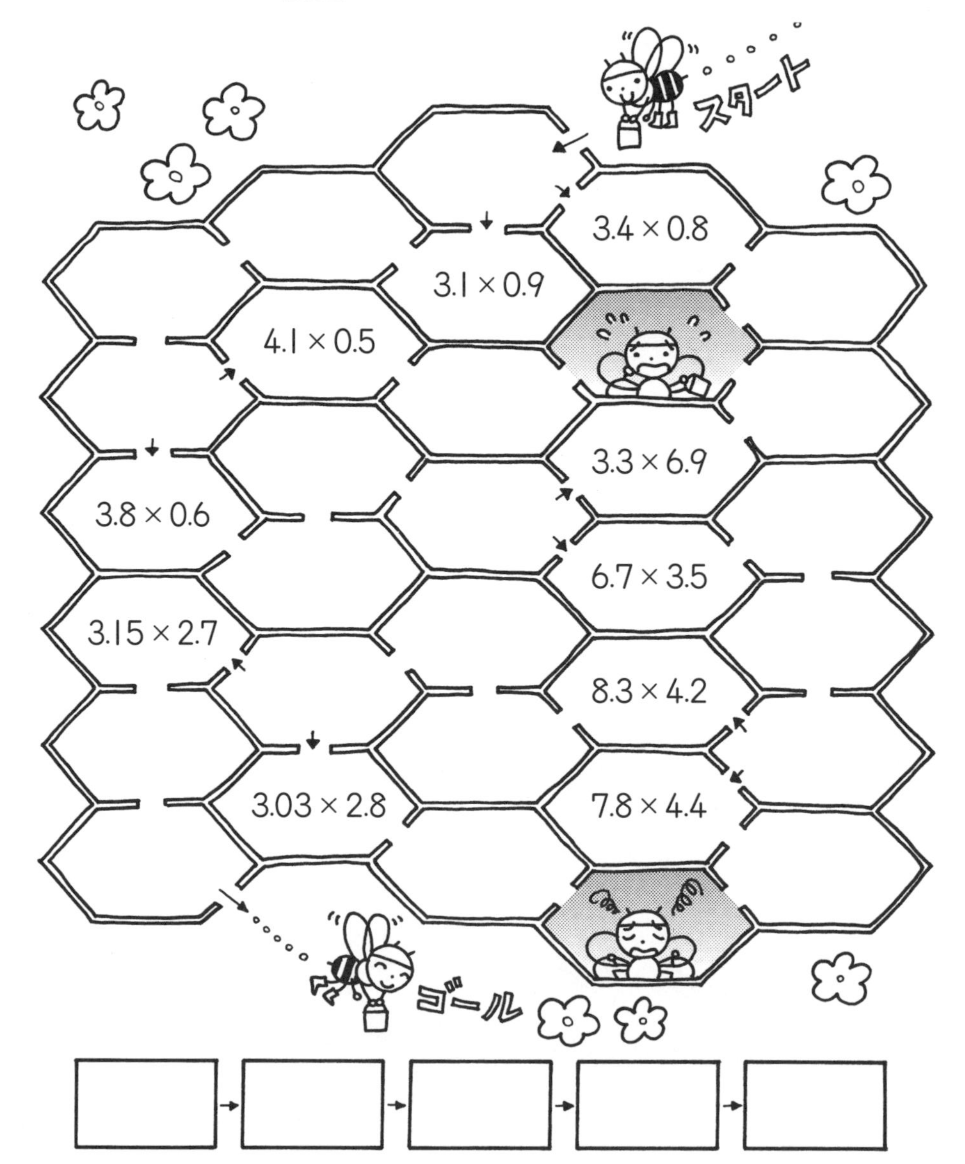

□ → □ → □ → □ → □

小数のかけ算（11）

積の大きさ / 計算のきまり

名前

① ゆうきさんたち４人は，1mが160円のテープを，それぞれ右の表の長さだけ買いました。□に代金を書き入れましょう。また，代金が160円より少ない人は（　）に○を入れましょう。

ゆうき	ななか	かずと	たかし
0.7m	2.3m	1m	1.4m

ゆうき：160 × 0.7 = □（　）　ななか：160 × 2.3 = □（　）

かずと：160 × 1　= □（　）　たかし：160 × 1.4 = □（　）

② 積が４より小さくなるものは，（　）に○を入れましょう。

① 4 × 2.01（　）　② 4 × 0.99（　）

③ 4 × 0.7（　）　④ 4 × 1.2（　）

③ 積が1より大きくなるものには○，1に等しいものには△，1より小さくなるものには×を，（　）に入れましょう。

① 1.75 × 0.5（　）　② 1 × 1（　）

③ 0.9 × 0.4（　）　④ 3.8 × 0.7（　）

④ くふうして計算しましょう。

① 4 × 6.9 × 2.5

② 12.5 × 3.8 × 8

小数のかけ算（12）

面積・体積

名前

① たて5.1m，横8.5mの長方形の花だんがあります。この花だんの面積は，何m^2ですか。

式

答え

② 1辺の長さが5.8cmの正方形の紙の面積を求めましょう。

式

答え

③ たて3m，横6.4m，高さ2.5mの直方体の体積を求めましょう。

式

答え

④ 1辺の長さが2.4mの立方体の体積を求めましょう。

式

答え

小数のかけ算（13）

名前

1 ある粉を水にとかしました。1dL の水に 0.6g とけました。この粉は 8.8dL の水に何 g とけますか。

式

答え

2 1m の重さが 3.7kg の鉄のぼうがあります。このぼう 5.9m の重さは，何 kg ですか。

式

答え

3 1cm^2 の重さが 0.3g の紙があります。この紙 9.4cm^2 の重さは何 g ですか。

式

答え

4 花だん 5.4m^2 に 1L の水をやりました。同じように水やりをすると，7.8L の水で何 m^2 の花だんに水やりができますか。

式

答え

小数のかけ算（14）

名前

1 1L の重さが 0.9kg の油があります。この油 2.5L の重さは何 kg になりますか。

式

答え

2 1km 走るのにガソリンを 0.48dL 使います。9.5km 走るには，何 dL のガソリンがいりますか。

式

答え

3 1L のペンキで，7.2m^2 のかべがぬれました。同じようにぬると，3.6L のペンキで，何 m^2 のかべがぬれますか。

式

答え

4 1m の重さが 0.3kg のはり金 4.7m と，1m の重さが 0.4kg の銅線 6.2m をあわせると，重さは全部で何 kg になりますか。

式

答え

ふりかえりテスト 小数のかけ算

名前

1 計算をしましょう。(2×5)

① 8.5×0.7

② 6.9×0.08

③ 0.91×0.76

④ 8.62×5.6

⑤ 2.37×0.45

2 計算をしましょう。(4×10)

① 0.9 × 0.6　② 7.4 × 0.8　③ 0.04 × 0.5

④ 0.48 × 0.09　⑤ 0.87 × 0.3　⑥ 6.15 × 0.9

⑦ 7.4 × 4.5　⑧ 3.7 × 0.46　⑨ 0.56 × 0.43

⑩ 6.47 × 0.63

3 たて 0.5m，横 0.8m，高さ 1.8m の直方体の体積を求めましょう。(10)

式

答え

4 1辺が 2.8cm の立方体の体積を求めましょう。(10)

式

答え

5 たて 2.15m，横 1.4m のまどガラスの面積は何 m² ですか。(10)

式

答え

6 1m の重さが 4.5kg の鉄のぼうがあります。このぼう 0.7m の重さは何 kg ですか。(10)

式

答え

7 1dL で 0.25m² のかべをぬれるペンキがあります。このペンキ 16.3dL では，何 m² のかべがぬれますか。(10)

式

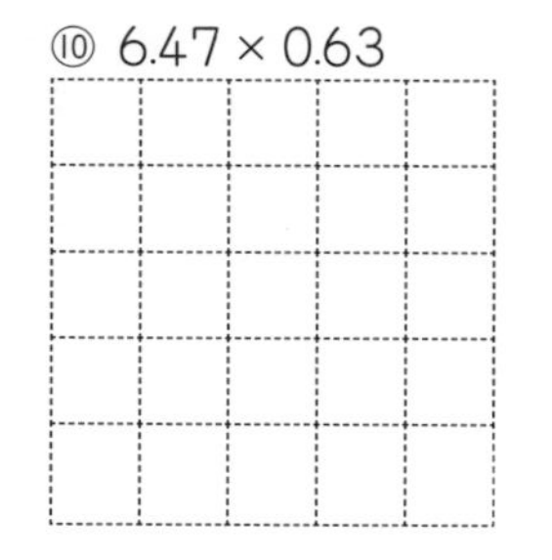

答え

小数のわり算（1）

名前

めいろは，答えの大きい方を通りましょう。通った答えを下の □ に書きましょう。

① $0.6\overline{)5\ 1}$

② $1.5\overline{)9\ 0}$

③ $0.2\overline{)5}$

④ $0.8\overline{)1\ 2}$

⑤ $0.5\overline{)2\ 6}$

⑥ $0.2\overline{)8}$

⑦ $4.2\overline{)6\ 3}$

⑧ $2.5\overline{)1}$

⑨ $0.4\overline{)5\ 0}$

⑩ $0.3\overline{)7\ 8}$

⑪ $0.8\overline{)5\ 4}$

⑫ $0.4\overline{)9}$

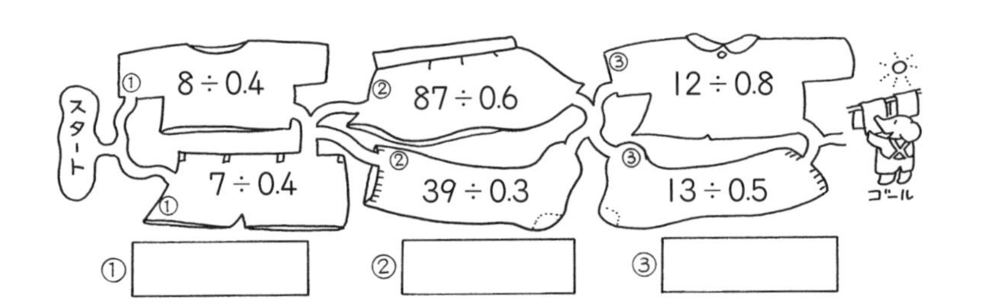

① □　② □　③ □

小数のわり算（2）

名前

めいろは，答えの大きい方を通りましょう。通った答えを下の □ に書きましょう。

① 3 ÷ 0.4

② 30 ÷ 2.5

③ 8 ÷ 0.5

④ 48 ÷ 0.3

⑤ 95 ÷ 1.9

⑥ 78 ÷ 0.6

⑦ 33 ÷ 4.4

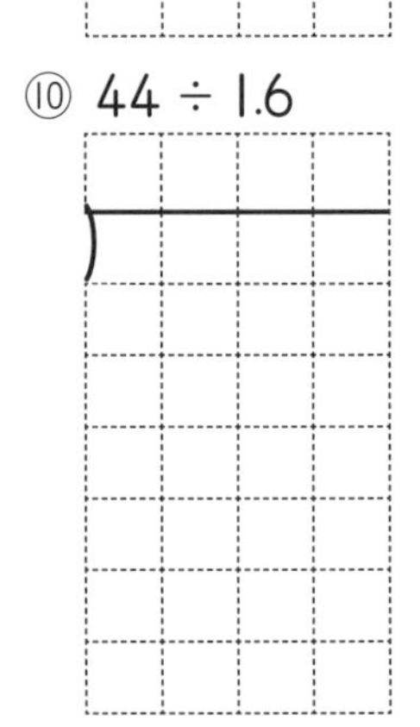

⑧ 23 ÷ 9.2

⑨ 84 ÷ 7.5

⑩ 44 ÷ 1.6

⑪ 70 ÷ 0.4

⑫ 60 ÷ 4.8

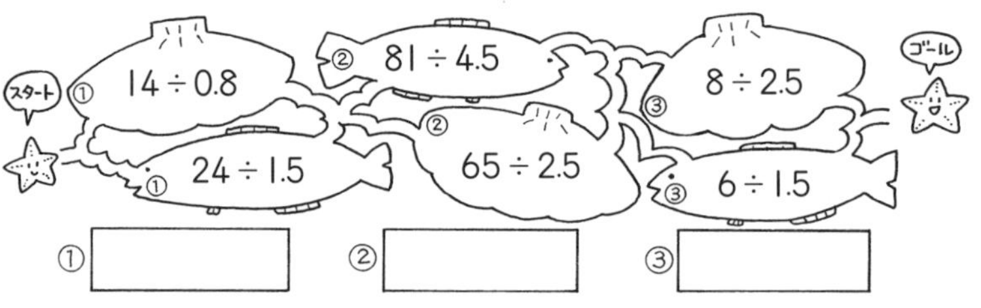

① □　② □　③ □

小数のわり算（3）

名前

めいろは，答えの大きい方を通りましょう。通った答えを下の □ に書きましょう。

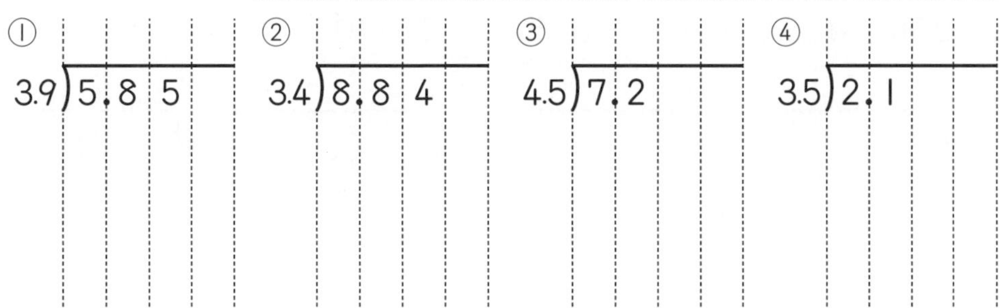

① 3.9)5.85　② 3.4)8.84　③ 4.5)7.2　④ 3.5)2.1

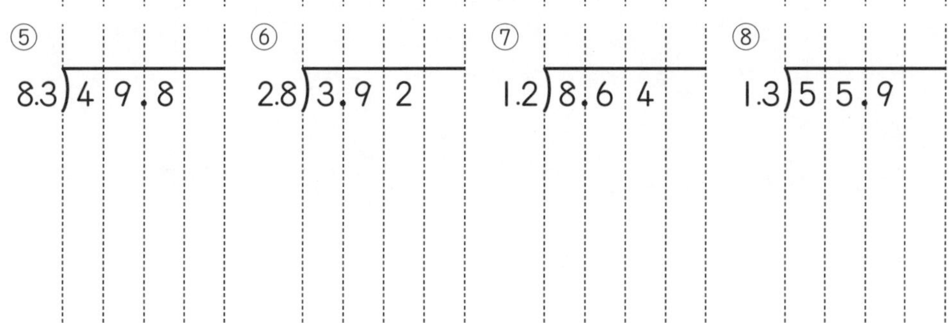

⑤ 8.3)49.8　⑥ 2.8)3.92　⑦ 1.2)8.64　⑧ 1.3)55.9

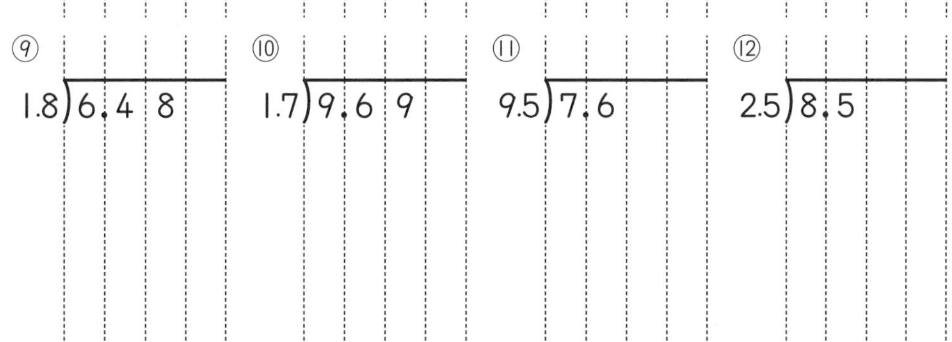

⑨ 1.8)6.48　⑩ 1.7)9.69　⑪ 9.5)7.6　⑫ 2.5)8.5

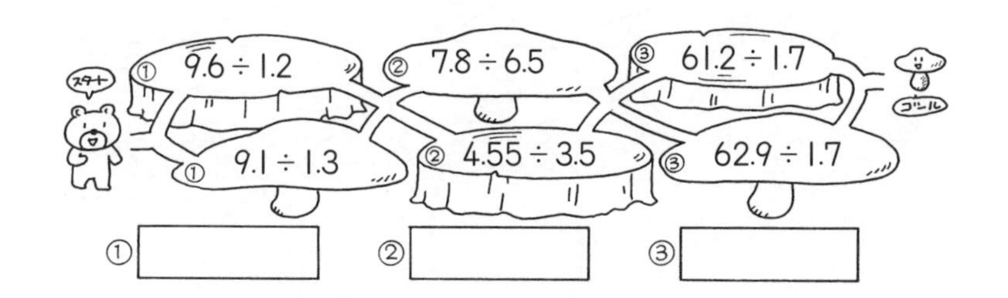

① □　② □　③ □

小数のわり算（4）

名前

めいろは，答えの大きい方を通りましょう。通った答えを下の □ に書きましょう。

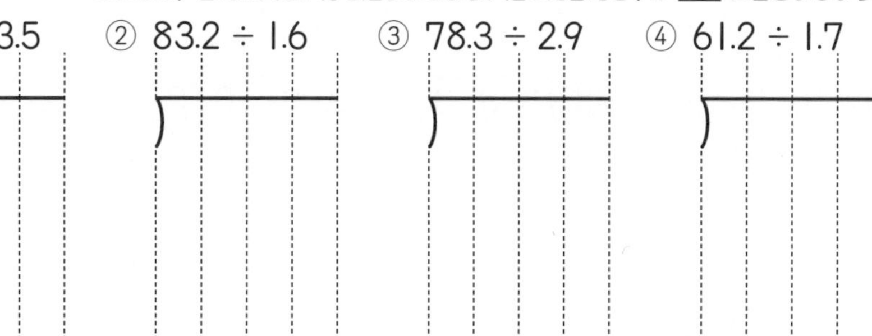

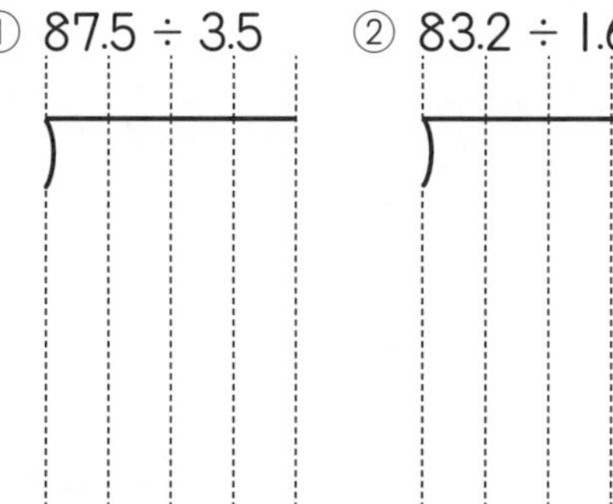

① 87.5 ÷ 3.5　② 83.2 ÷ 1.6　③ 78.3 ÷ 2.9　④ 61.2 ÷ 1.7

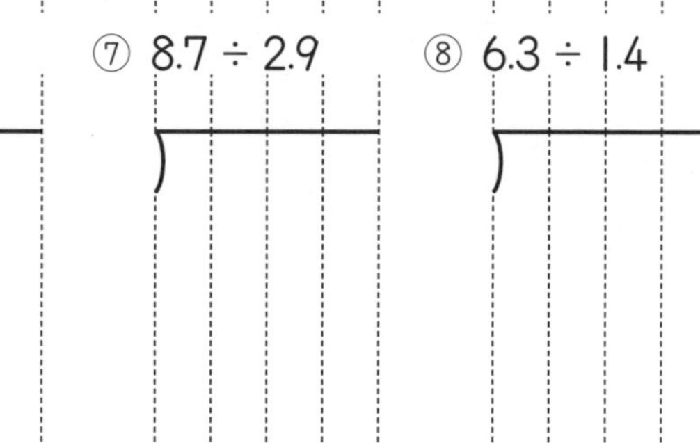

⑤ 2.6 ÷ 5.2　⑥ 6.8 ÷ 8.5　⑦ 8.7 ÷ 2.9　⑧ 6.3 ÷ 1.4

⑨ 9.36 ÷ 1.8　⑩ 8.16 ÷ 1.7　⑪ 4.37 ÷ 2.3　⑫ 9.68 ÷ 4.4

スタート
① 2.6 ÷ 5.2
① 1.5 ÷ 2.5
② 9.8 ÷ 2.8
② 9.88 ÷ 2.6
③ 74.4 ÷ 3.1
③ 52.5 ÷ 2.1
ゴール

① □　② □　③ □

小数のわり算（5）

名前

① 0.25)0.35　② 0.37)88.8　③ 0.13)40.3　④ 0.2)55.8

⑤ 0.5)7.5　⑥ 0.4)3.4　⑦ 0.7)67.2　⑧ 0.3)0.63

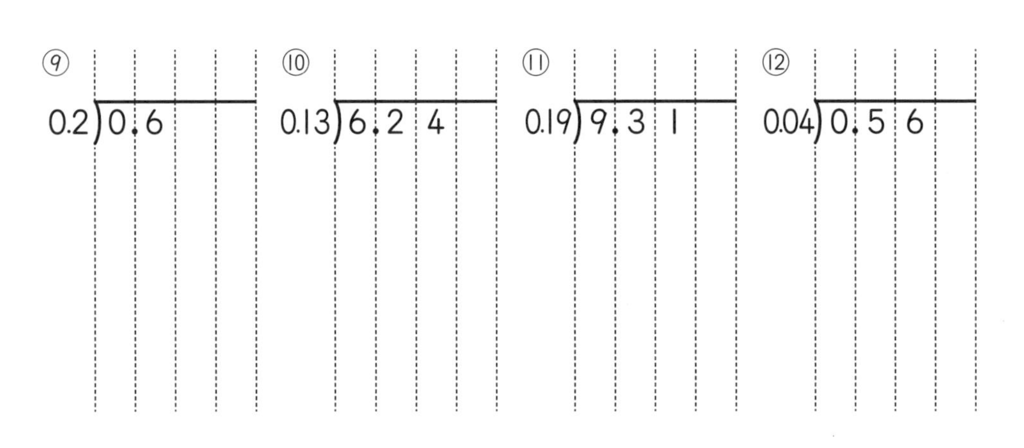

⑨ 0.2)0.6　⑩ 0.13)6.24　⑪ 0.19)9.31　⑫ 0.04)0.56

小数のわり算（6）

名前

めいろは，答えの大きい方を通りましょう。通った答えを下の □ に書きましょう。

① 0.08 ÷ 0.25　② 3.06 ÷ 0.85　③ 0.6 ÷ 0.5　④ 0.36 ÷ 0.45

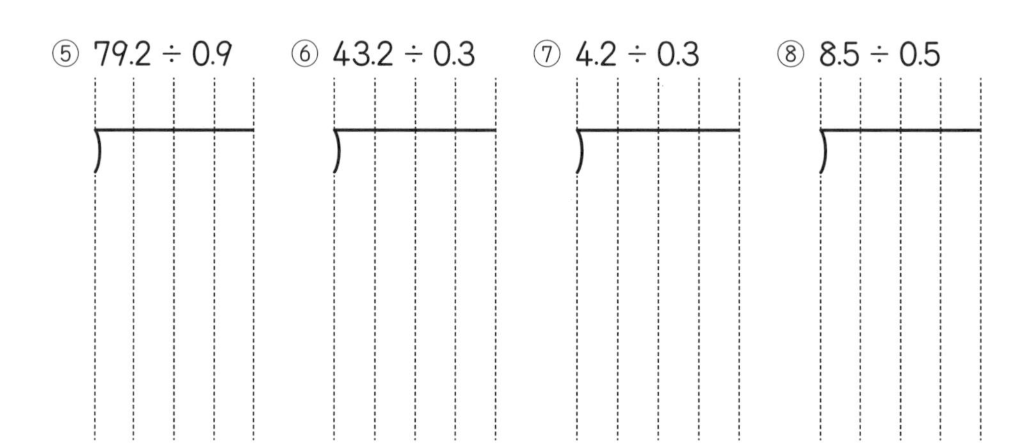

⑤ 79.2 ÷ 0.9　⑥ 43.2 ÷ 0.3　⑦ 4.2 ÷ 0.3　⑧ 8.5 ÷ 0.5

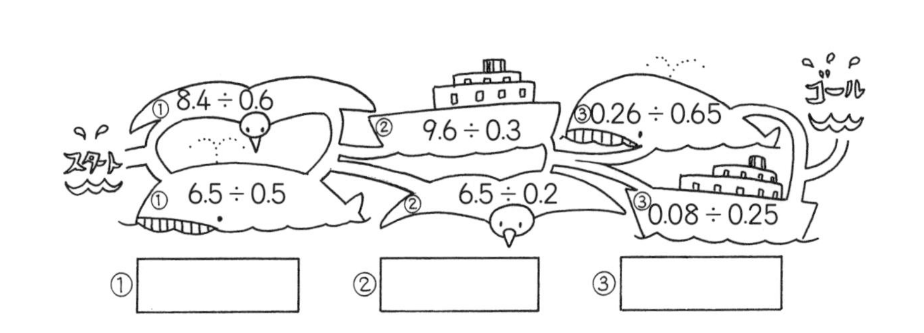

小数のわり算（7）

名前

● わりきれるまで計算しましょう。

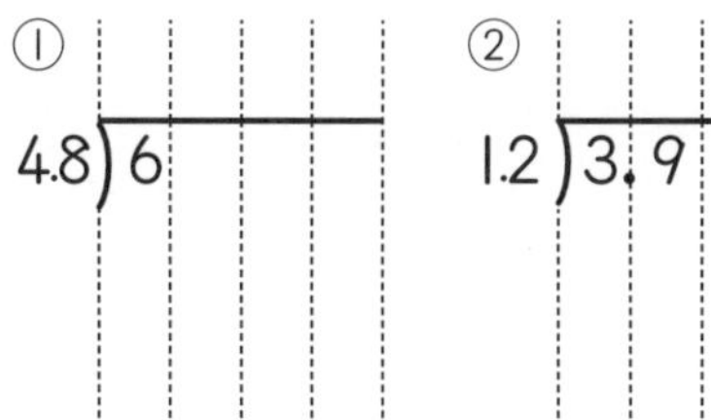

① 4.8)6

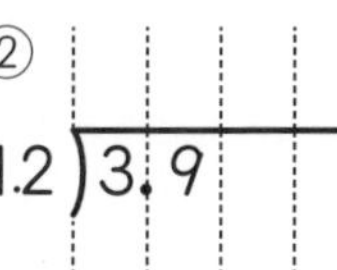

② 1.2)3.9

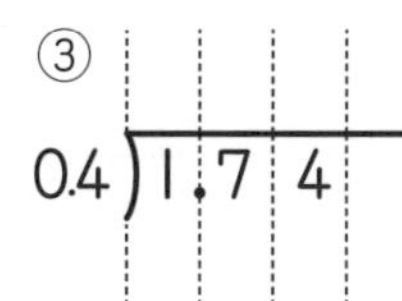

③ 0.4)1.74

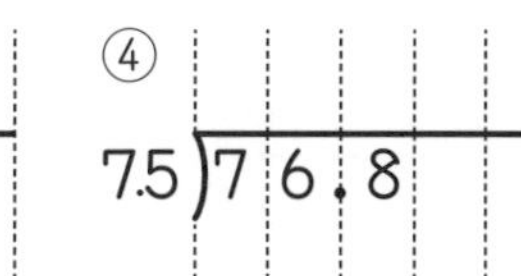

④ 7.5)76.8

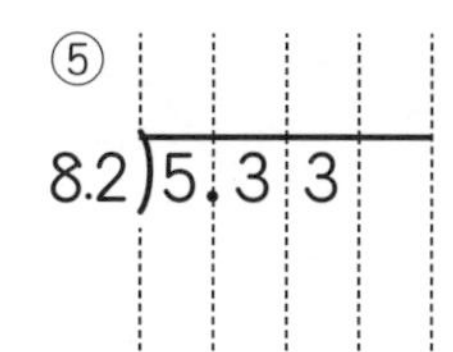

⑤ 8.2)5.33

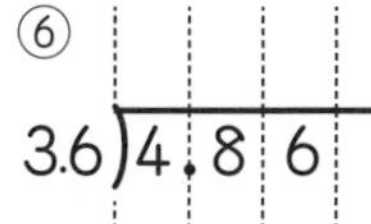

⑥ 3.6)4.86

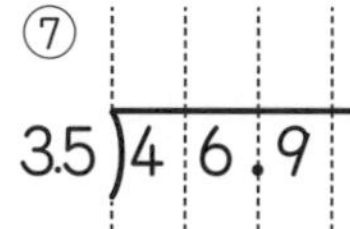

⑦ 3.5)46.9

⑧ 0.8)7.5

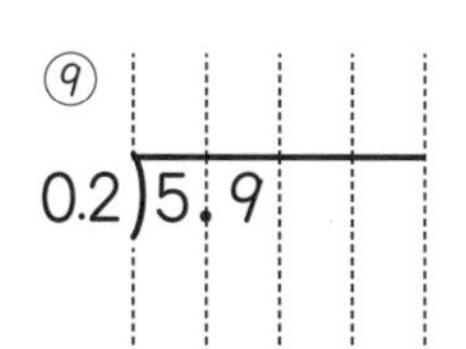

⑨ 0.2)5.9

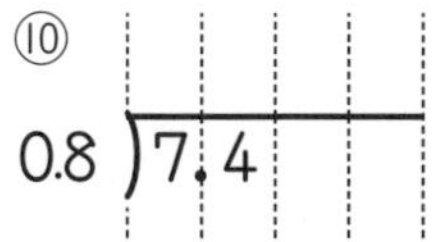

⑩ 0.8)7.4

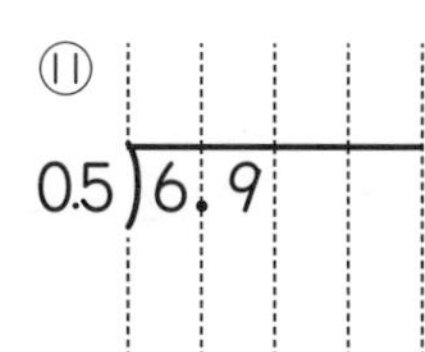

⑪ 0.5)6.9

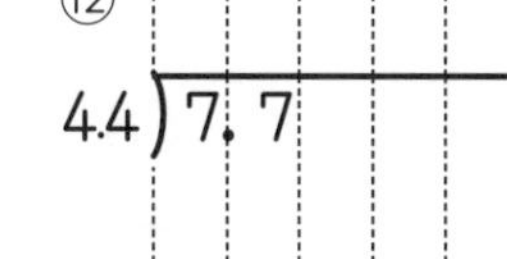

⑫ 4.4)7.7

小数のわり算（8）

名前

めいろは，答えの大きい方を通りましょう。通った答えを下の □ に書きましょう。

● 筆算になおして，わりきれるまで計算しましょう。

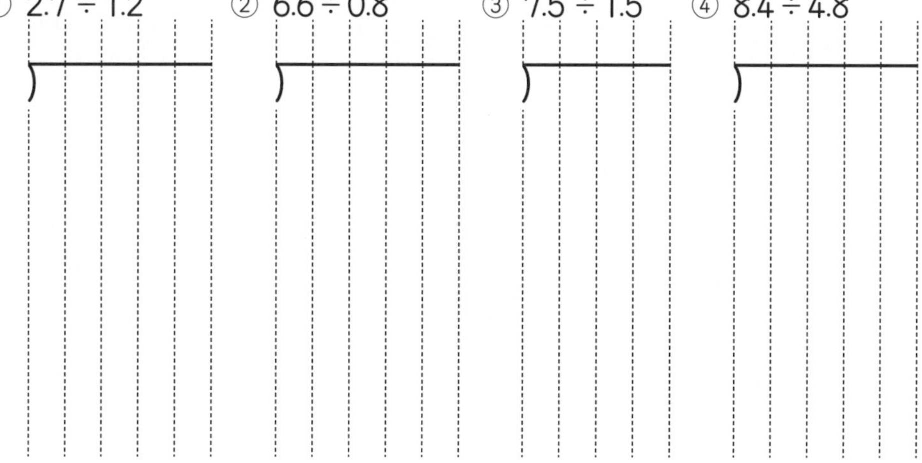

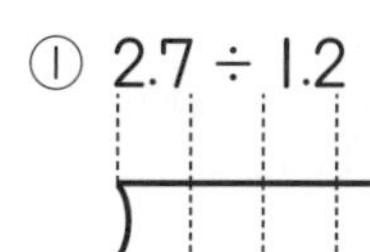

① $2.7 \div 1.2$

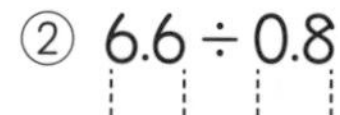

② $6.6 \div 0.8$

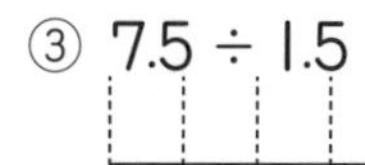

③ $7.5 \div 1.5$

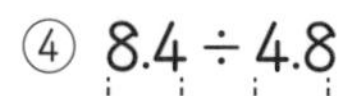

④ $8.4 \div 4.8$

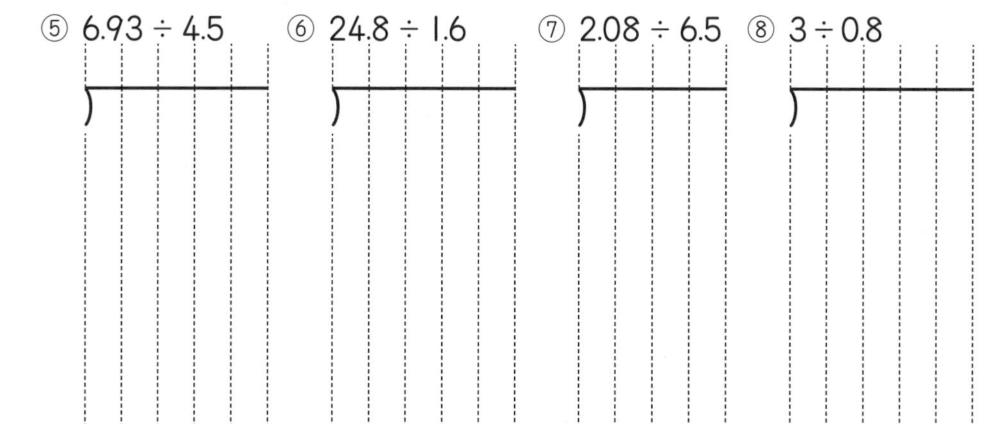

⑤ $6.93 \div 4.5$

⑥ $24.8 \div 1.6$

⑦ $2.08 \div 6.5$

⑧ $3 \div 0.8$

小数のわり算（9）

名前

1 商は整数で求め，あまりも出しましょう。

① 3.6) 43.5

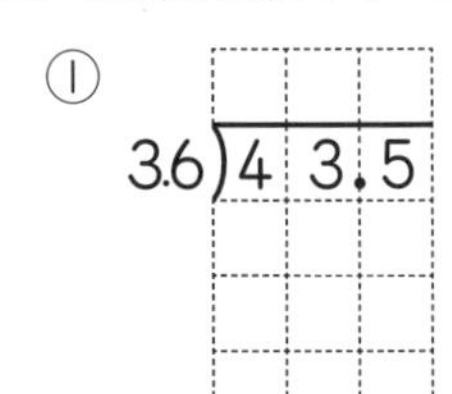

② 0.7) 6.8

③ 1.5) 4.92

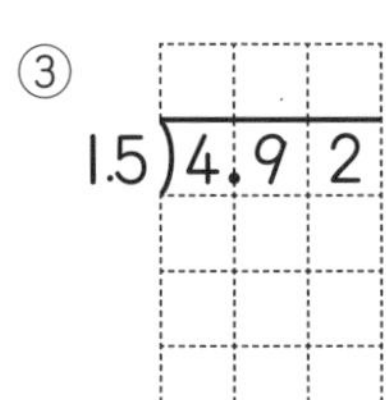

④ 0.7) 28.2

⑤ 1.9) 9.2

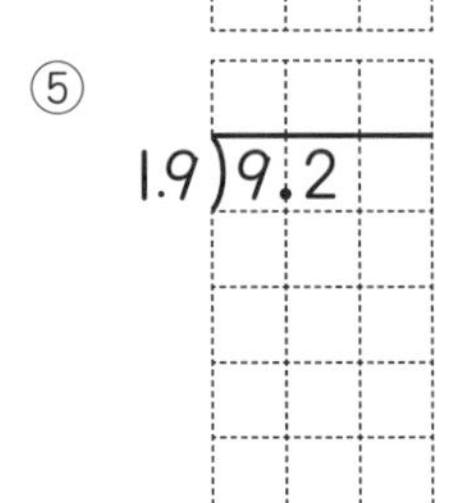

⑥ 0.9) 20.5

2 商は四捨五入（ししゃごにゅう）して，$\frac{1}{10}$ の位までのがい数で求めましょう。

① 0.3) 0.59

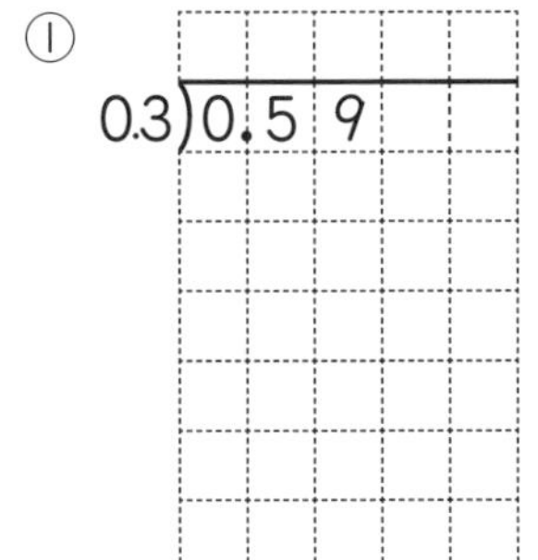

② 8.2) 9.73

③ 1.3) 3.16

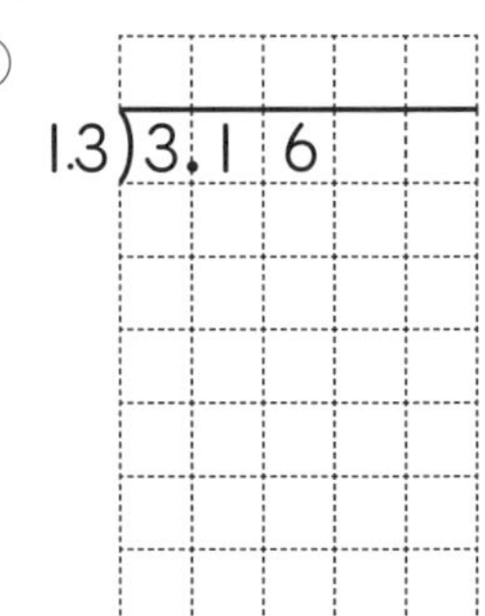

④ 7.9) 49.1

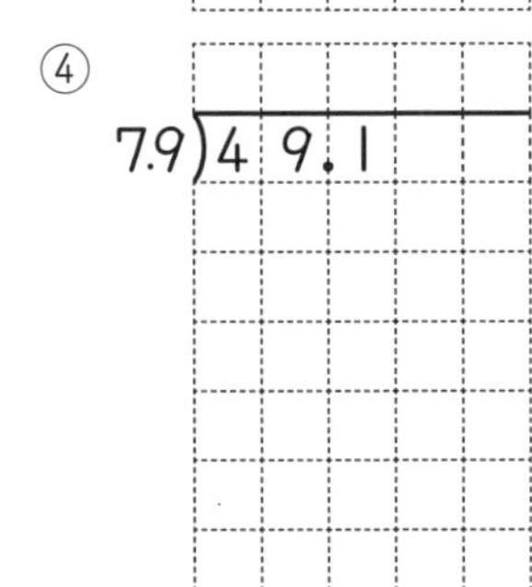

⑤ 0.7) 5.8

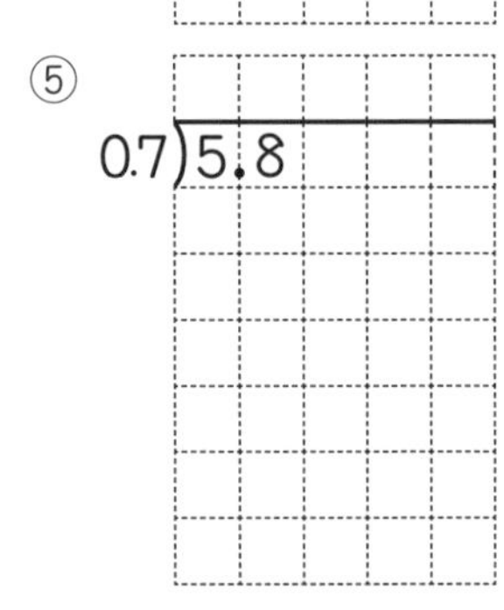

⑥ 2.5) 8.4

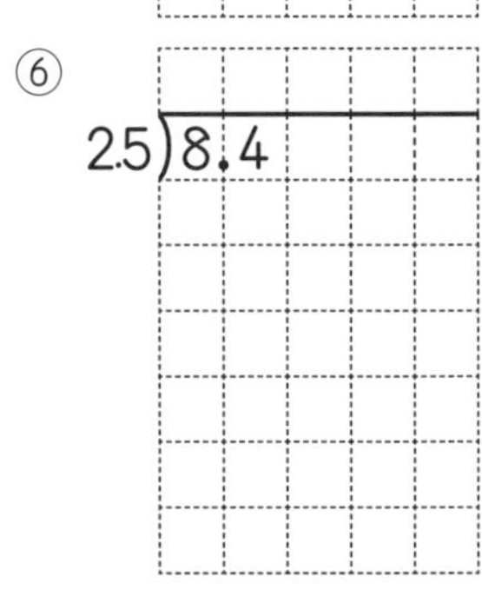

小数のわり算（10）

名前

1 商は整数で求め，あまりも出しましょう。

① 25.3 ÷ 9.6

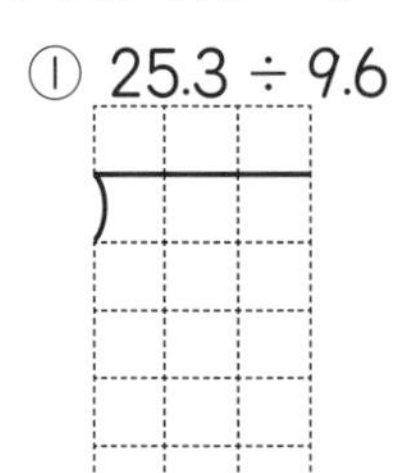

② 6.32 ÷ 1.8

③ 50.6 ÷ 2.1

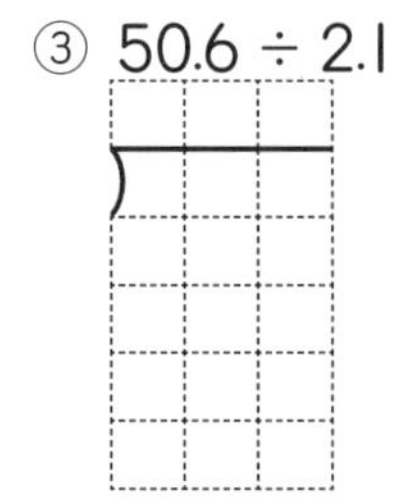

④ 5 ÷ 0.3

⑤ 9.1 ÷ 3.7

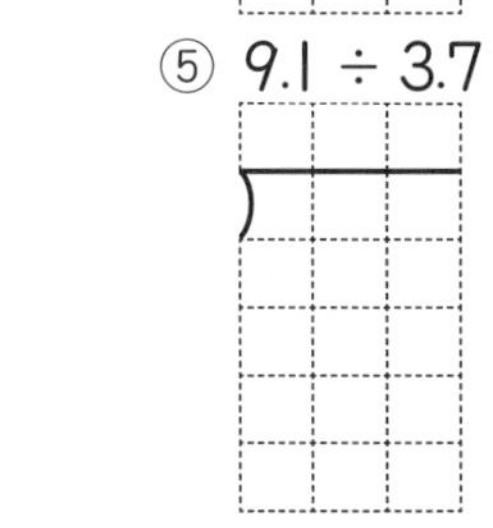

⑥ 21.3 ÷ 0.5

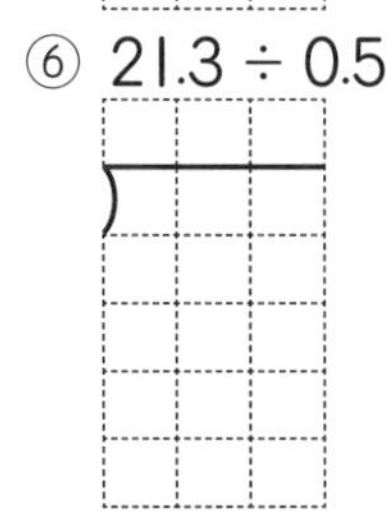

2 商は四捨五入（ししゃごにゅう）して，$\frac{1}{10}$ の位までのがい数で求めましょう。

① 9.6 ÷ 2.8

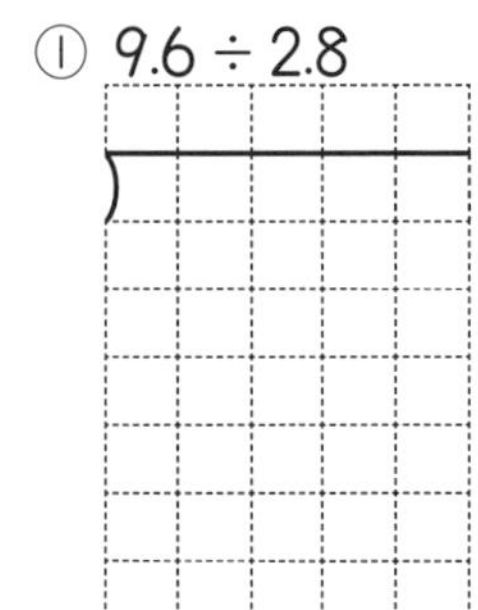

② 29.4 ÷ 5.7

③ 4.7 ÷ 0.6

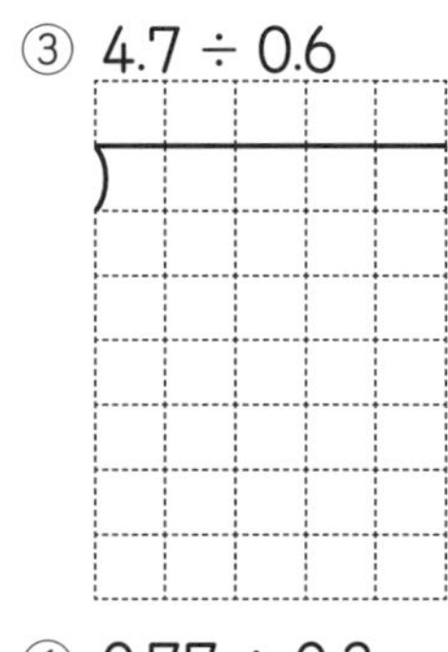

④ 5.98 ÷ 4.8

⑤ 8.42 ÷ 4.3

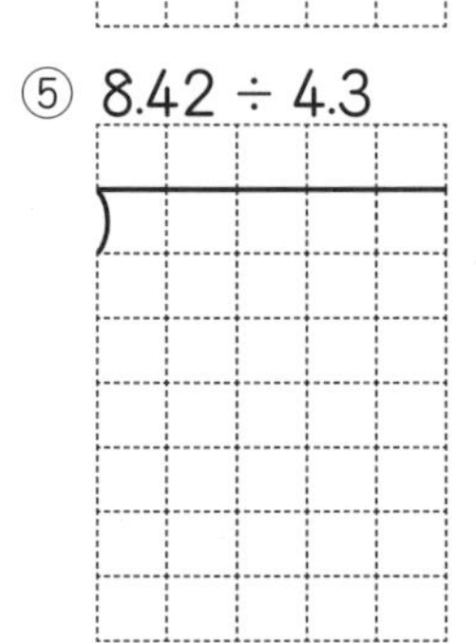

⑥ 0.77 ÷ 0.3

小数のわり算（11）

名前

● 商は四捨五入して，上から2けたのがい数で求めましょう。

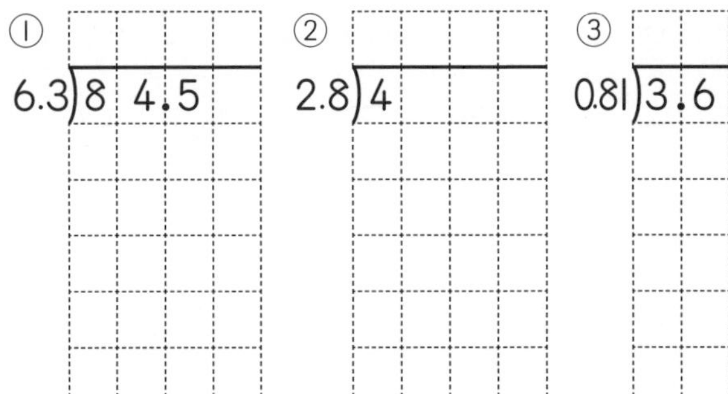

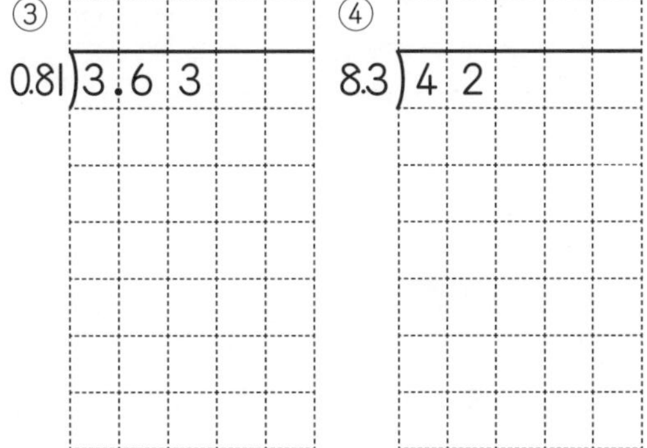

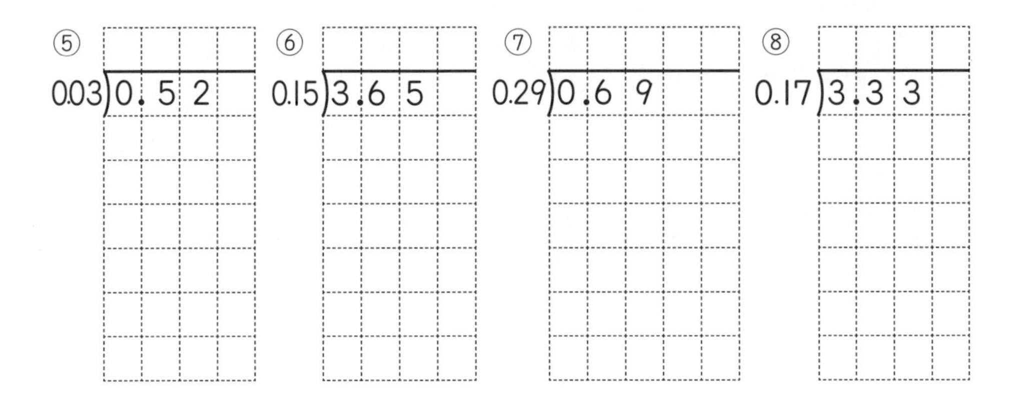

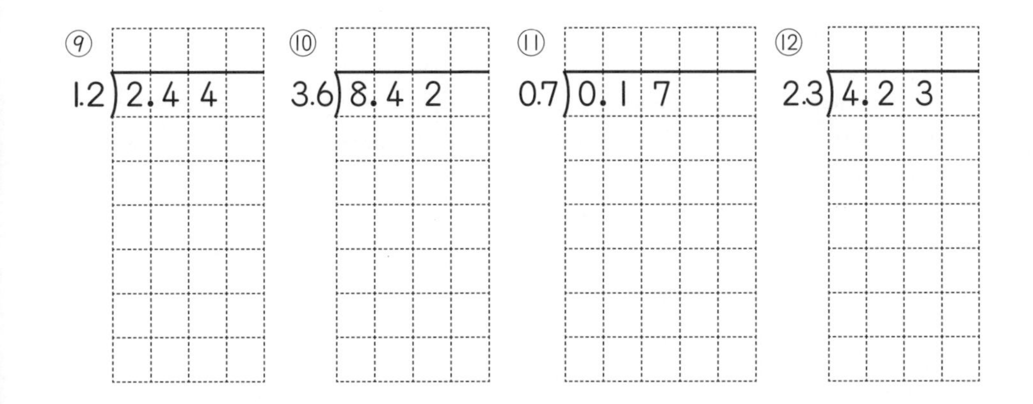

小数のわり算（12）

名前

めいろは，答え（四捨五入して，上から3けたのがい数で）の大きい方を通りましょう。通った答えを下の □ に書きましょう。

● 商は四捨五入して，上から2けたのがい数で求めましょう。

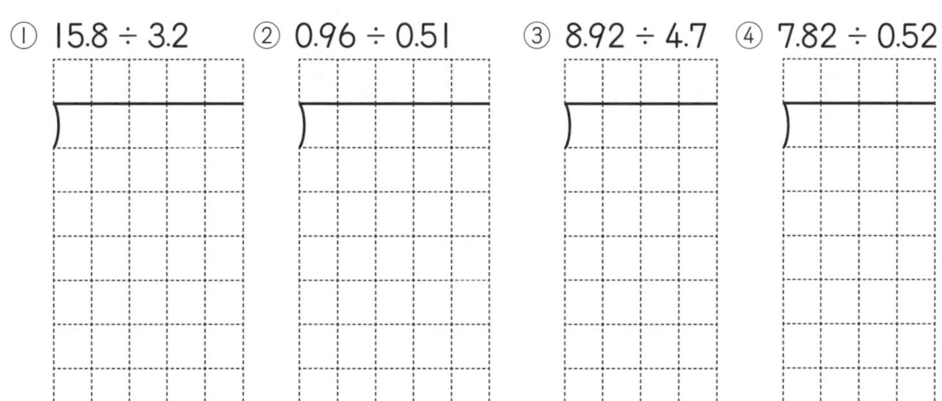

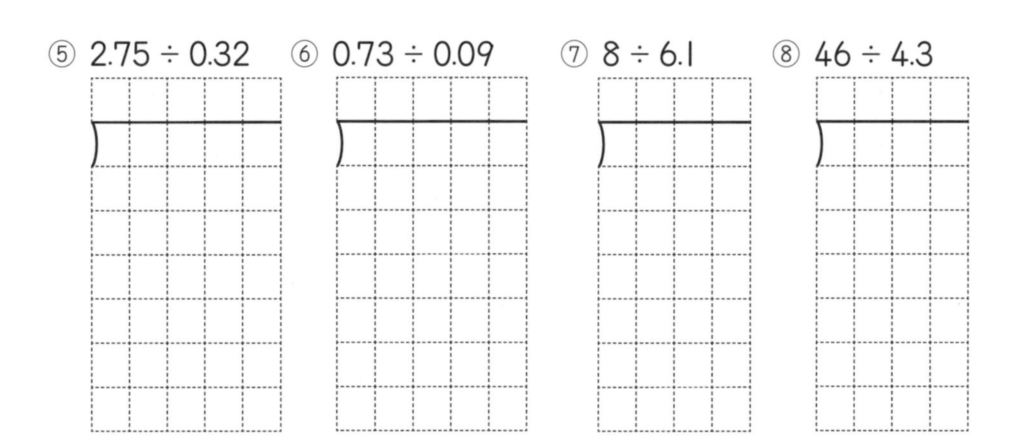

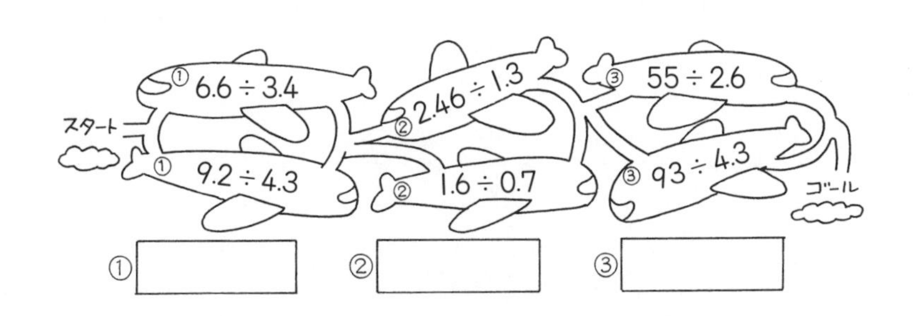

小数のわり算（13）

名前

1 わりきれるまで計算しましょう。

① $4.8\overline{)8.28}$ ② $0.4\overline{)1.9}$ ③ $0.25\overline{)6.74}$ ④ $0.12\overline{)1.47}$

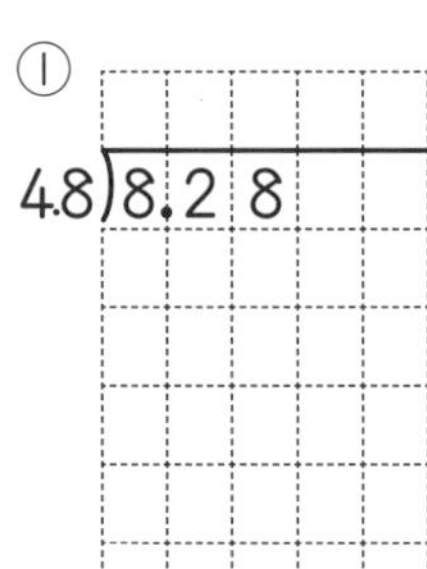
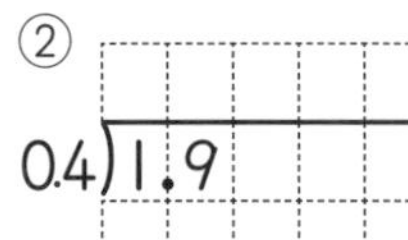
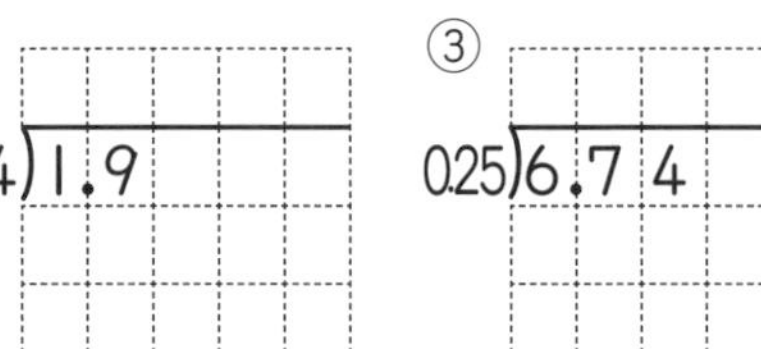
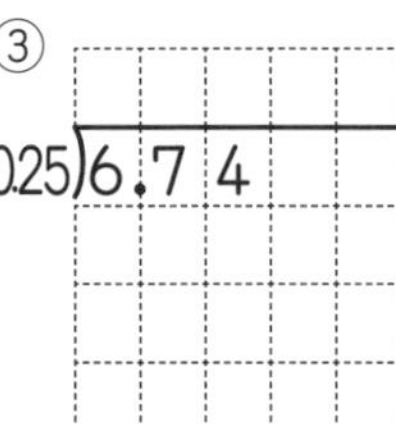

2 商は整数で求め，あまりも出しましょう。

① $0.12\overline{)7.5}$ ② $0.5\overline{)8.2}$ ③ $0.9\overline{)4.6}$ ④ $1.7\overline{)3.48}$

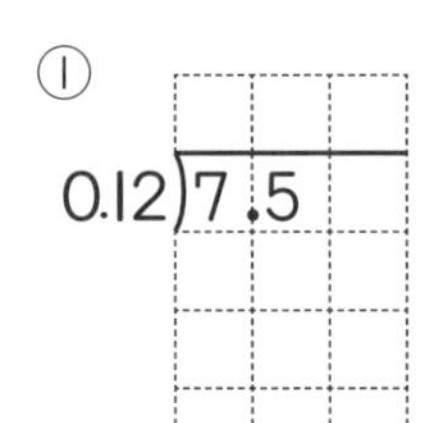
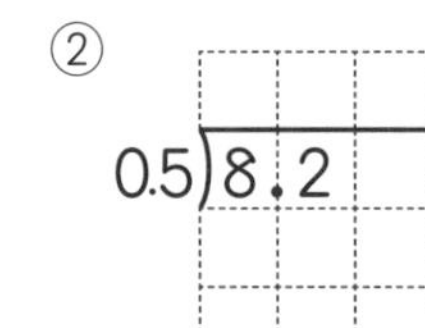
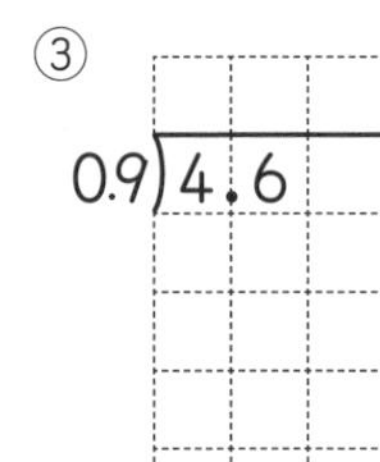
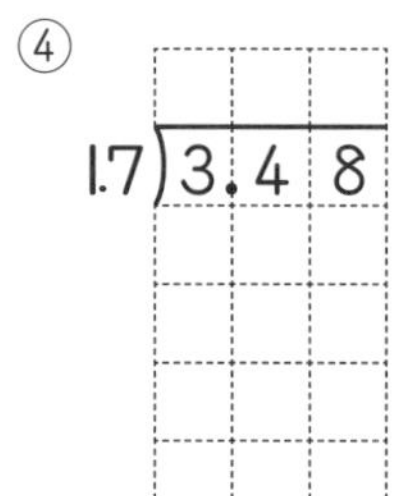

3 商は四捨五入(ししゃごにゅう)して，$\frac{1}{10}$の位までのがい数で求めましょう。

① $0.3\overline{)0.71}$ ② $4.7\overline{)8.1}$ ③ $2.1\overline{)5.06}$ ④ $5.6\overline{)33.4}$

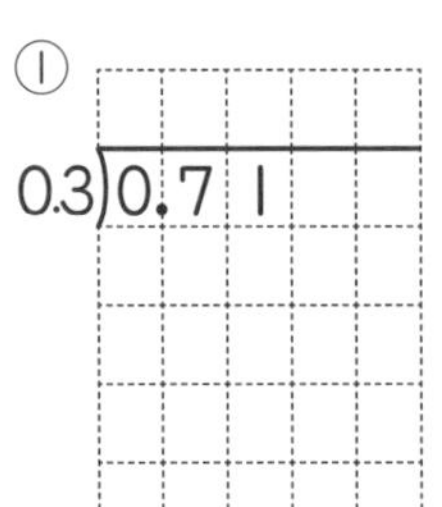
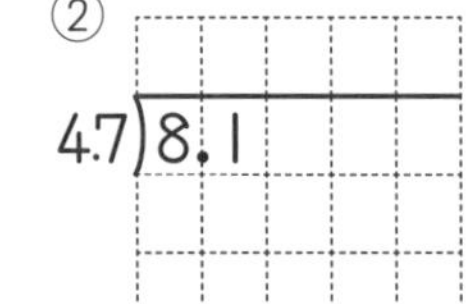
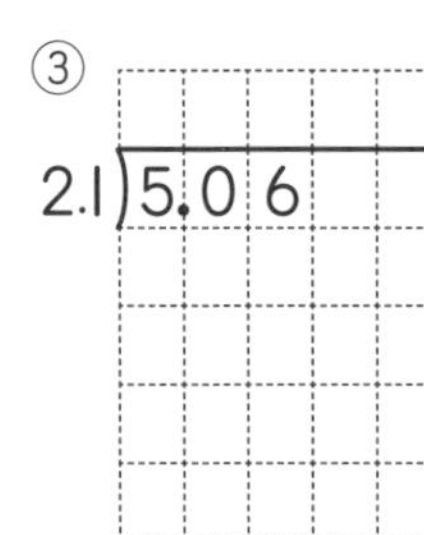
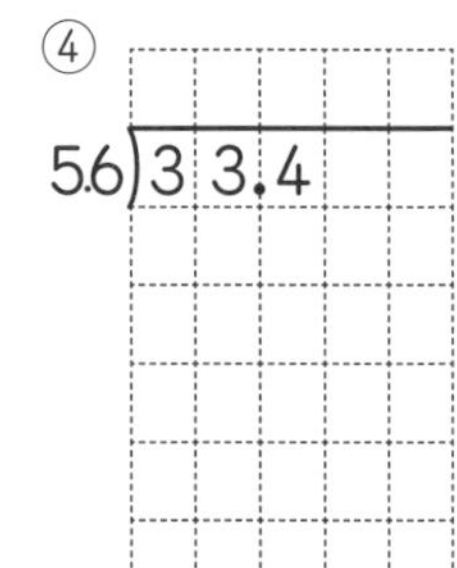

小数のわり算（14）

名前

1 筆算になおして，わりきれるまで計算しましょう。

① 87 ÷ 0.4 ② 3.06 ÷ 3.6 ③ 2.21 ÷ 0.68 ④ 7.42 ÷ 0.35

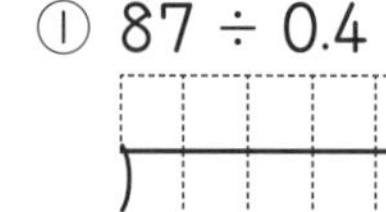
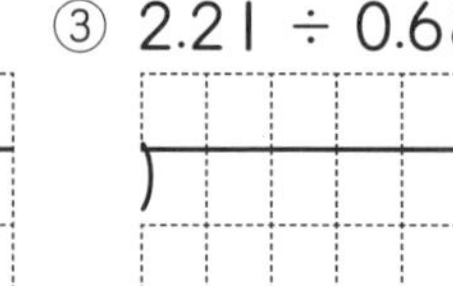
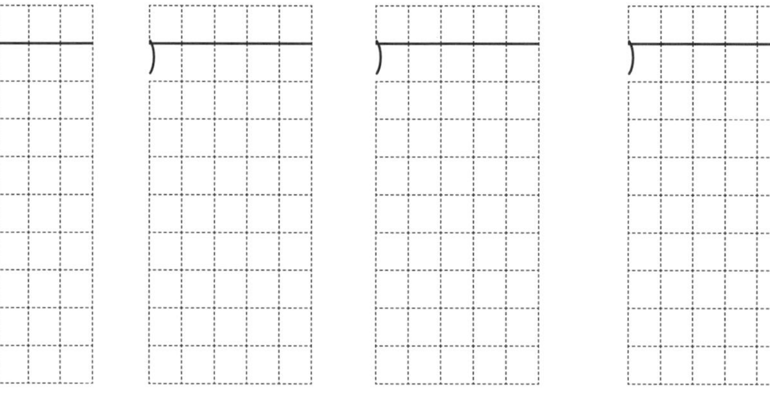

2 商は整数で求め，あまりも出しましょう。

① 8.5 ÷ 0.6 ② 6.8 ÷ 0.7 ③ 79.4 ÷ 5.2 ④ 26.3 ÷ 1.7

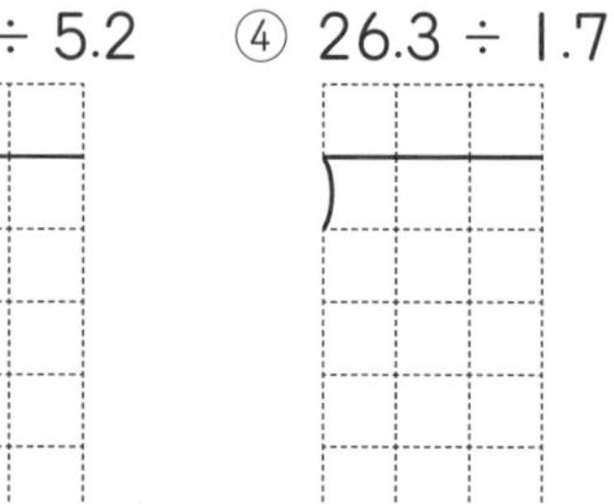

3 商は四捨五入(ししゃごにゅう)して，$\frac{1}{10}$の位までのがい数で求めましょう。

① 6.58 ÷ 2.1 ② 0.46 ÷ 0.4 ③ 4.56 ÷ 2.3 ④ 4.5 ÷ 1.6

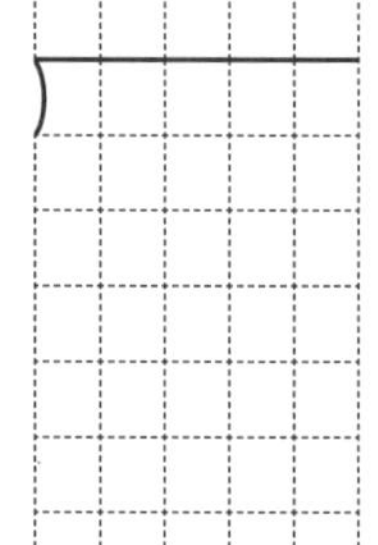

小数のわり算（15）

名前

① 7.6L のジュースを 0.3L ずつコップに入れます。ジュースが 0.3L 入ったコップが何個（こ）できて，ジュースは何 L あまりますか。

式

答え

② 面積が 68.4cm² の長方形の紙があります。横の長さは 9cm です。たての長さは何 cm ですか。

式

答え

③ 1.4m の重さが 0.7kg のはり金があります。このはり金 1m の重さは何 kg ですか。

式

答え

④ 面積が 9m² になるように長方形の花だんをつくります。横の長さは 2.7m です。たての長さは約何mにすればよいですか。四捨五入（ししゃごにゅう）して上から 2 けたのがい数で求めましょう。

式

答え

小数のわり算（16）

名前

① 15.3m のゴムひもを 0.5m ずつ切って，ゴム輪をつくります。ゴム輪は何個（こ）できて，ゴムひもは何 m あまりますか。

式

答え

② 長さ 5.4m の鉄のぼうの重さをはかったら，14.8kg でした。このぼう 1m の重さは約何 kg ですか。四捨五入（ししゃごにゅう）して，上から2けたのがい数で求めましょう。

式

答え

③ 1L のガソリンで 6.8km 走る車があります。この車で 57.8km 走るには，何Lのガソリンがいりますか。

式

答え

④ ある飛行場の面積は 3.9km² で，長方形をしています。飛行場のたての長さは 2.6km です。横の長さは何 km ですか。

式

答え

小数のわり算（17）

名前

● 次の計算をして，答えの大きい方へ進み，ゴールまで行きましょう。
通った方の，答えを □ に書きましょう。

スタート

$6.4 \div 0.4$

$12.4 \div 0.8$

$7.5 \div 0.3$

$45.6 \div 0.8$

$12.7 \div 0.5$

$39.2 \div 0.7$

$77.4 \div 4.3$

$88.4 \div 5.2$

$7.2 \div 4.5$

$2.7 \div 1.5$

ゴール

□→□→□→□→□

小数のわり算（18）

名前

● 次の計算をして，答えの大きい方へ進み，ゴールまで行きましょう。
通った方の，答えを □ に書きましょう。

□→□→□→□→□

ふりかえりテスト 小数のわり算

名前

1 計算をしましょう。(6×5)

① $2.8\overline{)3.36}$　② $7.5\overline{)9}$　③ $0.37\overline{)9.62}$

④ $0.35\overline{)0.77}$　⑤ $0.75\overline{)0.3}$

2 商は整数で求め，あまりも出しましょう。(5×2)

① $0.32\overline{)4.58}$　② $0.75\overline{)69.6}$

3 商は小数第二位を四捨五入(ししゃごにゅう)して，小数第一位までのがい数で求めましょう。(5×2)

① $6.5\overline{)39.4}$　② $1.8\overline{)2.09}$

4 1Lの重さが1.5kgのジュースがあります。このジュース13.8kgは何Lありますか。(10)

式

答え

5 10.92Lの水を2.8m²の花だんにまきました。1m²あたり何Lの水をまいたことになりますか。(10)

式

答え

6 たての長さが6.6mで，面積が82.5m²の長方形の土地があります。横の長さは何mですか。(10)

式

答え

7 6.6Lのジュースを0.4Lずつコップに分けます。0.4L入りのコップは何個(こ)できて，ジュースは何Lあまりますか。(10)

式

答え

8 1.6mの重さが13gのはり金があります。このはり金1mの重さは約何gですか。商は小数第二位を四捨五入して，小数第一位までのがい数で求めましょう。(10)

式

答え

小数のかけ算・わり算 (1)

名前

1 1辺が 8.6cm の正方形の面積を求めましょう。

式

答え

2 0.6m の重さが 2.7g のはり金があります。このはり金 1m の重さは何 g ですか。

式

答え

3 1cm^2 の重さが 0.3g の紙があります。この紙 9.4cm^2 の重さは何 g ですか。

式

答え

4 1m^2 のかべをぬるのに 3.8dL のペンキを使います。このペンキ 20.9dL では，何 m^2 のかべがぬれますか。

式

答え

小数のかけ算・わり算 (2)

名前

1 1L の食用油の重さをはかると 0.9kg ありました。この油 0.8L の重さは何 kg ですか。

式

答え

2 面積 4.96m^2 の長方形の花だんがあります。この花だんの横の長さは 3.2m です。たての長さは何 m ですか。

式

答え

3 1.8m の重さが 6.21kg の木のぼうがあります。このぼう 1m の重さは何 kg ですか。

式

答え

4 62.4m のリボンを 2.4m ずつに切って分けます。何本に分けることができますか。

式

答え

小数のかけ算・わり算（3）

名前

● 次の計算をして，答えの大きい方へ進み，ゴールまで行きましょう。
通った方の，答えを □ に書きましょう。

小数のかけ算・わり算（4）

名前

● 次の計算をして，答えの大きい方へ進み，ゴールまで行きましょう。
通った方の，答えを □ に書きましょう。

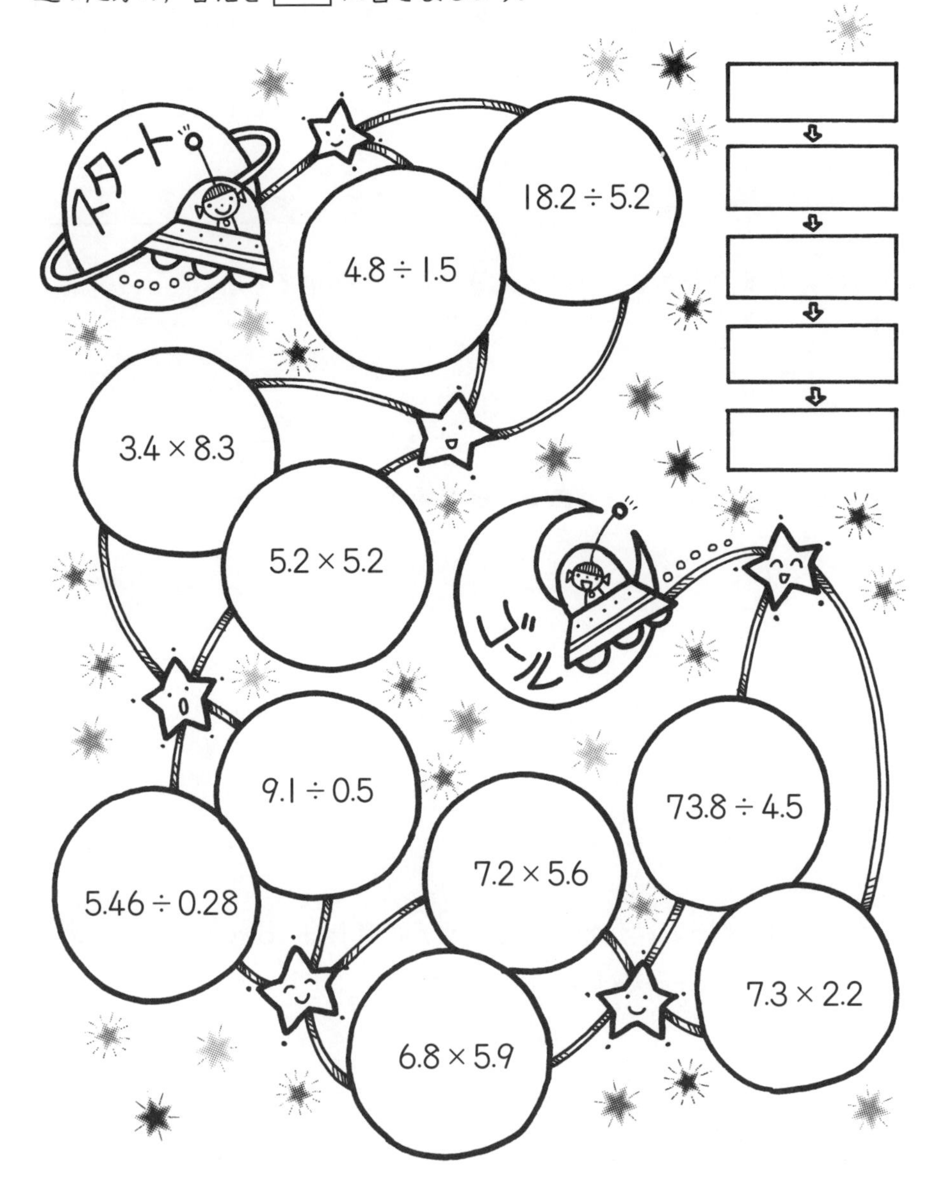

小数倍（1）

名前

※もとにする量に，線をひいてから，式と答えを書きましょう。

1 右の表のような長さの３本のえん筆があります。

えん筆の長さ

	長さ(cm)
A	5
B	4
C	10

① Bのえん筆の長さは，Aのえん筆の長さの何倍ですか。

式

答え

② Aのえん筆の長さは，Bのえん筆の長さの何倍ですか。

式

答え

③ Cのえん筆の長さは，Aのえん筆の長さの何倍ですか。

式

答え

④ Bのえん筆の長さは，Cのえん筆の長さの何倍ですか。

式

答え

2 こうきさんの身長は140cmで，お父さんの身長は182cmです。お父さんの身長は，こうきさんの身長の何倍ですか。

式

答え

小数倍（2）

名前

※もとにする量に，線をひいてから，式と答えを書きましょう。

1 山本さんの畑の面積は210m²です。中田さんの畑の面積は，山本さんの畑の面積の0.9倍です。中田さんの畑の面積は何m²ですか。

式

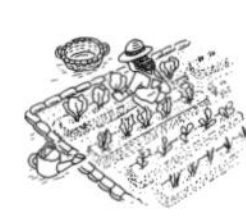

答え

2 A小学校の５年生は全部で120人です。６年生は５年生の1.1倍の人数です。６年生の人数は何人ですか。

式

答え

3 プリン１個（こ）のねだんは150円です。いちごケーキ１個のねだんは，プリン１個のねだんの2.2倍です。いちごケーキは１個何円ですか。

式

答え

4 ひろしさんの体重は35kgです。弟の体重は，ひろしさんの体重の0.6倍です。弟の体重は何kgですか。

式

答え

小数倍 (3)

名前

※もとにする量に，線をひいてから，式と答えを書きましょう。

1 みさきさんの家には，ねこがいます。今の体重は 4.2kg で，半年前の体重の 1.5 倍です。半年前のねこの体重は何 kg でしたか。

式

答え

2 長方形の形をした紙があります。横の長さは 33.6cm で，たての長さの 3.2 倍です。たての長さは何 cm ですか。

式

答え

3 あかねさんは，おこづかいを 630 円持っています。あかねさんのおこづかいは，お姉さんのおこづかいの 0.7 倍です。お姉さんのおこづかいは何円ですか。

式

答え

4 さとしさんの家から駅までの道のりは 1.6km です。さとしさんの家から駅までの道のりは，学校から駅までの道のりの 0.8 倍です。学校から駅までの道のりは何 km ですか。

式

答え

小数倍 (4)

名前

※もとにする量に，線をひいてから，式と答えを書きましょう。

1 赤，白，青の 3 本のリボンがあります。赤のリボンは 80cm です。白のリボンは，赤のリボンの 1.35 倍，青のリボンは赤のリボンの 0.75 倍の長さです。白と青のリボンはそれぞれ何 cm ですか。

式

答え　白　　　　，青

2 あるお店で，150 円のクリームパンを 120 円，200 円のメロンパンを 180 円で安売りをしています。

① クリームパンのねびき後のねだんは，もとのねだんの何倍になっていますか。

式

答え

② メロンパンのねびき後のねだんは，もとのねだんの何倍になっていますか。

式

答え

③ もとのねだんとねびき後のねだんを比(くら)べて，より安くなったのは，クリームパンとメロンパンのどちらですか。

答え

3 Aのビルの高さは 9m で，Bのビルの高さの 1.5 倍です。Bのビルの高さは何 m ですか。

式

答え

合同な図形（1）

名前

1 Aの三角形と合同な三角形をすべて選び，（　）に記号を書きましょう。

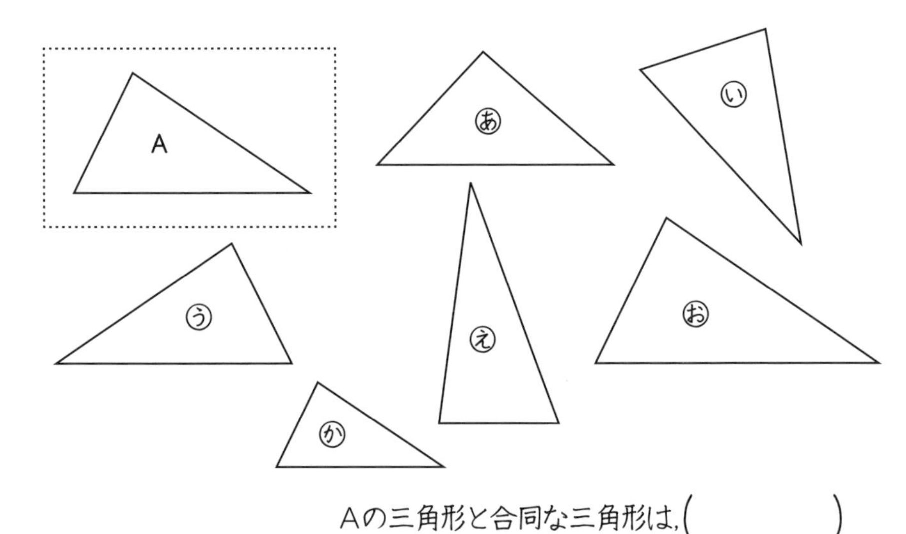

Aの三角形と合同な三角形は，（　　　　）

2 下の文の（　）にあてはまることばを書きましょう。

① 合同な図形で，重なり合う頂点（ちょうてん），重なり合う辺，重なり合う角を，それぞれ，対応（たいおう）する（　　　　），対応する（　　　　），対応する（　　　　）といいます。

② 合同な図形では，対応する（　　　　）の長さは等しく，また，対応する（　　　　）の大きさも等しくなります。

③ うら返して重なる図形も（　　　　）になります。

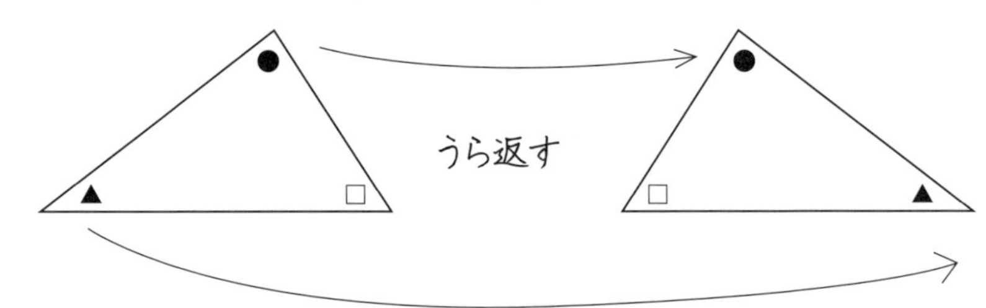

合同な図形（2）

名前

● 次の３つの三角形あ，か，さは，どれも合同です。３つをぴったり重ねたとき，それぞれ対応（たいおう）するものを下の表に書きましょう。

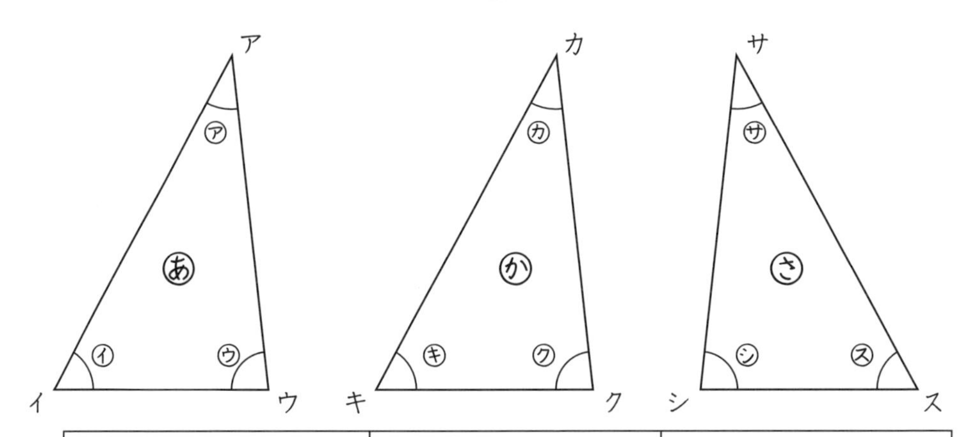

三角形あ	三角形か	三角形さ
頂点（ちょうてん）アに対応する頂点		
頂点イに対応する頂点		
辺アイに対応する辺		
辺アウに対応する辺		
角イに対応する角		
角ウに対応する角		

① 辺アウが 6cm のとき，辺サシは何 cm ですか。（　　　　）

② 角イが 60°のとき，角スは何度ですか。（　　　　）

合同な図形（3）

名前

● 下の３つの四角形A，B，C は合同です。対応する頂点，辺，角はどこになるか，下の表に書きましょう。

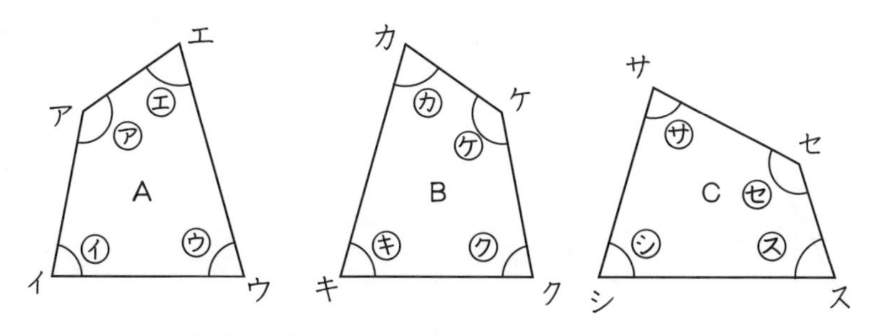

四角形A	四角形B	四角形C
頂点アに対応する頂点		
頂点エに対応する頂点		
辺アイに対応する辺		
辺ウエに対応する辺		
角㋑に対応する角		
角㋒に対応する角		

① 辺アイが 4cm のとき，辺セサは何 cm ですか。　（　　　　）

② 角㋑が 80°のとき，角㋚は何度ですか。　（　　　　）

合同な図形（4）

名前

1 下の長方形，平行四辺形，台形を，それぞれ１本の対角線で２つの三角形に分けましょう。分け方は２通りずつあります。

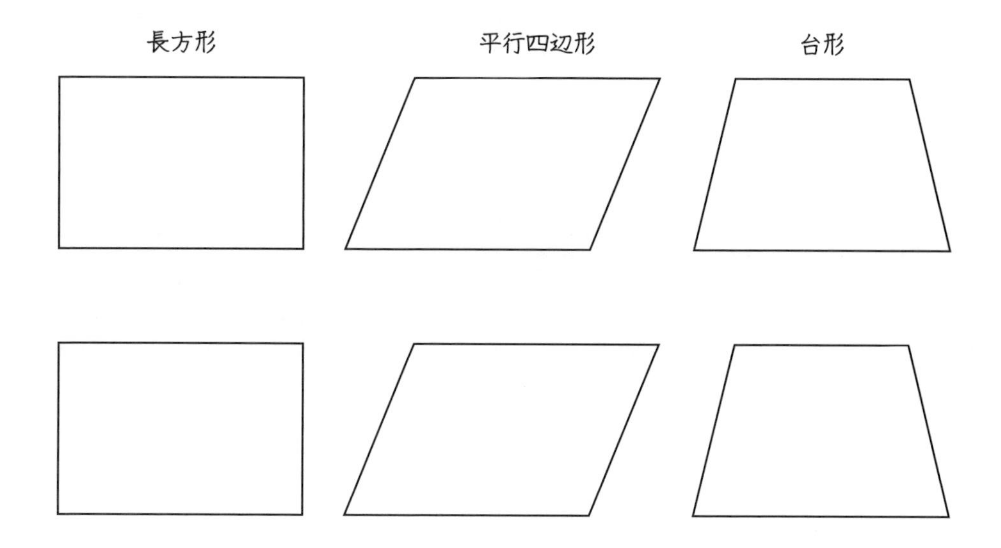

2 1で分けてできた２つの三角形は合同ですか。どちらかに○をつけましょう。

① 長方形　（ 合同 ・ 合同でない ）

② 平行四辺形　（ 合同 ・ 合同でない ）

③ 台形　（ 合同 ・ 合同でない ）

合同な図形（5）

名前

● 次の三角形と合同な三角形をかきましょう。

①

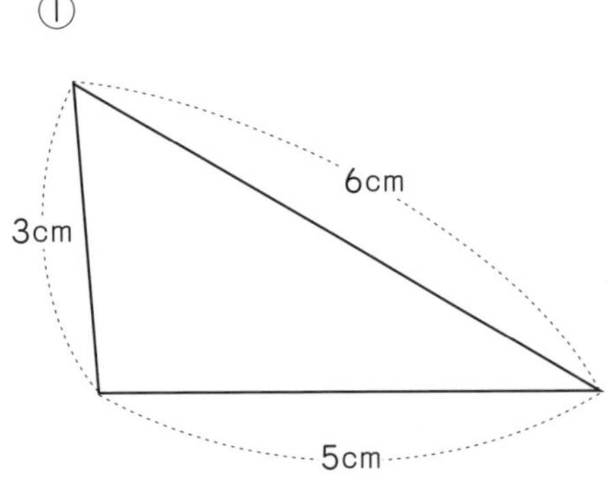

5cm

②

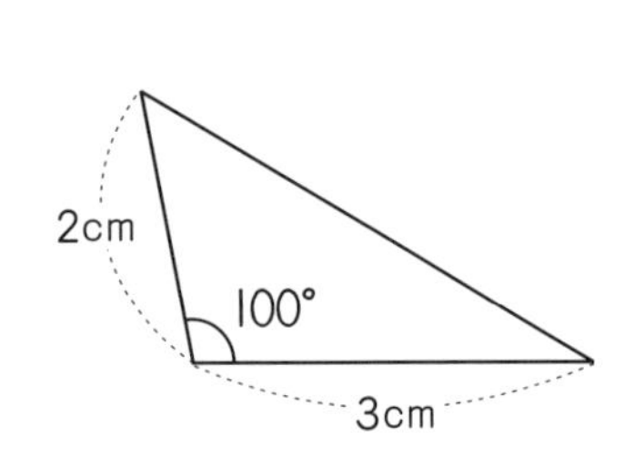

3cm

③

30°

70°

5cm

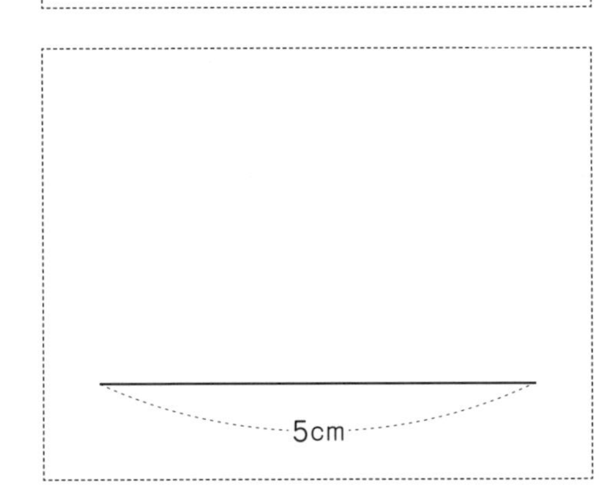

合同な図形（6）

名前

● 次の四角形と合同な四角形をかきましょう。

①

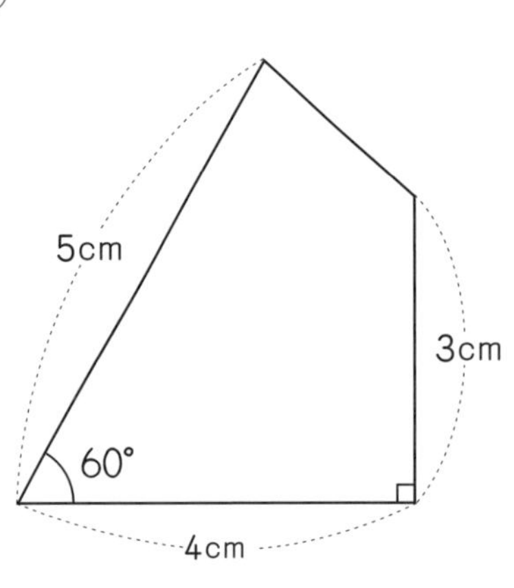

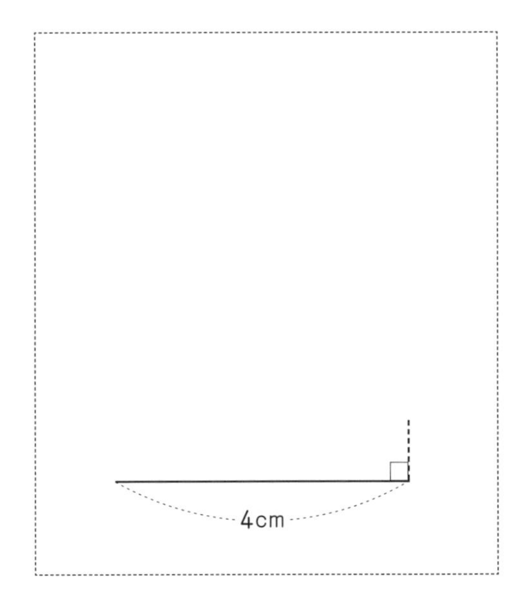

②

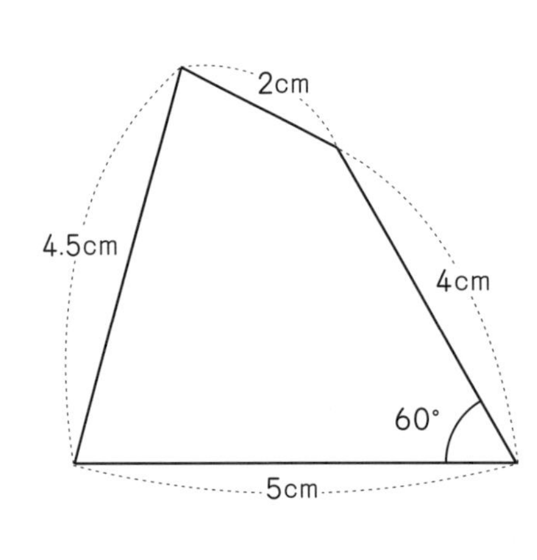

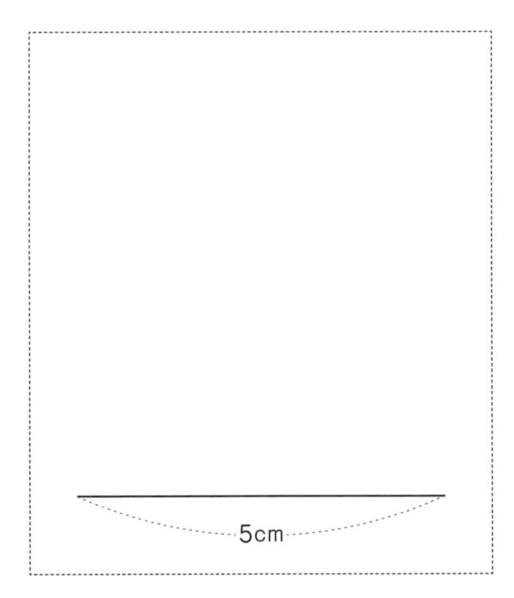

ふりかえりテスト　合同な図形

名前

1 次のあ〜くの図形の中で，３つが合同です。記号を書きましょう。(4 × 3)

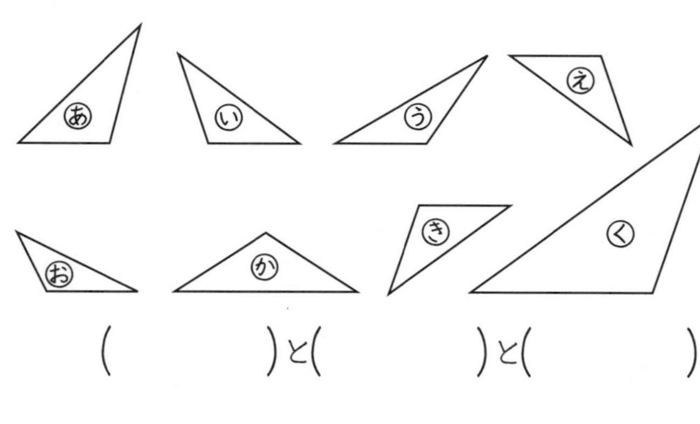

(　　　　)と(　　　　)と(　　　　)

2 下の２つの四角形は合同です。

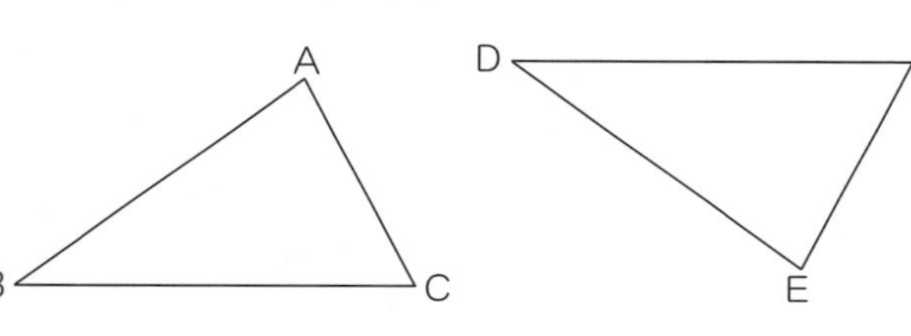

① 対応(たいおう)する頂点(ちょうてん)を書きましょう。(5 × 2)

頂点Aと(　　　　)

頂点Bと(　　　　)

② 対応する辺を書きましょう。(5 × 2)

辺ABと(　　　　)

辺CAと(　　　　)

③ 対応する角を書きましょう。(5 × 2)

角Bと(　　　　)

角Cと(　　　　)

④ 辺ABが7cmのとき,辺EDは何cmですか。(4)

(　　　　)

⑤ 角Cが60°のとき，角Fは何度ですか。(4)

(　　　　)

3 下の２つの四角形は合同です。(　)にあてはまる記号や数を書きましょう。(6 × 5)

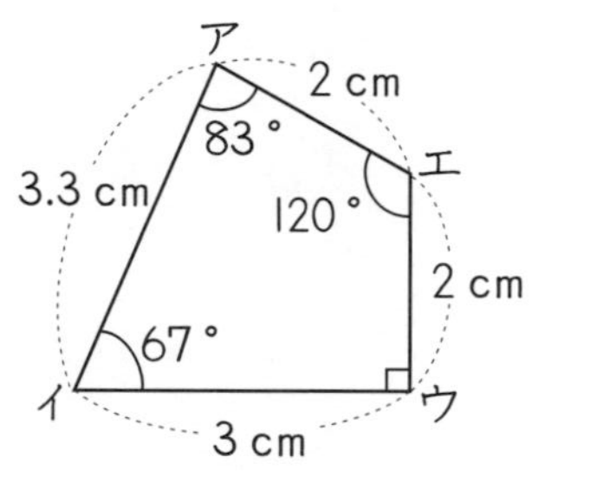

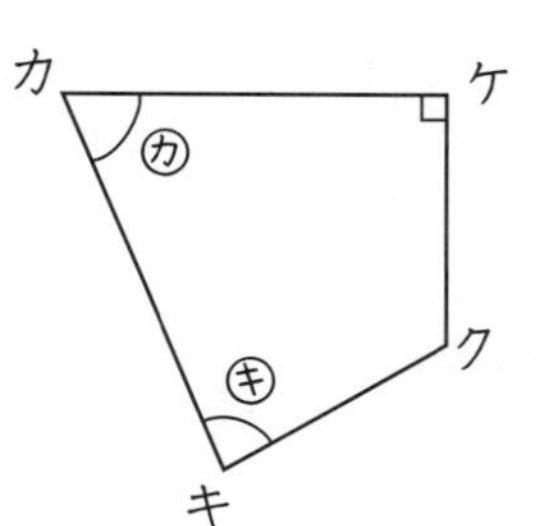

① 頂点アと対応するのは，頂点(　　　　)です。

② 辺カケの長さは，(　　　　)cmです。

③ 辺ケクの長さは，(　　　　)cmです。

④ 角カの大きさは，(　　　　)度です。

⑤ 角キの大きさは，(　　　　)度です。

4 次の三角形や四角形をかきましょう (10 × 2)

① ２つの辺の長さが5cmと4cmで，その間の角度が40°の三角形

② 下の図のような四角形

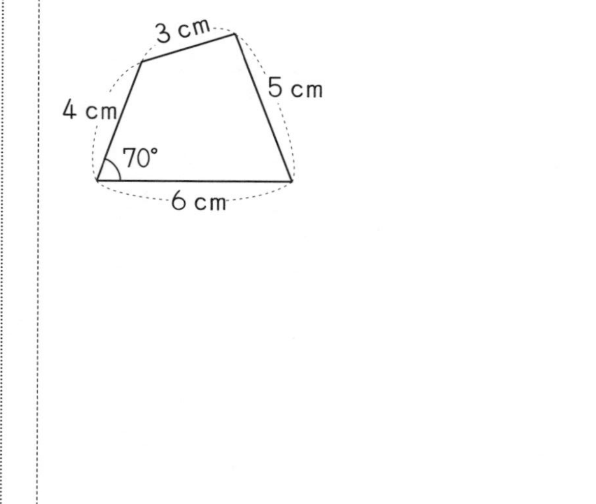

図形の角（1）

三角形の角

名前

● 下の三角形の角度㋐～㋓を，計算で求めましょう。

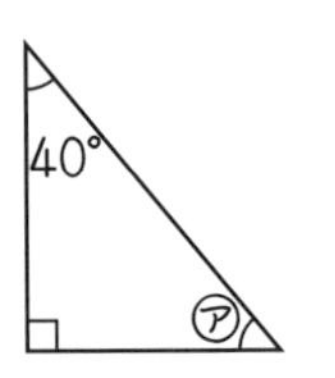

式

答え

②

55°
45°
㋑

式

答え

③

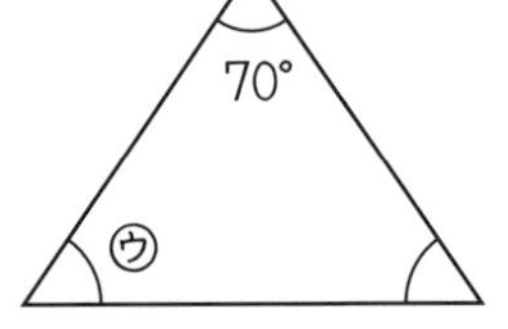

二等辺三角形

式

答え

④

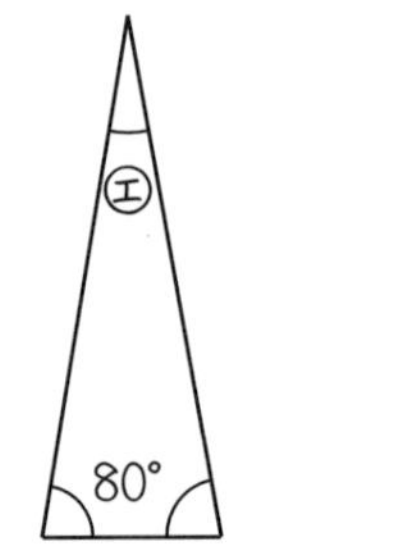

二等辺三角形

式

答え

図形の角（2）

三角形の角

名前

● 下の図の㋐～㋔の角度を，計算で求めましょう。

①

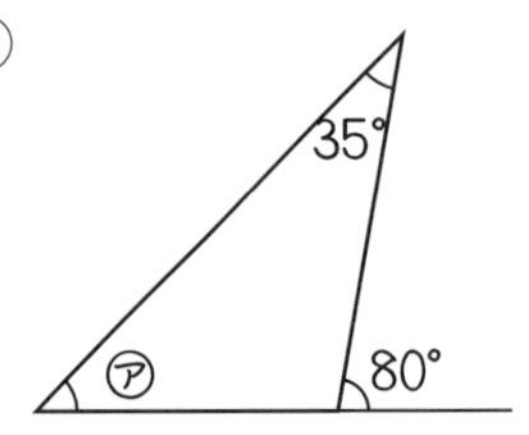

式

答え

②

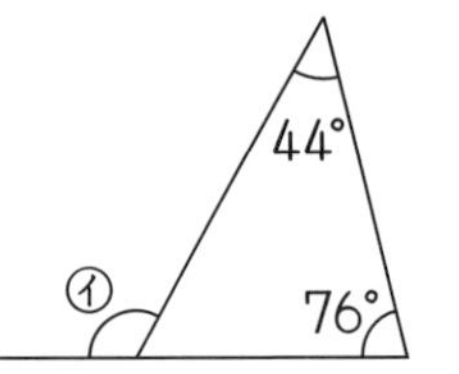

式

答え

③

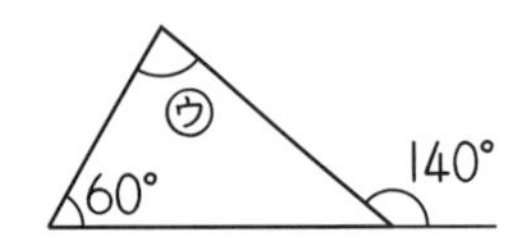

式

答え

④

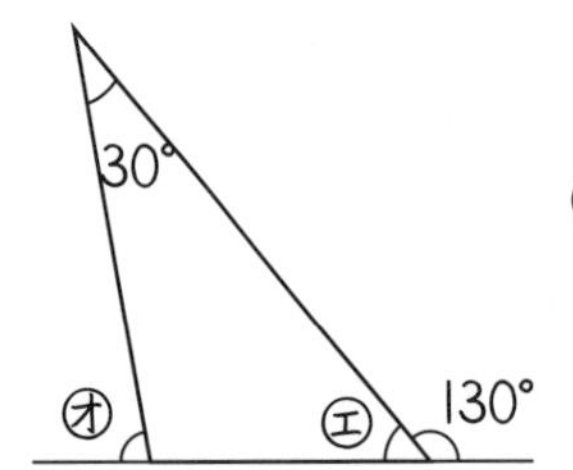

㋓ 式

答え

㋔ 式

答え

図形の角（3）

四角形の角

名前

● 下の四角形の角度㋐～㋓を，計算で求めましょう。

①

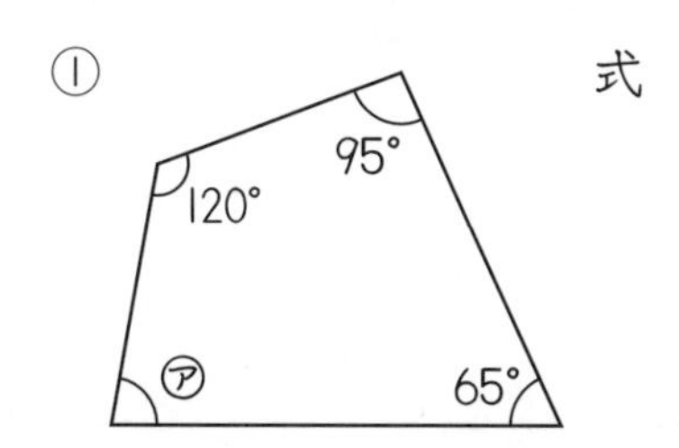

式

答え

②

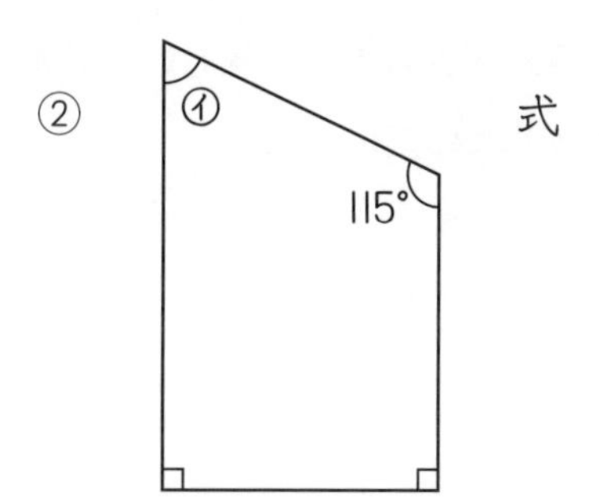

式

答え

③

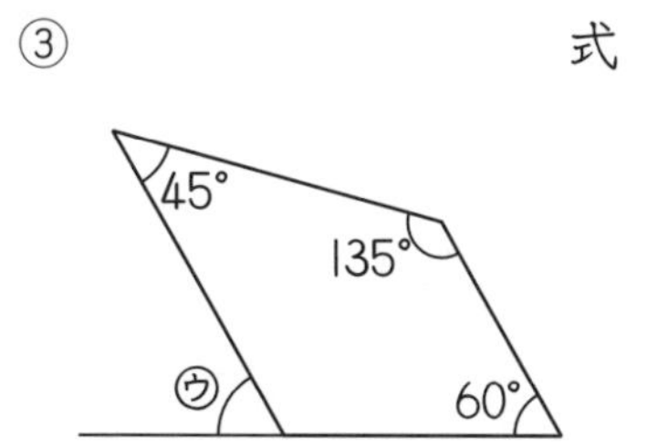

式

答え

④

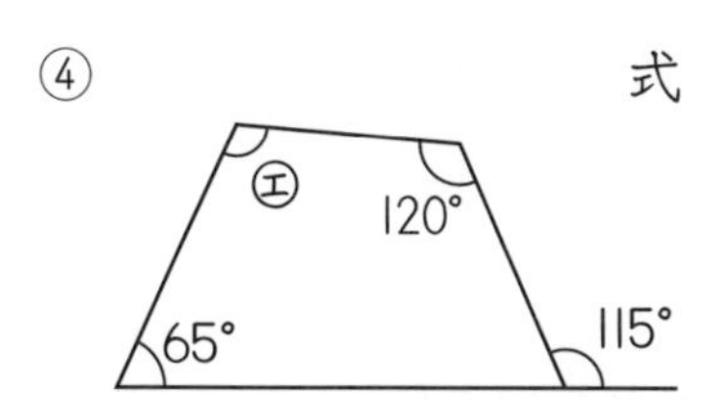

式

答え

図形の角（4）

四角形の角

名前

● 下の四角形の角度㋐～㋔を，計算で求めましょう。

①

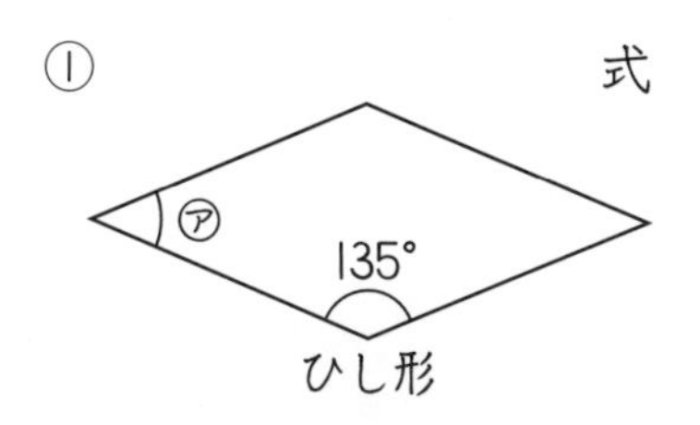

式

答え

②

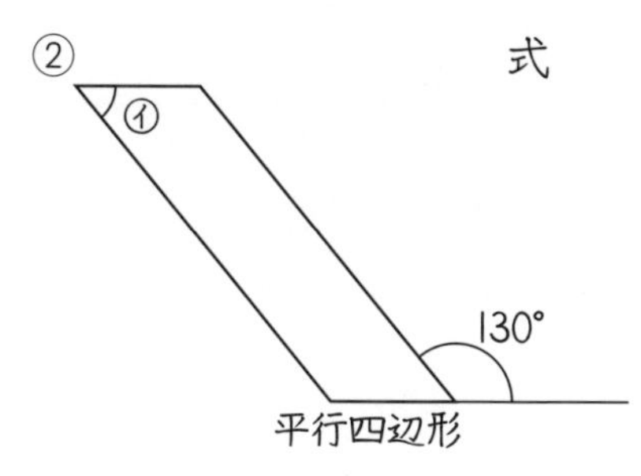

式

答え

③

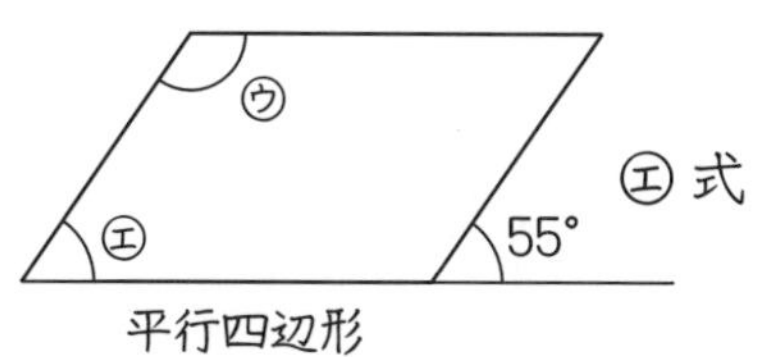

㋒ 式

答え

㋓ 式

答え

④

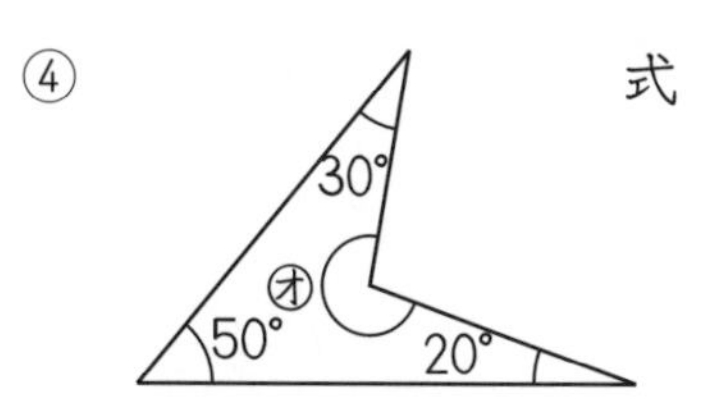

式

答え

図形の角（5）

多角形の角

名前

● 三角形の３つの角の和は180°です。このことをもとにして，下の多角形の角の大きさの和を計算で求めましょう。

① 六角形　　式

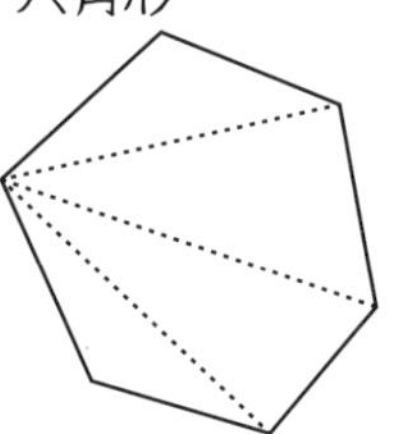

答え

② 七角形　　

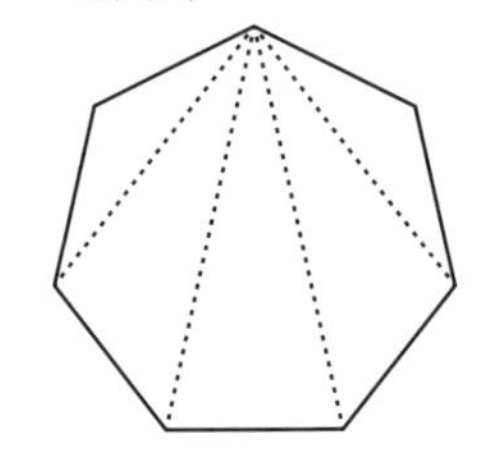

答え

③ 五角形　　

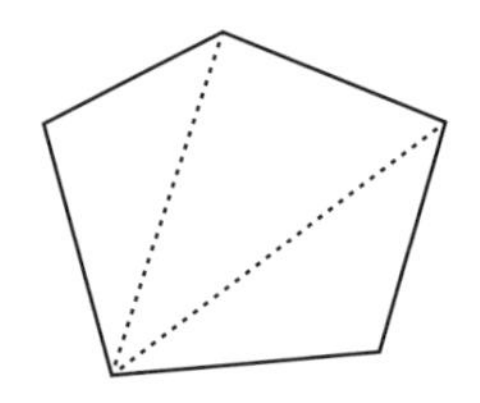

答え

④ 八角形　　式

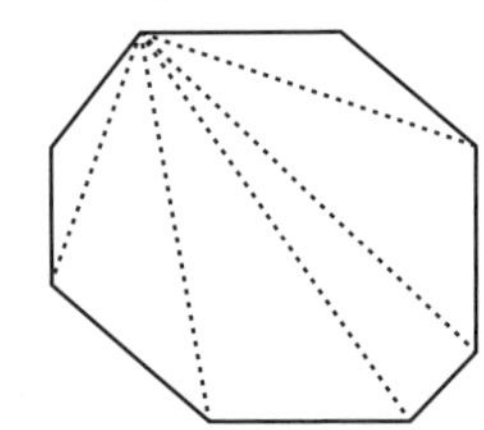

答え

図形の角（6）

多角形の角

名前

1 多角形の角の大きさの和について，下の表にまとめましょう。

	三角形	四角形	五角形	六角形	七角形	八角形
1つの頂点からひく対角線で分けられる三角形の数	╳	2				
角の大きさの和	180°					

2 下の正多角形（辺の長さがすべて等しく，角の大きさもすべて等しい多角形）の1つの角の大きさを，上の表をヒントに計算して求めましょう。

①

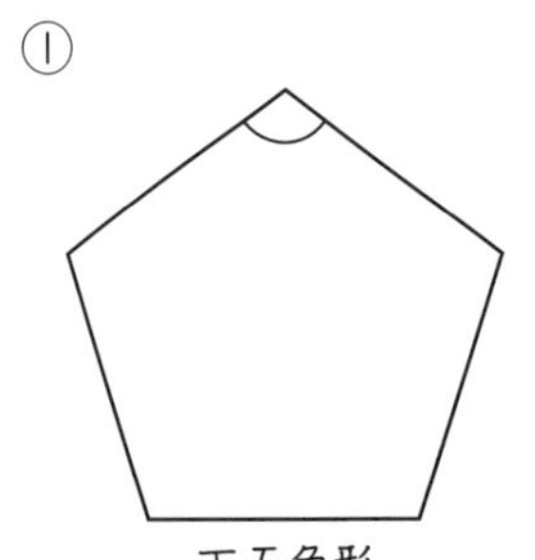

正五角形

式

正五角形の1つの角の大きさは（　　　　　）

②

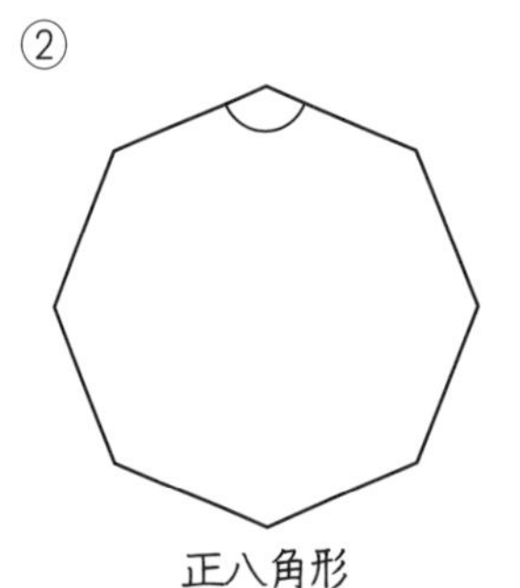

正八角形

式

正八角形の1つの角の大きさは（　　　　　）

ふりかえりテスト 図形の角

名前

① 次の三角形の㋐～㋕の角度を，計算で求めましょう。(8×6)

① 式

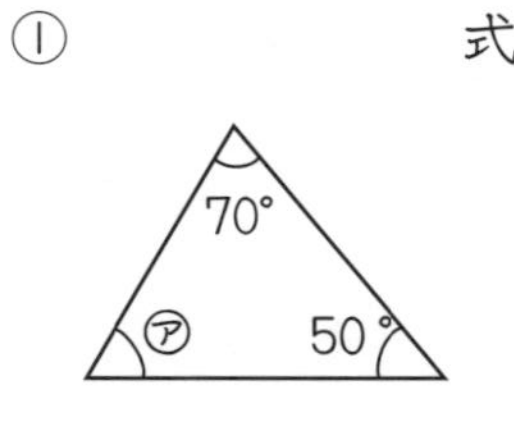

答え

② 式

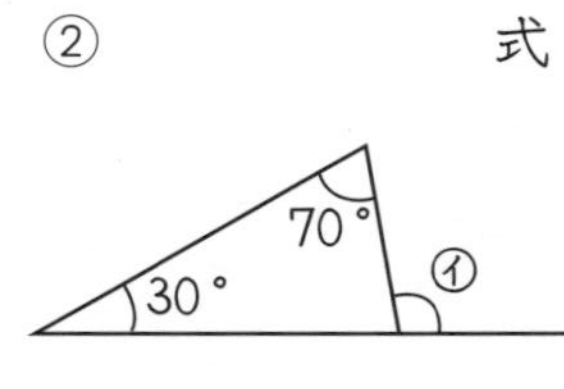

答え

③ 式

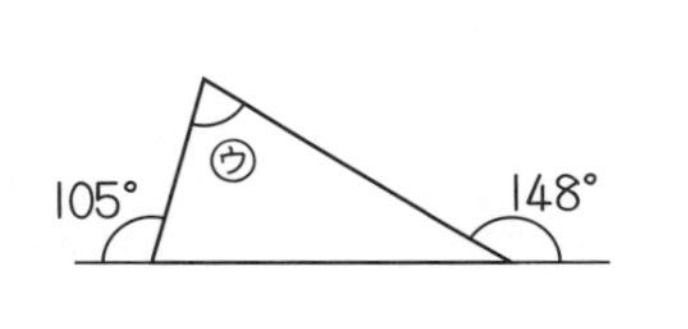

答え

④ 式

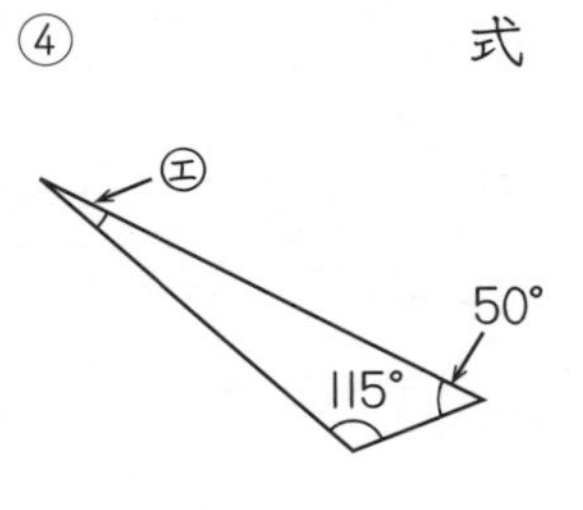

答え

⑤ 式

答え

⑥ 式

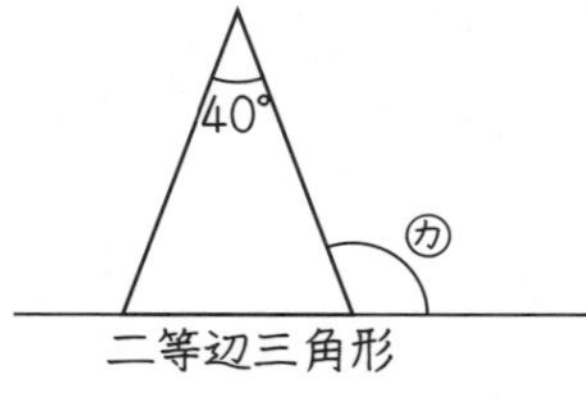

答え

② 次の四角形の㋐～㋓の角度を，計算で求めましょう。(8×4)

① 式

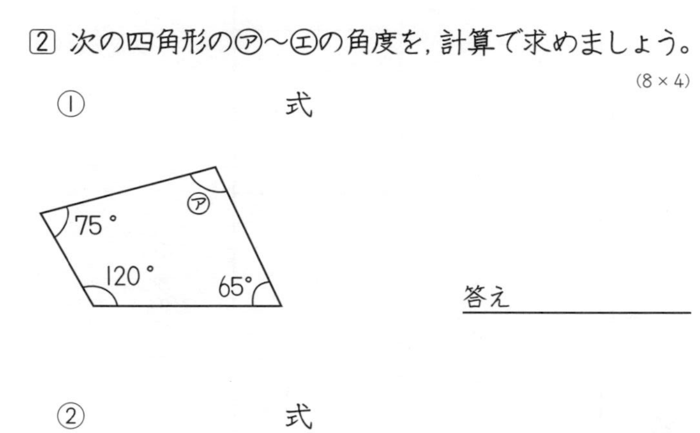

答え

② 式

答え

③ 式

55°
㋒
平行四辺形

答え

④ 式

60°
㋓
30°
25°

答え

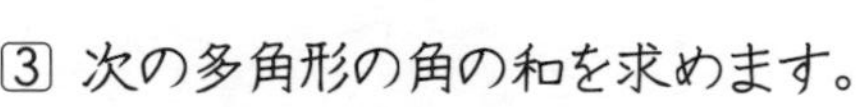

③ 次の多角形の角の和を求めます。

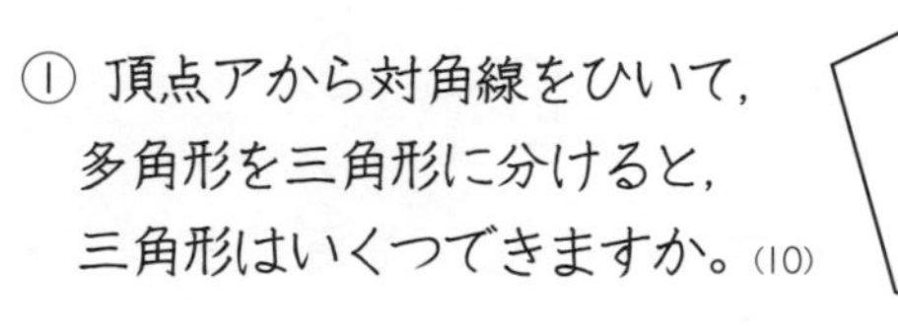

① 頂点アから対角線をひいて，
多角形を三角形に分けると，
三角形はいくつできますか。(10)

（　　　　）つ

② この多角形の角の和を求めましょう。(10)

式

答え

偶数と奇数，倍数と約数（1）

名前

偶数・奇数

1 次の数の中から偶数(ぐうすう)を見つけ，○をつけましょう。

① 0 3 4 6 9 10 13 14

② 28 43 77 100 155 270

③ 1155 2503 3468 5902 7556

2 次の数の中から奇数(きすう)を見つけ，○をつけましょう。

① 0 1 7 8 16 19 49

② 23 78 99 170 175 300

③ 4550 6290 6689 9521

奇数を通ってゴールしましょう。下の □ に奇数を書きましょう。

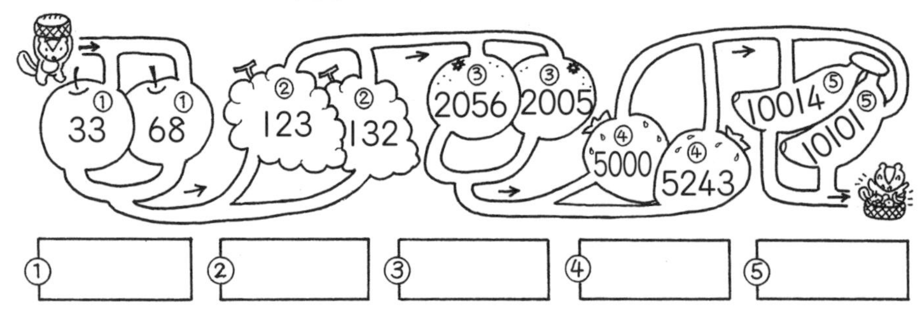

偶数と奇数，倍数と約数（2）

名前

倍数

1 高さが6cmの箱を積み重ねていきます。

① 箱の数と全体の高さの関係を表にまとめましょう。

箱の数（個(こ)）	1	2	3	4	5	6	7	8
全体の高さ（cm）	6	12						

② 全体の高さは，何の倍数になっていますか。

（　　　　）の倍数

2 次の数の倍数を，小さい方から5つ書きましょう。

① 4（　　　　　　　　）

② 7（　　　　　　　　）

③ 3（　　　　　　　　）

④ 9（　　　　　　　　）

⑤ 11（　　　　　　　　）

偶数と奇数，倍数と約数（3）

名前

倍数

● 次の数は，ある数の倍数です。□にあてはまる数を書きましょう。

また，ある数とは何か（　）に書きましょう。

①

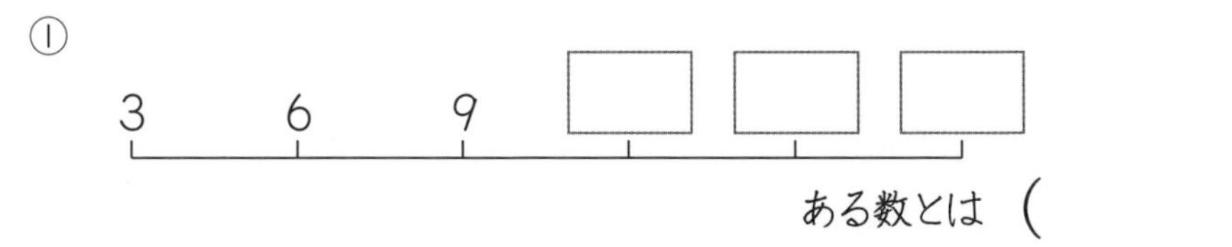

ある数とは（　　　　）

②

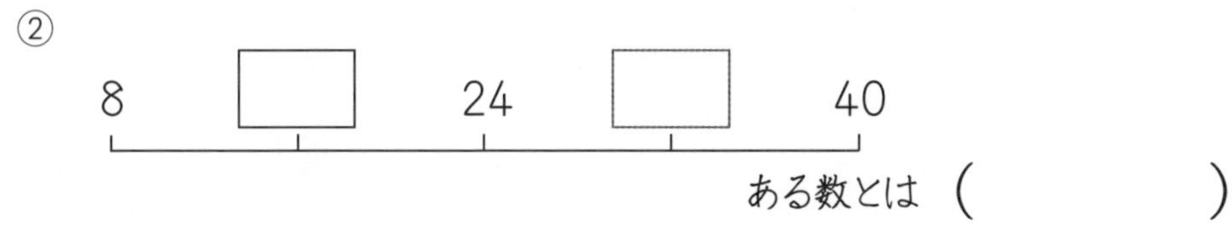

ある数とは（　　　　）

③

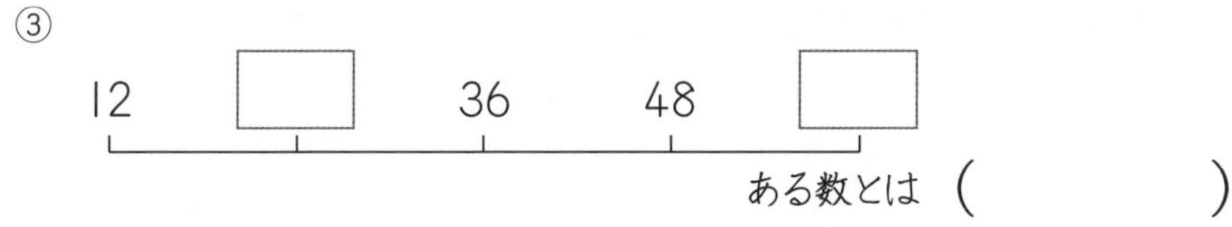

ある数とは（　　　　）

④

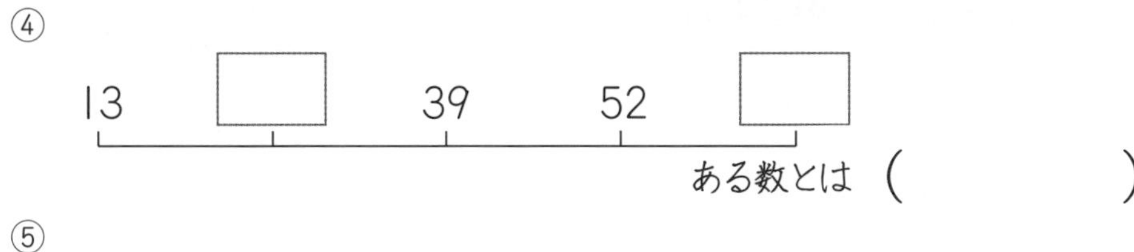

ある数とは（　　　　）

⑤

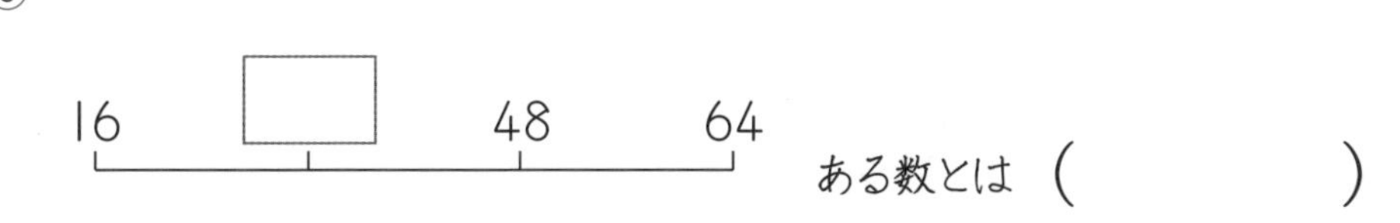

ある数とは（　　　　）

⑥

18　□　54　□

ある数とは（　　　　）

偶数と奇数，倍数と約数（4）

名前

公倍数・最小公倍数

● 2種類の箱をそれぞれ積み重ねていきます。

箱の高さは，1つの箱が4cm，もう1つは6cmです。

① それぞれの箱を積み重ねていくと，箱の高さは何cmになりますか。

表にまとめましょう。

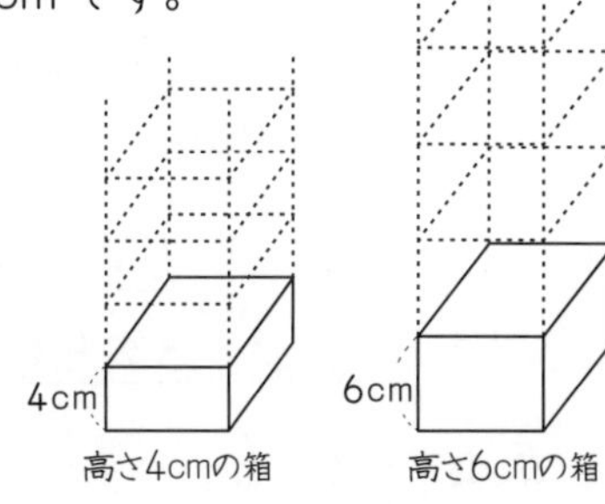

箱の数（個）	1	2	3	4	5	6	7	8	9
4cmの箱の高さ(cm)	4	8							
6cmの箱の高さ(cm)	6	12							

② 2種類の箱の高さがはじめて同じになるのは，何cmのときですか。

（　　　　）cm

③ ②のとき，それぞれの箱の数は何個ですか。

4cmの箱は□個で，6cmの箱は□個

④ 2種類の箱が同じになる高さを，表の中からすべて書きましょう。

答え ＿＿＿＿＿＿

偶数と奇数，倍数と約数（5）

名前

公倍数・最小公倍数

1 次の２つの数の倍数をそれぞれ小さい方から５つずつ書き，最小公倍数を求めましょう。また最小公倍数をもとに，公倍数を３つ書きましょう。

公倍数の求め方…２と４の場合　最小公倍数は４
公倍数は　４×１＝４，４×２＝８，４×３＝12

①（5，3）
５の倍数
３の倍数
最小公倍数（　　　）　公倍数

②（4，8）
４の倍数
８の倍数
最小公倍数（　　　）　公倍数

③（9，6）
９の倍数
６の倍数
最小公倍数（　　　）　公倍数

2 次の数の最小公倍数を求めましょう。

①（5，7）　②（8，12）

③（4，3）　④（14，21）

⑤（4，6，9）　⑥（2，7，8）

偶数と奇数，倍数と約数（6）

名前

公倍数・最小公倍数

1 たてが12cm，横が16cmの長方形をしきつめて正方形を作ります。

① できる正方形でいちばん小さいものは，１辺が何cmですか。

答え

② ①のとき，長方形を何まいしきつめていますか。

式

答え

2 右のような平行四辺形を同じ向きにすきまなくしきつめて，ひし形を作ります。

16cm
20cm

① できるひし形のうち，いちばん小さいものの１辺は何cmになりますか。

（　　　　）

② ①のひし形では，平行四辺形は何まい必要ですか。

（　　　　）

3 ある駅を，バスは15分おきに，電車は９分おきに出発します。午前８時20分にバスと電車が同時に出発しました。次に同時に出発するのは何時何分ですか。

答え

偶数と奇数，倍数と約数（7）
名前

約数

● 次の数は，ある数の約数の集まりです。ある数とは何ですか。

また □ にあてはまる数を書きましょう。

①

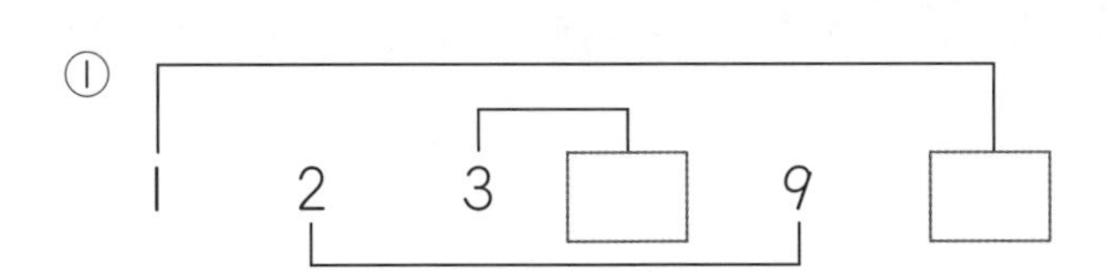

ある数とは（　　　　）

②

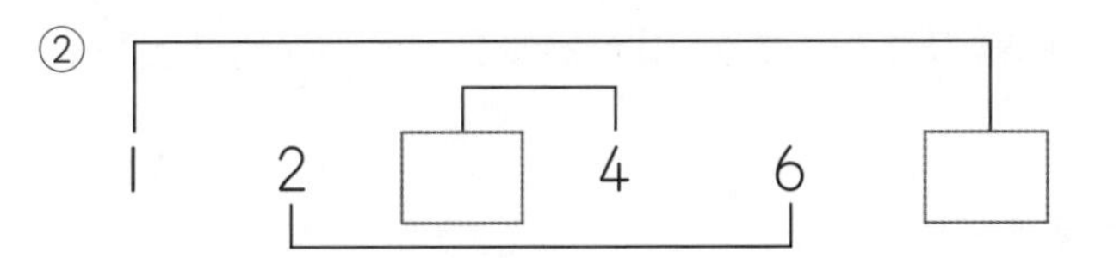

ある数とは（　　　　）

③

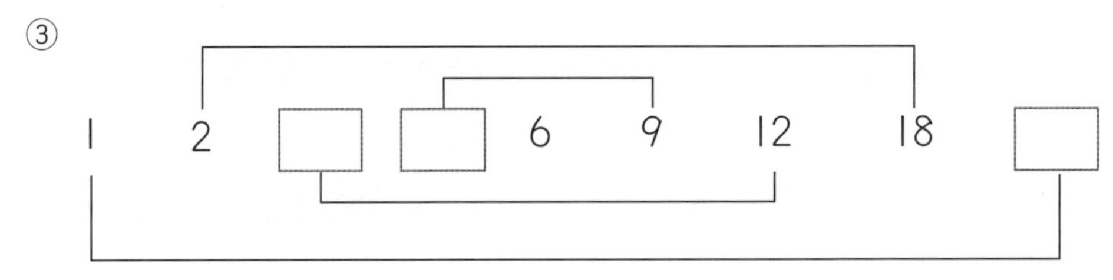

ある数とは（　　　　）

④

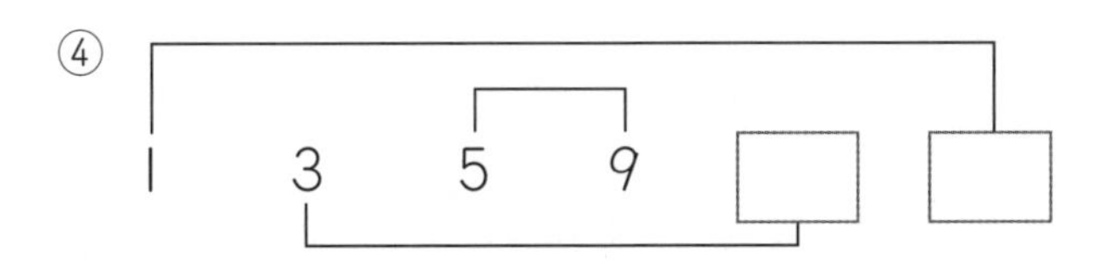

ある数とは（　　　　）

⑤

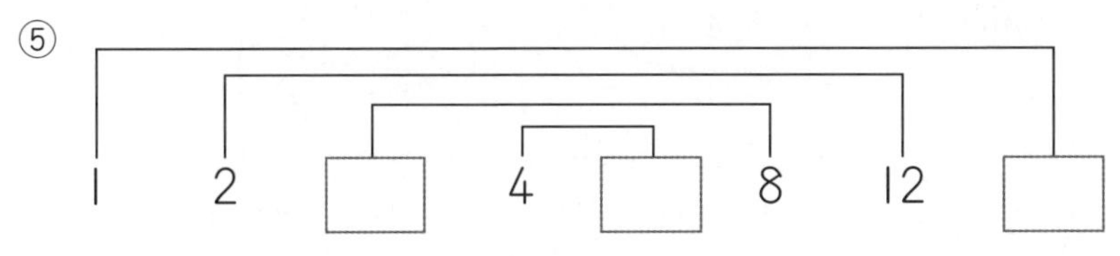

ある数とは（　　　　）

偶数と奇数，倍数と約数（8）
名前

約数

1 次の数の約数をすべて書きましょう。

① 30（　　　　　　　　　）　② 15（　　　　　　　　　）

③ 26（　　　　　　　　　）　④ 56（　　　　　　　　　）

⑤ 28（　　　　　　　　　）　⑥ 35（　　　　　　　　　）

⑦ 14（　　　　　　　　　）　⑧ 19（　　　　　　　　　）

⑨ 21（　　　　　　　　　）　⑩ 32（　　　　　　　　　）

2 次の長さのテープを，あまりが出ないようにきっちり切り分けると，1本のテープの長さは何cmになりますか。すべて書きましょう。ただしミリ単位では切らないことにします。

① テープの長さが 20cm のとき

答え

② テープの長さが 16cm のとき

答え

③ テープの長さが 40cm のとき

答え

偶数と奇数，倍数と約数 (9)

名前

公約数・最大公約数

1 次の数の公約数をすべて求めましょう。また，□ に最大公約数を書きましょう。

① 32，8　（　　　　　　）□

② 6，12　（　　　　　　）□

③ 20，16　（　　　　　　）□

④ 15，21　（　　　　　　）□

2 次の数の最大公約数を □ に書きましょう。

① （ 8 ， 12 ， 20 ）□

② （ 12 ， 24 ， 36 ）□

③ （ 15 ， 18 ， 30 ）□

〈24，36，60〉の公約数を通ってゴールしましょう。通った答えを下の □ に書きましょう。

スタート　①3　①8　②9　②12　③4　③5　④6　④10　ゴール

①	②	③	④

偶数と奇数，倍数と約数 (10)

名前

公約数・最大公約数

※公約数，最大公約数を使って解きましょう。

● たて 24cm，横 20cm の画用紙があります。そこに正方形の色紙を，すき間なくきっちりしきつめてはります。ただし，色紙の 1 辺の長さを表す数は，整数とします。

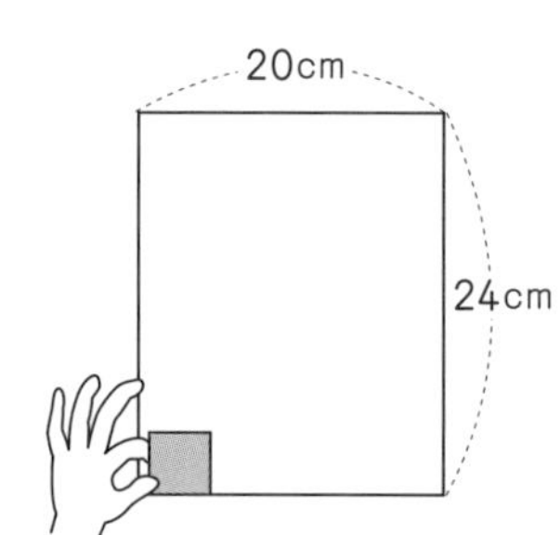

① たて，横ともにきっちりすき間なくしきつめられるのは，1 辺が何 cm の色紙のときですか。はれる場合をすべて書きましょう。

答え

② いちばん大きな色紙がはれるのは，1 辺が何 cm の色紙のときですか。

答え

③ ②のとき，色紙は全部で何まいはれますか。

答え

2つの数の最大公約数が大きい方を通ってゴールしましょう。通った最大公約数を下の □ に書きましょう。

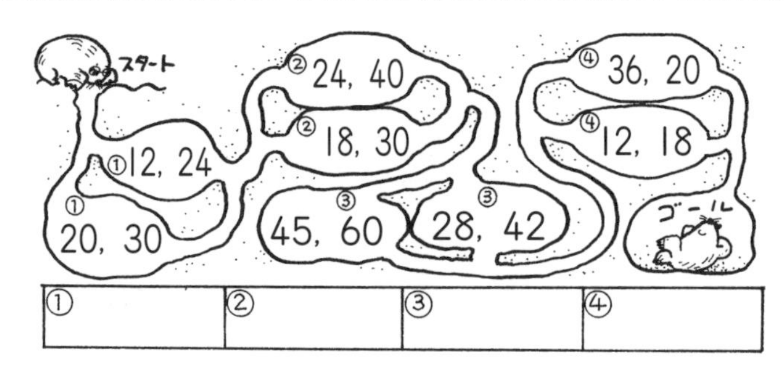

①	②	③	④

ふりかえりテスト 偶数と奇数，倍数と約数

名前

1 次の問題に答えましょう。(5×2)

① 0～10の間で，偶数(ぐうすう)を全部書きましょう。

(　　　　　　　　)

② 30～40の間で，奇数(きすう)を全部書きましょう。

(　　　　　　　　)

2 次の問題に答えましょう。(5×2)

① 20までの数の中で，3の倍数を全部書きましょう。

(　　　　　　　　)

② 30までの数の中で，6の倍数を全部書きましょう。

(　　　　　　　　)

3 次の数の公倍数を，小さいものから順に3つ求めましょう。また，最小公倍数を（　）に書きましょう。(4×8)

①（5 ，4）〔　　　　　　〕　最小公倍数（　　）

②（2 ，9）〔　　　　　　〕　最小公倍数（　　）

③（7 ，21）〔　　　　　　〕　最小公倍数（　　）

④（6 ，10）〔　　　　　　〕　最小公倍数（　　）

4 次の数の公約数をすべて求めましょう。また，最大公約数を（　）に書きましょう。(4×8)

①（28 ，14）〔　　　　　　〕　最大公約数（　　）

②（36 ，40）〔　　　　　　〕　最大公約数（　　）

③（15 ，9）〔　　　　　　〕　最大公約数（　　）

④（16 ，24 ，48）〔　　　　　　〕　最大公約数（　　）

5 ある駅では，電車は8分おきに，バスは10分おきに出発します。午前10時に電車とバスが同時に出発しました。次に同時に出発するのは何時何分ですか。(6)

答え ＿＿＿＿＿＿

6 右のような紙を，あまりが出ないように同じ大きさの正方形に切り分けます。(5×2)

18 cm
12 cm

① いちばん大きい正方形になるのは1辺が何cmのときですか。

答え ＿＿＿＿＿＿

② ①のとき，正方形の紙は何まいできますか。

答え ＿＿＿＿＿＿

分数と小数，整数の関係（1）

名前

[1] わり算の商を分数で表しましょう。

① $5 \div 11 =$　② $16 \div 21 =$　③ $9 \div 4 =$

④ $15 \div 14 =$　⑤ $3 \div 8 =$　⑥ $7 \div 2 =$

[2] □ にあてはまる数を書きましょう。

① $\frac{5}{7} = 5 \div \square$　② $\frac{10}{3} = \square \div 3$

③ $\frac{1}{9} = \square \div \square$　④ $\frac{7}{10} = 7 \div \square$

⑤ $\frac{17}{4} = \square \div \square$　⑥ $\frac{11}{20} = \square \div 20$

[3] ジュース 6L を 25 個(こ)のコップに同じ量ずつ分けて入れます。

コップ1個分は何Lになりますか。分数と小数で答えましょう。

分数（　　　　　　）　小数（　　　　　　）

分数と小数，整数の関係（2）

名前

[1] 次の分数を，小数や整数になおしましょう。

① $\frac{16}{4} =$　② $1\frac{2}{5} =$　③ $\frac{9}{8} =$

④ $\frac{3}{5} =$　⑤ $1\frac{1}{10} =$　⑥ $\frac{15}{8} =$

[2] 次の分数を，四捨五入(ししゃごにゅう)して $\frac{1}{1000}$ の位までの小数で表しましょう。

① $\frac{2}{7} =$　② $1\frac{5}{7} =$

③ $\frac{4}{9} =$　④ $\frac{10}{13} =$

⑤ $1\frac{1}{6} =$　⑥ $\frac{6}{14} =$

わり算の商を分数で表し，大きい方を通ってゴールしましょう。□ に通った方の分数を書きましょう。（仮分数は帯分数になおす。）

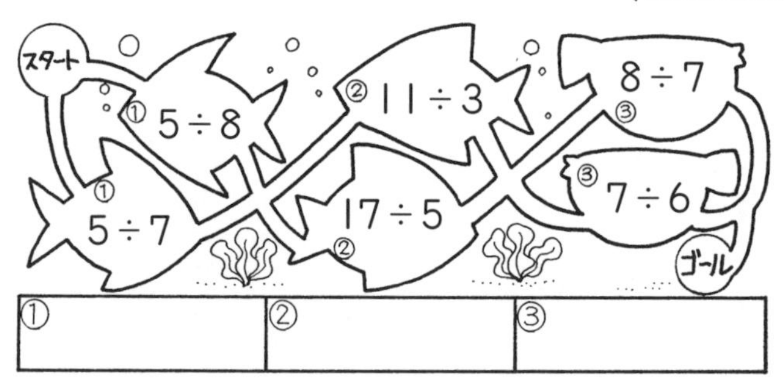

分数と小数,整数の関係 (3)

名前

1 次の小数を，分数になおしましょう。

① 0.7 =　② 3.06 =　③ 0.08 =

④ 0.011 =　⑤ 2.72 =　⑥ 0.15 =

⑦ 1.003 =　⑧ 4.62 =　⑨ 1.055 =

2 次の整数を，分数になおしましょう。

① 6 =　② 9 =　③ 17 =

④ 28 =　⑤ 3 =　⑥ 14 =

分数を小数で表し，大きい方を通ってゴールしましょう。□に通った方の小数を書きましょう。(わりきれない小数は，四捨五入(ししゃごにゅう)して $\frac{1}{100}$ の位までにする。)

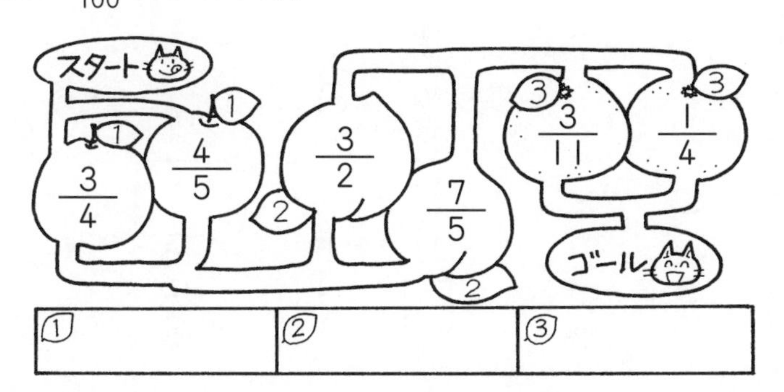

分数と小数,整数の関係 (4)

名前

1 次の数を下の数直線に ↑ で書き入れましょう。

① 0.3 ， $2\frac{2}{5}$ ， $1\frac{3}{5}$ ， 1.2 ， $1\frac{9}{10}$

② 0.15 ， $\frac{3}{4}$ ， $1\frac{1}{4}$ ， 1.05 ， $\frac{11}{20}$

2 □にあてはまる不等号を書きましょう。

① $\frac{4}{9}$ □ 0.5　② 0.55 □ $\frac{6}{11}$

③ $1\frac{5}{8}$ □ 1.63　④ $\frac{7}{3}$ □ 2.2

⑤ $3\frac{1}{5}$ □ 3.3　⑥ $\frac{5}{4}$ □ 1.2

⑦ 0.86 □ $\frac{6}{7}$　⑧ 0.4 □ $\frac{3}{8}$

ふりかえりテスト 分数と小数，整数の関係

名前

1 わり算の商を分数で表しましょう。(2×4)

① 5 ÷ 9 (　　　) ② 2 ÷ 7 (　　　)

③ 11 ÷ 4 (　　　) ④ 4 ÷ 13 (　　　)

2 □にあてはまる数を書きましょう。(2×2)

① $\frac{15}{6}$ = □ ÷ □

② $\frac{5}{8}$ = □ ÷ □

3 次の分数を小数や整数になおしましょう。わり切れない場合は，四捨五入(ししゃごにゅう)して $\frac{1}{1000}$ の位までの小数で表しましょう。(3×4)

① $\frac{1}{3}$ (　　　) ② $\frac{5}{11}$ (　　　)

③ $\frac{18}{6}$ (　　　) ④ $1\frac{2}{5}$ (　　　)

4 次の小数や整数を分数になおしましょう。(3×4)

① 0.7 (　　　) ② 2.29 (　　　)

③ 0.13 (　　　) ④ 6 (　　　)

5 □にあてはまる不等号を書きましょう。(3×6)

① $2\frac{1}{9}$ □ 2.01 ② 1.42 □ $\frac{7}{5}$

③ 0.3 □ $\frac{5}{16}$ ④ $1\frac{7}{10}$ □ 1.9

⑤ $\frac{3}{7}$ □ 0.44 ⑥ 0.38 □ $\frac{3}{8}$

6 次の数を下の数直線に↑で書き入れましょう。(2×8)

①

0　1　2

$\frac{9}{5}$　1.2　$\frac{2}{5}$　0.8

②

0　0.5　1

0.15　$\frac{3}{4}$　0.95　$\frac{9}{20}$

7 次の問題を解(と)いて，答えはすべて分数と小数の両方で表しましょう。(15×2)

① 9 mのリボンを4人で等しく分けます。
1人分は何mになりますか。

式

答え　分数　　　　小数

② 3kgのねん土で同じ置物を5こ作りました。
置物1この重さは何kgですか。

式

答え　分数　　　　小数

分数（1）

倍分

名前

□1 図をみて，$\frac{1}{2}$ と等しい分数をつくり，（　）に書きましょう。

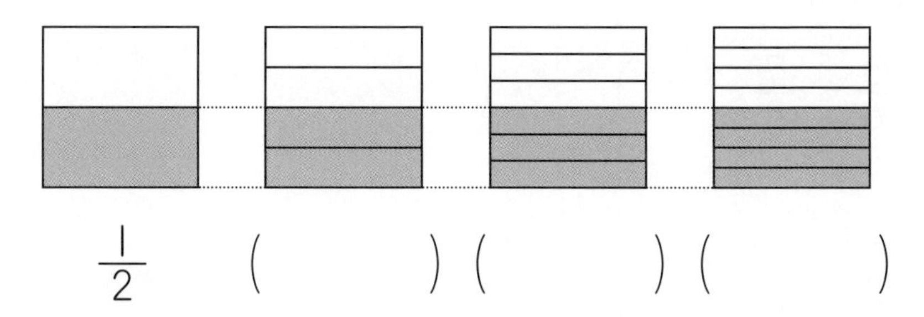

$\frac{1}{2}$　（　　　）（　　　）（　　　）

□2 次の分数と等しい大きさの分数を，分母の小さいものから３つ書きましょう。

① $\frac{2}{3}$　（　　　　　　　　）

② $\frac{1}{5}$　（　　　　　　　　）

③ $\frac{3}{7}$　（　　　　　　　　）

④ $\frac{5}{8}$　（　　　　　　　　）

⑤ $\frac{10}{11}$　（　　　　　　　　）

分数（2）

約分

名前

□1 次の分数を約分しましょう。

① $\frac{8}{16}$　② $\frac{4}{12}$　③ $\frac{7}{28}$

④ $\frac{18}{30}$　⑤ $\frac{48}{54}$　⑥ $\frac{45}{81}$

⑦ $\frac{15}{20}$　⑧ $\frac{12}{15}$　⑨ $\frac{9}{72}$

□2 次の分数の中に，$\frac{3}{4}$ と同じ大きさの分数がまざっています。約分して下の□に書き，$\frac{3}{4}$ と同じ大きさのものに○をつけましょう。

	（例）$\frac{6}{8}$	$\frac{18}{24}$	$\frac{30}{50}$	$\frac{4}{12}$	$\frac{21}{28}$
約分	$\frac{3}{4}$	□	□	□	□

	$\frac{8}{14}$	$\frac{27}{36}$	$\frac{10}{30}$	$\frac{15}{20}$	$\frac{36}{48}$
約分	□	□	□	□	□

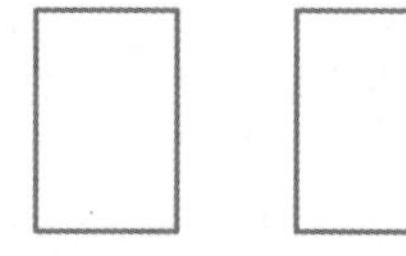

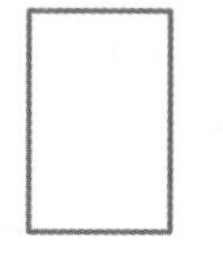

分数 (3)

通分

名前

● 次の分数を通分して（　）に書き，大きい方に○をつけましょう。

① $\frac{5}{6}$, $\frac{4}{5}$ （　　　　　）　② $\frac{1}{5}$, $\frac{2}{3}$ （　　　　　）

③ $\frac{1}{2}$, $\frac{2}{3}$ （　　　　　）　④ $\frac{3}{5}$, $\frac{2}{7}$ （　　　　　）

⑤ $\frac{5}{12}$, $\frac{3}{8}$ （　　　　　）　⑥ $\frac{2}{9}$, $\frac{1}{6}$ （　　　　　）

⑦ $\frac{4}{9}$, $\frac{1}{5}$ （　　　　　）　⑧ $\frac{3}{5}$, $\frac{7}{10}$ （　　　　　）

⑨ $\frac{1}{2}$, $\frac{2}{3}$, $\frac{4}{5}$ （　　　　　）　⑩ $\frac{1}{6}$, $\frac{3}{4}$, $\frac{5}{12}$ （　　　　　）

通分して大きい方を通りましょう。大きい分数を，通分した形で下の □ に書きましょう。

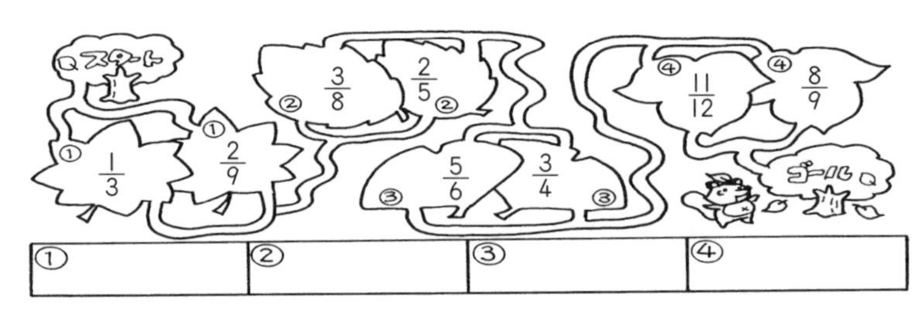

分数 (4)

通分

名前

● 次の分数を通分して（　）に書き，大きい順に〔　〕に1，2，3…と書きましょう。

①（ $\frac{5}{6}$, $\frac{7}{8}$, $\frac{3}{4}$ ）（　　　　　　　）
〔　〕〔　〕〔　〕

②（ $\frac{5}{8}$, $\frac{7}{12}$, $\frac{2}{3}$ ）（　　　　　　　）
〔　〕〔　〕〔　〕

③（ $\frac{3}{4}$, $\frac{3}{5}$, $\frac{7}{10}$ ）（　　　　　　　）
〔　〕〔　〕〔　〕

④（ $\frac{5}{9}$, $\frac{8}{15}$, $\frac{3}{5}$, 1 ）（　　　　　　　）
〔　〕〔　〕〔　〕〔　〕

通分して大きい方を通りましょう。大きい分数を，通分した形で下の □ に書きましょう。

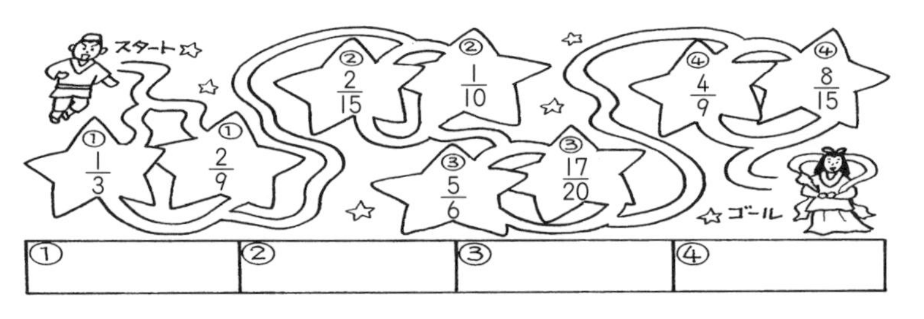

ふりかえりテスト　分数

名前

1　次の分数と等しい大きさの分数を，分母の小さいものから３つ書きましょう。(4×4)

① $\frac{3}{4}$ =(　　)=(　　)=(　　)

② $\frac{5}{6}$ =(　　)=(　　)=(　　)

③ $\frac{4}{7}$ =(　　)=(　　)=(　　)

④ $\frac{2}{9}$ =(　　)=(　　)=(　　)

2　次の分数を約分しましょう。(3×10)

① $\frac{20}{32}$ =　　② $\frac{14}{21}$ =

③ $\frac{3}{12}$ =　　④ $\frac{8}{16}$ =

⑤ $\frac{18}{24}$ =　　⑥ $\frac{9}{15}$ =

⑦ $\frac{48}{54}$ =　　⑧ $\frac{24}{100}$ =

⑨ $\frac{9}{27}$ =　　⑩ $\frac{6}{14}$ =

3　次の分数を通分して，大きい方に○をつけましょう。(3×12)

① ($\frac{7}{8}$, $\frac{5}{6}$)　通分(　　)

② ($\frac{7}{10}$, $\frac{3}{4}$)　通分(　　)

③ ($\frac{5}{12}$, $\frac{7}{16}$)　通分(　　)

④ ($\frac{2}{3}$, $\frac{3}{4}$)　通分(　　)

⑤ ($\frac{3}{5}$, $\frac{5}{7}$)　通分(　　)

⑥ ($\frac{5}{8}$, $\frac{4}{7}$)　通分(　　)

4　次の分数を通分して(　)に書き，大きい順に〔　〕に1，2，3を書きましょう。(3×6)

① ($\frac{5}{8}$, $\frac{7}{12}$, $\frac{9}{16}$)　(　　)
〔　〕〔　〕〔　〕

② ($\frac{3}{4}$, $\frac{7}{9}$, $\frac{5}{6}$)　(　　)
〔　〕〔　〕〔　〕

③ ($\frac{17}{36}$, $\frac{31}{72}$, $\frac{5}{9}$)　(　　)
〔　〕〔　〕〔　〕

分数のたし算（1）

約分なし

名前

① $\frac{13}{20}+\frac{1}{5}$

② $\frac{1}{6}+\frac{5}{8}$

③ $\frac{1}{3}+\frac{3}{7}$

④ $\frac{3}{4}+\frac{1}{5}$

⑤ $\frac{2}{9}+\frac{3}{5}$

⑥ $\frac{3}{14}+\frac{5}{7}$

⑦ $\frac{3}{5}+\frac{2}{15}$

⑧ $\frac{2}{9}+\frac{5}{12}$

⑨ $\frac{1}{12}+\frac{5}{6}$

⑩ $\frac{3}{8}+\frac{5}{12}$

分数のたし算（2）

約分あり

名前

① $\frac{4}{15}+\frac{1}{3}$

② $\frac{1}{12}+\frac{3}{20}$

③ $\frac{5}{18}+\frac{5}{36}$

④ $\frac{1}{4}+\frac{5}{12}$

⑤ $\frac{5}{14}+\frac{3}{10}$

⑥ $\frac{5}{6}+\frac{1}{15}$

⑦ $\frac{1}{5}+\frac{3}{10}$

⑧ $\frac{1}{7}+\frac{1}{42}$

答えの大きい方を通りましょう。通った答えを下の □ に書きましょう。

分数のたし算（3）

約分あり

名前

① $\frac{19}{20}+\frac{11}{12}$

② $\frac{23}{15}+\frac{1}{6}$

③ $\frac{7}{6}+\frac{17}{30}$

④ $\frac{4}{3}+\frac{2}{21}$

⑤ $\frac{7}{6}+\frac{3}{10}$

⑥ $\frac{11}{6}+\frac{1}{14}$

⑦ $\frac{13}{14}+\frac{3}{2}$

⑧ $\frac{13}{12}+\frac{5}{4}$

⑨ $\frac{17}{15}+\frac{7}{10}$

⑩ $\frac{6}{5}+\frac{2}{15}$

分数のたし算（4）

くり上がりなし

名前

① $2\frac{3}{10}+1\frac{1}{6}$

② $1\frac{5}{14}+2\frac{3}{7}$

③ $1\frac{7}{9}+1\frac{1}{18}$

④ $1\frac{5}{11}+1\frac{1}{22}$

⑤ $1\frac{1}{60}+1\frac{11}{12}$

⑥ $1\frac{1}{15}+1\frac{3}{5}$

⑦ $2\frac{1}{12}+1\frac{7}{15}$

⑧ $1\frac{7}{18}+1\frac{1}{9}$

答えの大きい方を通りましょう。通った答えを下の □ に書きましょう。

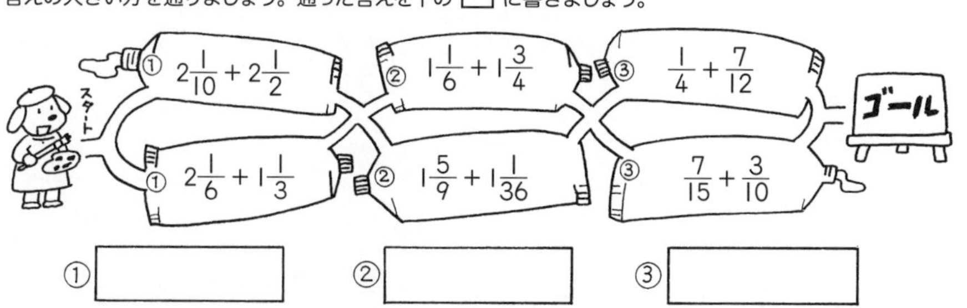

① □　② □　③ □

分数のたし算（5）

くり上がりあり

名前

① $1\frac{3}{4}+1\frac{3}{5}$

② $1\frac{3}{4}+2\frac{7}{8}$

③ $2\frac{3}{4}+1\frac{7}{12}$

④ $2\frac{5}{6}+1\frac{9}{10}$

⑤ $1\frac{11}{12}+2\frac{17}{18}$

⑥ $1\frac{2}{3}+1\frac{11}{12}$

⑦ $2\frac{9}{10}+1\frac{1}{2}$

⑧ $1\frac{3}{4}+1\frac{9}{20}$

⑨ $1\frac{5}{6}+1\frac{7}{15}$

⑩ $1\frac{17}{21}+1\frac{6}{7}$

分数のたし算（6）

いろいろな型

名前

① $\frac{3}{8}+1\frac{11}{24}$

② $1\frac{7}{15}+\frac{5}{6}$

③ $1\frac{11}{12}+\frac{21}{20}$

④ $\frac{13}{10}+1\frac{5}{6}$

⑤ $\frac{7}{6}+1\frac{9}{10}$

⑥ $2\frac{5}{6}+\frac{5}{3}$

⑦ $\frac{5}{12}+2\frac{1}{9}$

⑧ $1\frac{3}{4}+\frac{5}{2}$

答えの大きい方を通りましょう。通った答えを下の □ に書きましょう。

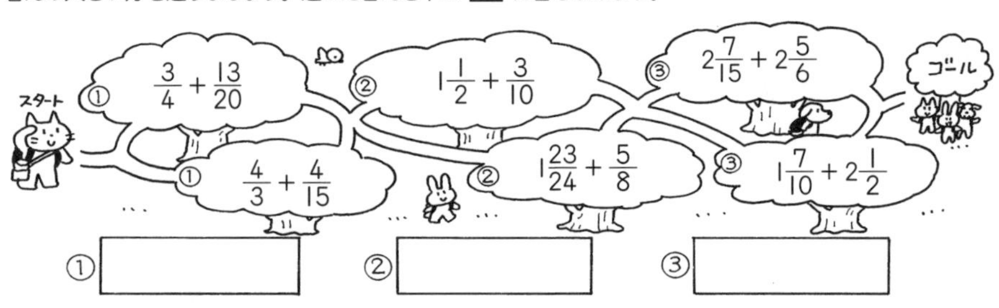

分数のひき算（1）

約分なし

名前

① $\frac{5}{6}-\frac{5}{8}$

② $\frac{5}{9}-\frac{1}{12}$

③ $\frac{11}{12}-\frac{7}{9}$

④ $\frac{3}{4}-\frac{2}{7}$

⑤ $\frac{3}{10}-\frac{4}{15}$

⑥ $\frac{11}{12}-\frac{5}{18}$

⑦ $\frac{7}{8}-\frac{2}{3}$

⑧ $\frac{5}{6}-\frac{1}{4}$

⑨ $\frac{17}{20}-\frac{7}{15}$

⑩ $\frac{17}{18}-\frac{2}{9}$

分数のひき算（2）

約分あり

名前

① $\frac{7}{12}-\frac{1}{30}$

② $\frac{14}{15}-\frac{5}{6}$

③ $\frac{11}{12}-\frac{2}{3}$

④ $\frac{5}{9}-\frac{7}{18}$

⑤ $\frac{5}{6}-\frac{3}{10}$

⑥ $\frac{5}{6}-\frac{1}{3}$

⑦ $\frac{13}{14}-\frac{1}{6}$

⑧ $\frac{2}{3}-\frac{5}{12}$

答えの大きい方を通りましょう。通った答えを下の □ に書きましょう。

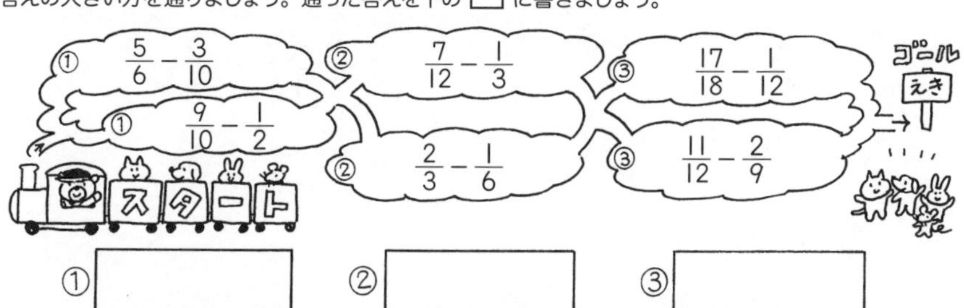

分数のひき算（3）

約分あり

名前

① $\frac{13}{6}-\frac{23}{18}$

② $\frac{7}{3}-\frac{7}{12}$

③ $\frac{7}{6}-\frac{13}{15}$

④ $\frac{17}{12}-\frac{21}{20}$

⑤ $\frac{19}{14}-\frac{5}{6}$

⑥ $\frac{8}{3}-\frac{5}{12}$

⑦ $\frac{17}{12}-\frac{1}{15}$

⑧ $\frac{19}{10}-\frac{16}{15}$

⑨ $\frac{13}{6}-\frac{3}{2}$

⑩ $\frac{13}{10}-\frac{3}{14}$

分数のひき算（4）

くり下がりなし

名前

① $2\frac{17}{18}-1\frac{1}{6}$

② $4\frac{5}{6}-2\frac{3}{10}$

③ $5\frac{7}{12}-2\frac{1}{4}$

④ $2\frac{2}{3}-1\frac{5}{21}$

⑤ $5\frac{9}{10}-2\frac{13}{20}$

⑥ $3\frac{5}{6}-2\frac{1}{3}$

⑦ $3\frac{5}{6}-1\frac{3}{4}$

⑧ $4\frac{7}{9}-2\frac{11}{18}$

答えの大きい方を通りましょう。通った答えを下の □ に書きましょう。

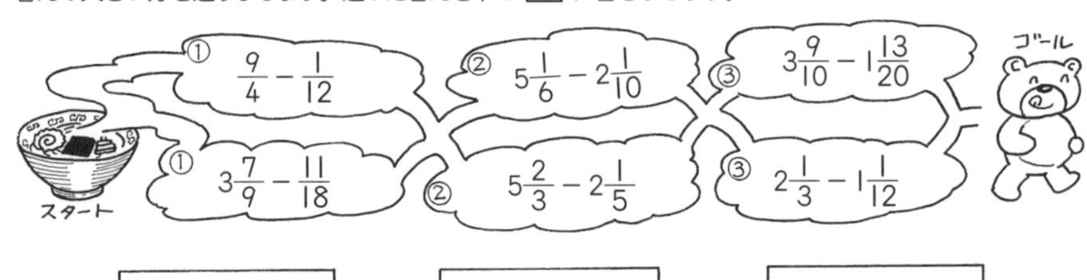

①  ②  ③ 

分数のひき算（5）

くり下がりあり

名前

① $5\frac{3}{14} - 2\frac{5}{6}$

② $3\frac{1}{12} - 1\frac{5}{6}$

③ $3\frac{2}{21} - 1\frac{5}{12}$

④ $4\frac{2}{5} - 2\frac{5}{6}$

⑤ $2\frac{1}{4} - 1\frac{7}{20}$

⑥ $4\frac{11}{20} - 2\frac{4}{5}$

⑦ $3\frac{1}{9} - 1\frac{5}{18}$

⑧ $4\frac{1}{6} - 2\frac{7}{10}$

⑨ $5\frac{1}{5} - 3\frac{17}{30}$

⑩ $5\frac{7}{24} - 3\frac{11}{12}$

分数のひき算（6）

いろいろな型

名前

① $2\frac{3}{14} - \frac{5}{6}$

② $1\frac{7}{12} - \frac{1}{4}$

③ $2\frac{1}{6} - \frac{13}{10}$

④ $\frac{15}{8} - 1\frac{1}{2}$

⑤ $2\frac{13}{15} - \frac{8}{5}$

⑥ $2\frac{3}{10} - \frac{15}{14}$

⑦ $\frac{19}{5} - 2\frac{3}{10}$

⑧ $3\frac{1}{14} - \frac{1}{6}$

答えの大きい方を通りましょう。通った答えを下の □ に書きましょう。

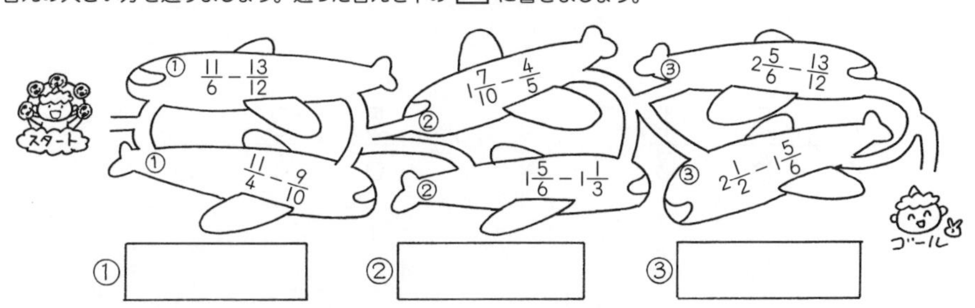

分数のたし算・ひき算 (1)

3つの分数の計算

名前

● 次の計算をしましょう。答えが約分できるものは約分しましょう。

① $\frac{1}{5}+\frac{1}{3}+\frac{1}{6}$

② $\frac{9}{10}-\frac{2}{5}-\frac{3}{8}$

③ $\frac{5}{8}+\frac{2}{3}-\frac{5}{12}$

④ $\frac{1}{7}-\frac{1}{21}+\frac{3}{14}$

⑤ $\frac{3}{4}-\frac{1}{3}-\frac{1}{12}$

⑥ $\frac{4}{5}-\frac{5}{12}+\frac{8}{15}$

⑦ $\frac{2}{3}+\frac{7}{15}-\frac{3}{5}$

⑧ $\frac{3}{4}-\frac{5}{12}+\frac{2}{3}$

⑨ $\frac{1}{2}+\frac{5}{6}-\frac{1}{3}$

⑩ $\frac{5}{6}-\frac{3}{4}+\frac{2}{3}$

分数のたし算・ひき算 (2)

3つの分数の計算

名前

● 次の計算をしましょう。答えが約分できるものは約分しましょう。

① $\frac{14}{9}-\frac{4}{3}+\frac{1}{6}$

② $\frac{11}{6}-\frac{1}{3}-\frac{3}{4}$

③ $\frac{5}{6}+\frac{2}{3}+\frac{7}{2}$

④ $\frac{7}{16}-\frac{5}{12}+\frac{7}{48}$

⑤ $\frac{5}{6}-\frac{5}{9}+\frac{5}{18}$

⑥ $\frac{3}{8}+\frac{3}{10}+\frac{1}{4}$

⑦ $\frac{7}{8}-\frac{1}{3}-\frac{1}{6}$

⑧ $1\frac{5}{8}-\frac{3}{4}+\frac{7}{12}$

答えの大きい方を通りましょう。通った答えを下の □ に書きましょう。

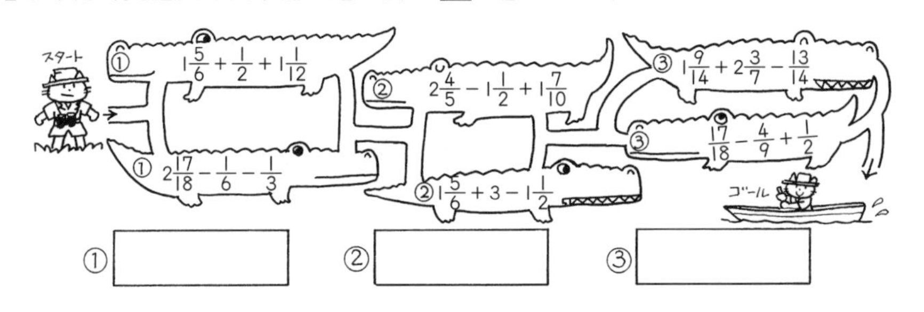

スタート
① $1\frac{5}{6}+\frac{1}{2}+1\frac{1}{12}$
① $2\frac{17}{18}-\frac{1}{6}-\frac{1}{3}$
② $2\frac{4}{5}-1\frac{1}{2}+1\frac{7}{10}$
② $1\frac{5}{6}+3-1\frac{1}{2}$
③ $1\frac{9}{14}+2\frac{3}{7}-\frac{13}{14}$
③ $\frac{17}{18}-\frac{4}{9}+\frac{1}{2}$
ゴール
①
②
③

分数のたし算・ひき算 (3)

分数と小数の計算

名前

● 小数は分数になおして計算しましょう。答えが約分できるものは約分しましょう。

① $\frac{1}{6}+0.25$

② $\frac{2}{3}+0.7$

③ $\frac{7}{10}-0.2$

④ $\frac{3}{4}+0.45$

⑤ $0.8+\frac{3}{5}$

⑥ $0.5+\frac{1}{4}$

⑦ $0.6-\frac{1}{3}$

⑧ $0.5-\frac{1}{3}$

⑨ $0.3+\frac{4}{5}$

⑩ $\frac{1}{8}+0.4$

分数のたし算・ひき算 (4)

分数と小数の計算

名前

● 小数は分数になおして計算しましょう。答えが約分できるものは約分しましょう。

① $\frac{3}{8}-0.2$

② $\frac{2}{5}-0.08$

③ $\frac{9}{10}-0.8$

④ $0.15+\frac{1}{8}$

⑤ $0.3+\frac{1}{10}$

⑥ $1.5-\frac{7}{10}$

⑦ $0.8-\frac{1}{6}$

⑧ $\frac{3}{4}+0.9$

答えの大きい方を通りましょう。通った答えを下の □ に書きましょう。

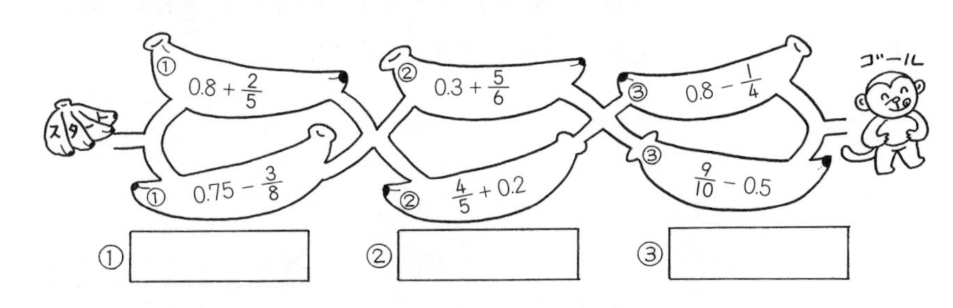

分数のたし算・ひき算（5）

名前

[1] お茶がやかんに$\frac{3}{4}$L，水とうに$\frac{3}{8}$L入っています。

① お茶は合わせて，何Lになりますか。

式

答え

② ちがいは，何Lになりますか。

式

答え

[2] りんごを$\frac{4}{5}$kgのかごに入れると，全体の重さは$3\frac{1}{2}$kgになりました。りんごだけの重さは何kgですか。

式

答え

[3] けいたさんは水泳の練習でクロールを$\frac{3}{4}$km，平泳ぎを$\frac{5}{8}$km，背泳ぎを$1\frac{1}{2}$km泳ぎました。全部で何km泳ぎましたか。

式

答え

分数のたし算・ひき算（6）

名前

[1] ジュースが$\frac{4}{5}$Lありましたが，$\frac{3}{4}$L飲みました。ジュースは何L残っていますか。

式

答え

[2] 家から駅まで歩きます。と中にある公園までは$1\frac{2}{5}$kmで，公園から駅までは$\frac{2}{3}$kmです。家から駅までは何kmですか。

式

答え

[3] 下の図を見て答えましょう。

① あおいさんの家からみずきさんの家までと，はやとさんの家までとでは，どちらが何km遠いですか。

式

答え

② みずきさんの家から，あおいさんの家の前をとおって，はやとさんの家までは何kmですか。

式

答え

分数のたし算・ひき算（7）

名前

● 次の計算をして，答えの大きい方へ進み，ゴールまで行きましょう。
通った方の答えを □ に書きましょう。

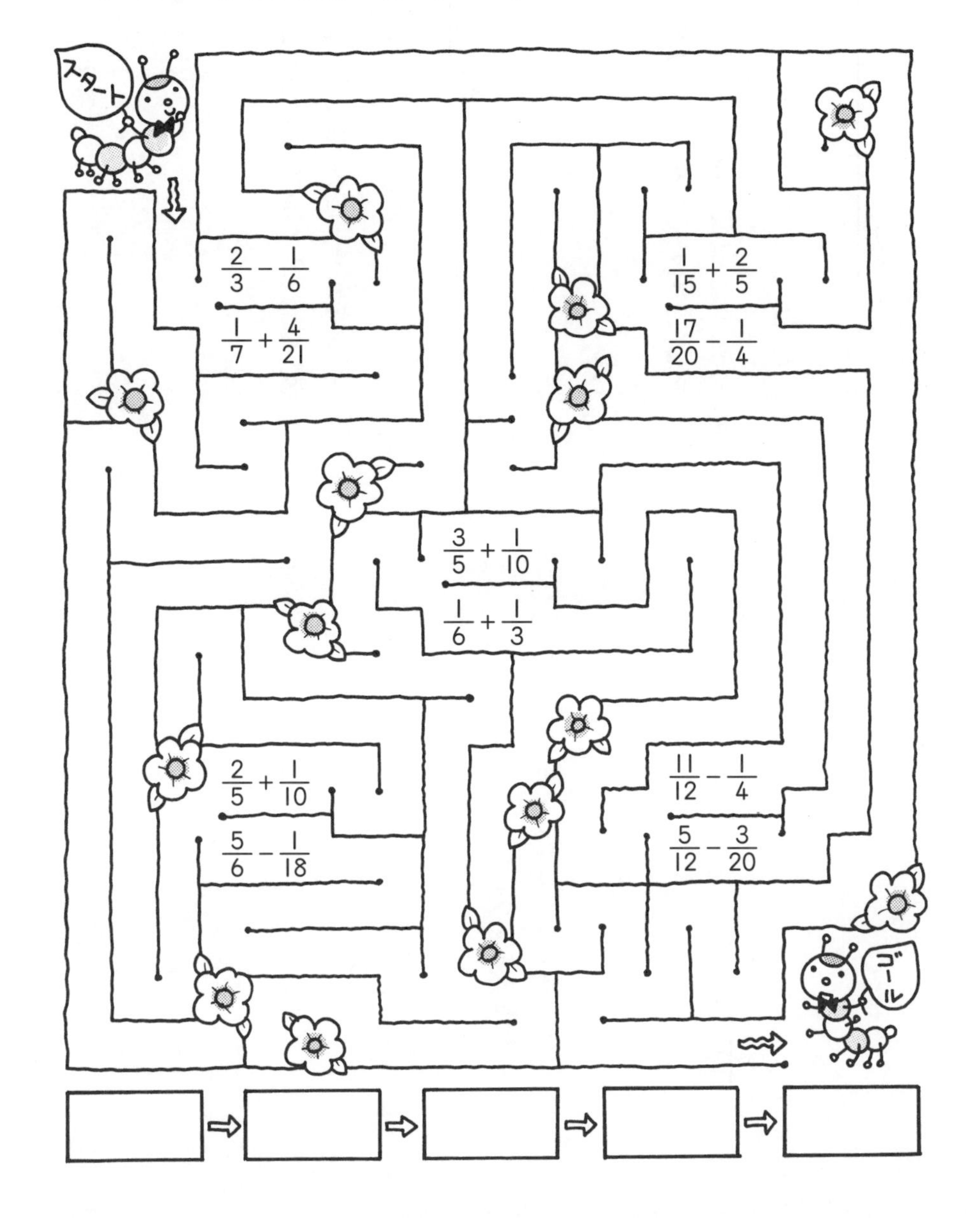

□ ⇨ □ ⇨ □ ⇨ □ ⇨ □

分数のたし算・ひき算（8）

名前

● 次の計算をして，答えの大きい方へ進み，ゴールまで行きましょう。
通った方の答えを □ に書きましょう。

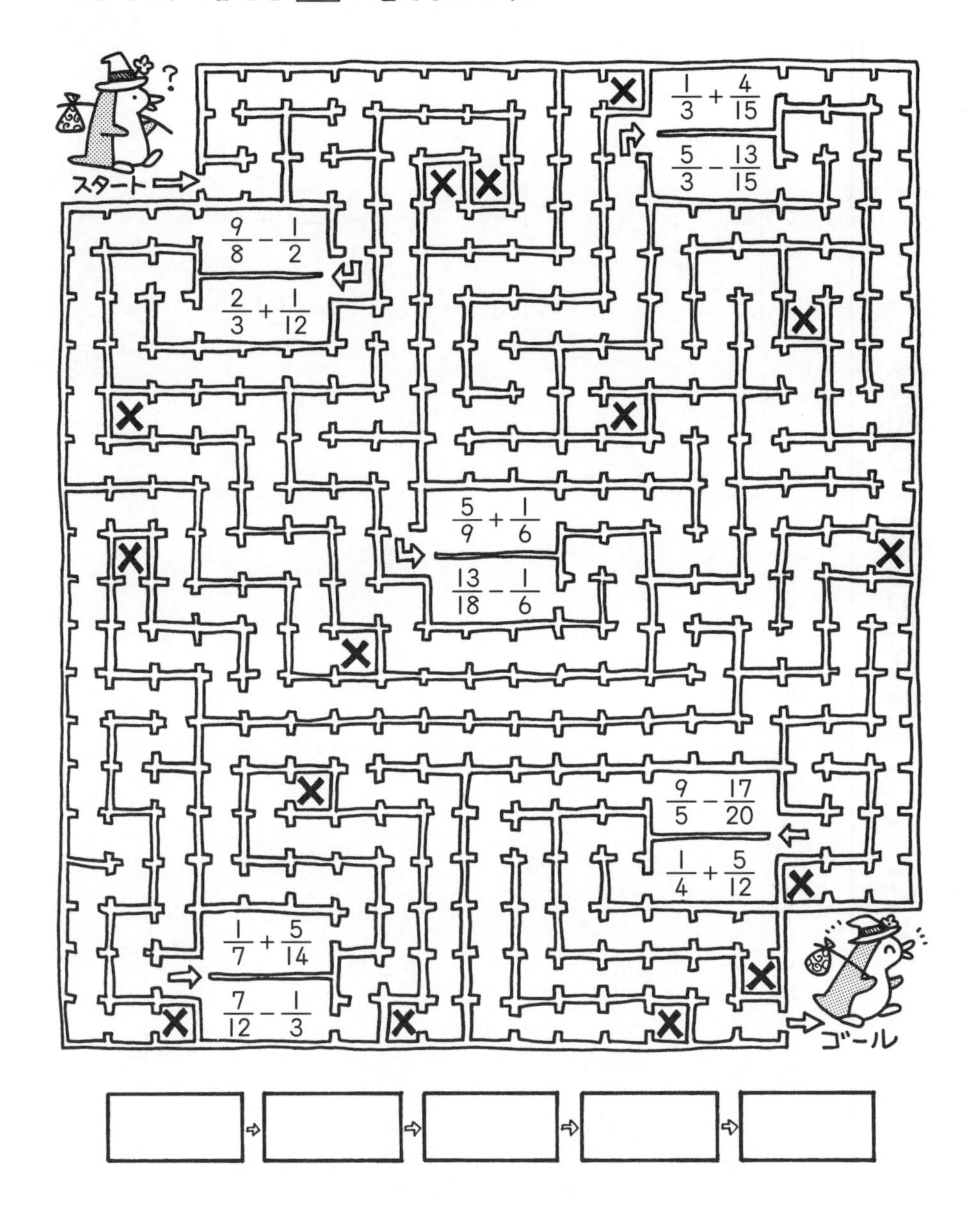

□ ⇨ □ ⇨ □ ⇨ □ ⇨ □

ふりかえりテスト　分数のたし算・ひき算

名前

1　次のたし算をしましょう。答えが約分できるものは，約分しましょう。(7×5)

① $\frac{1}{6}+\frac{3}{10}$

② $\frac{5}{6}+\frac{7}{15}$

③ $1\frac{4}{7}+\frac{13}{14}$

④ $2\frac{6}{7}+\frac{10}{21}$

⑤ $\frac{9}{14}+1\frac{5}{6}$

2　次のひき算をしましょう。答えが約分できるものは，約分しましょう。(7×5)

① $\frac{11}{12}-\frac{5}{8}$

② $\frac{13}{6}-\frac{1}{2}$

③ $1\frac{3}{4}-\frac{13}{20}$

④ $3\frac{1}{2}-1\frac{1}{10}$

⑤ $2\frac{1}{12}-\frac{1}{4}$

3　赤いリボンは$\frac{3}{5}$m，白いリボンは$\frac{5}{6}$mあります。どちらのリボンが何m長いですか。(10)

式

答え

4　たくやさんは，きのう$1\frac{3}{4}$km，今日$2\frac{1}{6}$km走りました。合わせて何km走りましたか。(10)

式

答え

5　ペンキが$\frac{11}{15}$Lありました。かべをぬるのに$\frac{3}{10}$L使いました。ペンキはあと何L残っていますか。(10)

式

答え

平均（1）

名前

① にわとりが産んだたまご５個の重さを量りました。１個平均何 g ですか。

   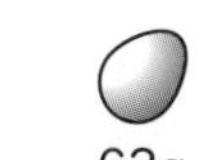

68g　55g　65g　60g　63g

式

答え

② 下の表は，ある小学校の学年ごとの人数です。平均すると，１学年が何人になりますか。

1年	2年	3年	4年	5年	6年
61 人	66 人	58 人	57 人	68 人	65 人

式

答え

③ まなさんが今週読んだ本のページ数を調べると，下のようになりました。１日平均何ページ読んだことになりますか。

曜日	日	月	火	水	木	金	土
ページ数（ページ）	35	26	19	12	22	10	23

式

答え

④ たいきさんが今日つってきた魚５ひきの重さを量りました。１ぴき平均何 g ですか。

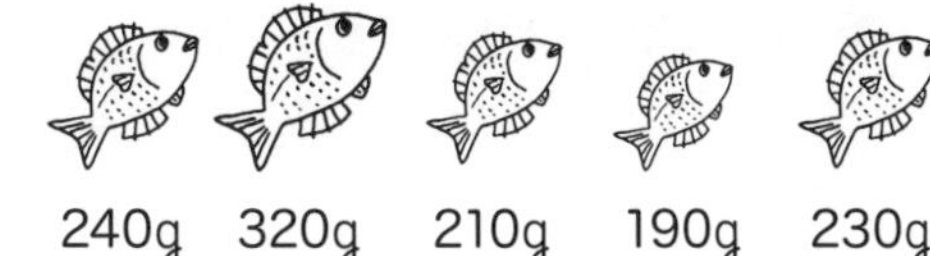

240g　320g　210g　190g　230g

式

答え

平均（2）

名前

① ６回の計算テストをしました。１回平均何点といえますか。

1回目	2回目	3回目	4回目	5回目	6回目
90 点	85 点	100 点	95 点	80 点	90 点

式

答え

② 輪投げを４回しました。１回平均何点といえますか。

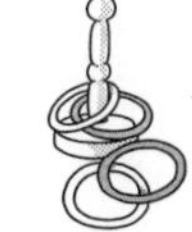

9点	6点	0点	10点

式

答え

③ まさしさんは１週間ジョギングをしました。走ったきょりは下のとおりです。１日平均何 km 走ったといえますか。

曜日	日	月	火	水	木	金	土
走ったきょり（km）	1.6	1.2	1.1	1.2	0.9	1	1.4

式

答え

次の数の平均を求めて，数の大きい方を通ってゴールしましょう。通った数を下の □ に書きましょう。

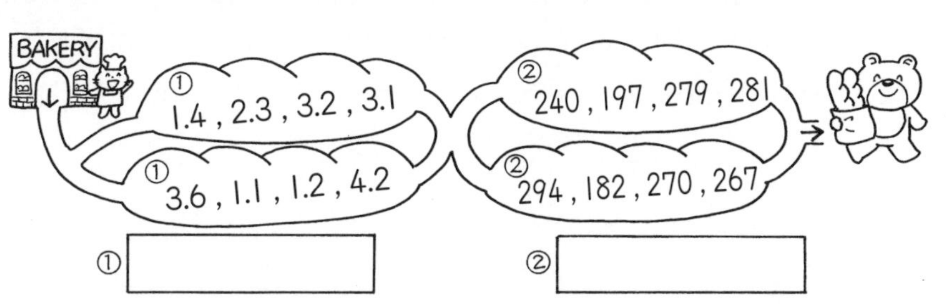

① □　② □

平均 (3)

名前

1　箱づめのトマトを5個取り出して重さをはかったら，次のようでした。

250g	254g	260g	258g	252g

①　トマトの重さは，1個平均何gですか。

式

答え

②　このトマト30個の重さは，何kgと考えられますか。

式

答え

2　まいさんが学校のまわりを歩はばではかったら，860歩ありました。
まいさんの歩はばの平均は0.59mです。
学校のまわりは約何mありますか。

式

答え

3　ある週の月曜日から木曜日までの給食のエネルギーは，1食平均650kcal（キロカロリー）です。金曜日の給食のエネルギーは700kcalでした。この週（月曜日から金曜日）の給食のエネルギーは平均何kcalですか。

式

答え

平均 (4)

名前

1　はり金1本の平均の重さは，6.4gです。
このはり金50本では何gになりますか。

式

答え

2　まりなさんは，1日平均25ページの読書を目標にしています。日曜から金曜までの6日間の平均は23ページでした。土曜に何ページ読めば，日曜から土曜までの7日間の平均で，目標を達成できますか。

式

答え

3　子ども会でA・B 2つのグループに分かれて空きかん集めをしました。それぞれのグループの人数と，1人が集めた平均の個数は右の表のとおりです。子ども会全体では，1人平均何個集めたことになりますか。

空きかん集め

	人数	1人が集めた平均個数
A	10人	13個
B	15人	18個

式

答え

ふりかえりテスト　平均

名前

1　平均(へいきん)を求めましょう。(10×5)

①　かき1個(こ)の重さ

A	B	C	D	E
210g	196g	216g	205g	208g

式

答え

②　読書をした時間

日	月	火	水	木	金	土
25分	20分	0分	30分	15分	20分	30分

式

答え

③　漢字テストの成績

1回目	2回目	3回目	4回目	5回目	6回目	7回目	8回目
73点	88点	96点	90点	84点	96点	100点	97点

式

答え

④　走りはばとびの結果

1回目	2回目	3回目
280cm	307cm	316cm

式

答え

⑤　5年1組の先週の欠席者の人数

月	火	水	木	金
3人	0人	5人	2人	1人

式

答え

2　1日平均1.6kmずつ走ると，1ヶ月(30日)間では，全部で何km走ることになりますか。(10)

式

答え

3　かいとさんの家では，燃えないごみが1日平均500g出ます。1週間（7日間）では，燃えないごみが何kg出ますか。(10)

式

答え

4　オレンジ1個から平均75mLのジュースをしぼることができました。(10×2)

①　このオレンジ20個では何mLのジュースが作れることになりますか。

式

答え

②　このオレンジで1200mLのジュースを作るには，オレンジは何個あればいいですか。

式

答え

5　計算テスト5回の平均点を90点以上にするには，5回目のテストで何点以上とればいいですか。(10)

1回目	2回目	3回目	4回目	5回目
83点	85点	97点	88点	？

式

答え

単位量あたりの大きさ（1）

こみぐあい

名前

1　Aチームはマット２まいに12人，Bチームはマット３まいに15人乗っています。Aチームのマットと Bチームのマットとでは，どちらがこんでいますか。

式

答え

2　A電車は７両に504人，B電車は６両に450人乗っています。
どちらの電車がこんでいますか。

式

答え

3　遠足に行くのに，東小学校はバス12台に612人乗りました。
西小学校はバス９台に468人乗りました。
どちらのバスがこんでいますか。

式

答え

4　11人で旅行に行き，A・B２つの部屋に分かれました。どちらの部屋がこんでいますか。

部屋	たたみの数（じょう）	人数（人）
A	8	5
B	12	6

式

答え

単位量あたりの大きさ（2）

こみぐあい

名前

1　右の表を見て，AとBのとり小屋では，どちらがこんでいますか。

とり小屋の面積とにわとりの数

	面積（m^2）	とりの数(わ)
A	6	9
B	10	16

式

答え

2　特急電車は７両に378人，急行電車は９両に504人乗っています。
どちらがこんでいますか。

式

答え

3　右の図はA・B２つの小学校の図書館の広さと，金曜日の利用人数です。
どちらの図書館がこんでいますか。

	面積（m^2）	利用人数
A小学校	280	42人
B小学校	320	64人

式

答え

4　５年生194人は４台のバスで，６年生252人は５台のバスで遠足に行きます。どちらのバスがこんでいますか。

式

答え

単位量あたりの大きさ (3)

人口密度

名前

□1 A町の面積は $55km^2$ で，人口は 15400 人です。
B町の面積は $35km^2$ で，人口は 9100 人です。
どちらの人口密度が高いですか。

式

答え

□2 C村の面積は $58km^2$ で，人口は 6820 人です。人口密度を，小数第一位を四捨五入して整数で求めましょう。

式

答え

□3 D市の面積は $830km^2$ で，人口は 1460000 人です。
E市の面積は $1200km^2$ で，人口は 1970000 人です。
D市，E市それぞれの人口密度を，小数第一位を四捨五入して整数で求めましょう。また，どちらの町がこんでいるといえますか。

式

D市

E市

（　　　市)がこんでいる。

単位量あたりの大きさ (4)

とれ高

名前

□1 東の畑は 3a でキャベツが 102kg とれ，西の畑は 4a でキャベツが 140kg とれました。どちらの畑がよくとれるといえますか。

式

答え

□2 みなさんの家では $40m^2$ の畑から，さつまいもが 62kg とれました。
あつしさんの家では $50m^2$ の畑から，さつまいもが 76kg とれました。
どちらの家の畑がよくとれたといえますか。

式

答え

□3 右の表を見て，A・Bのどちらの田がお米がよくとれたといえますか。

田の面積ととれた米の重さ

	面積 (a)	米の重さ (kg)
A	65	3250
B	52	2522

式

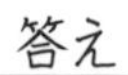

答え

単位量あたりの大きさ (5)

名前

単価

1 6本で630円の黒えんぴつと，10本で1100円の赤えんぴつとでは，どちらが安いですか。

式

答え

2 30個で360円の青色のビー玉と，24個で264円の黄色のビー玉とでは，どちらが高いですか。

式

答え

3 8さつ944円で売っている白いノートと，12さつ1440円で売っている青いノートとがあります。それぞれ1さつあたり何円で，どちらが安いですか。

式

答え　白いノート（　　　　　）円

青いノート（　　　　　）円

（　　　　　）ノートが安い。

4 9dLで423円のA店のしょうゆと，5dLで230円のB店のしょうゆとでは，どちらが安いですか。

式

答え

単位量あたりの大きさ (6)

名前

いろいろな単位量

1 右の表を見て，ガソリン1Lあたりで走るきょりが長い自動車は，A・Bのどちらですか。

使ったガソリンと走ったきょり

	ガソリン（L）	きょり（km）
A	15	255
B	42	630

式

答え

2 $4m^2$が540gの白い紙と，$11m^2$が1463gの黒い紙とでは，どちらが重いですか。

式

答え

3 Aの印刷機は16分間に720まい印刷できます。Bの印刷機は5分間に210まい印刷できます。どちらの印刷機が速く印刷できますか。

式

答え

4 90Lの水を25分間でくみ出すポンプAと，60Lの水を15分間でくみ出すポンプBとでは，どちらのポンプがくみ出す力が強いですか。

式

答え

単位量あたりの大きさ（7）

いろいろな単位量

名前

[1] ガソリン 18L で 288km 走る自動車Aと，ガソリン 25L で 475km 走る自動車Bとでは，どちらが燃費（ねんぴ）がよい（ガソリン 1L で走るきょりが長い）ですか。

式

答え

[2] 長さ 35cm で重さ 49g のはり金Aと，長さ 60cm で重さ 93g のはり金Bとでは，1cm あたりどちらが重いですか。

式

答え

[3] 右の表は，A・Bの工場で車の部品を作るのにかかった時間と，できた部品の数を表したものです。A・Bどちらの工場が，1分間あたりにできた部品の数が多いですか。

かかった時間と部品の数

	時間（分）	部品の数（個）
A	30	225
B	42	252

式

答え

[4] Aの畑は 11a で 132kg のブロッコリーがとれ，Bの畑は 8a で 84kg のブロッコリーがとれました。どちらの畑が 1a あたりのとれ高が多いですか。

式

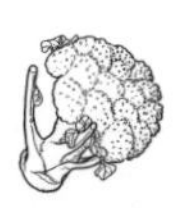

答え

単位量あたりの大きさ（8）

単位量あたりを求める

名前

[1] 長さが 26m で，重さが 520g のはり金があります。このはり金 1m あたりの重さは何 g ですか。

式

答え

[2] ある畑は，広さが 3a で，108kg のきゅうりがとれたそうです。1a あたり何 kg とれたことになりますか。

式

答え

[3] A町の面積は 125km^2 で，人口は 15000 人です。人口密度（じんこうみつど）を求めましょう。

式

答え

[4] ある工場では，32 分間で 224 個のおもちゃを作ります。1分間あたり何個のおもちゃが作れますか。

式

答え

単位量あたりの大きさ (9)

全体の量を求める

名前

1 ある工場では，薬品を1時間に118L作ります。15時間では何Lの薬品ができますか。

式

答え

2 1mあたりの重さが17gのはり金があります。このはり金33mの重さは何gになりますか。

式

答え

3 畑 $1m^2$ あたり12dLの肥料(ひりょう)が必要です。畑が $270m^2$ あるとき，肥料は何dL必要ですか。

式

答え

4 北町の面積は $92km^2$ で，人口密度(じんこうみつど)は $1km^2$ あたり130人です。この町の人口は何人だといえますか。

式

答え

単位量あたりの大きさ (10)

いくつ分を求める

名前

1 1dLのペンキで $0.7m^2$ のかべをぬることができます。$17.5m^2$ のかべをぬるには，ペンキは何dL必要ですか。

式

答え

2 1aあたり45kgの米がとれる田んぼがあります。全部で360kgの米がとれました。田んぼの広さは何aありますか。

式

答え

3 はるきさんは，本を1日平均23ページ読みました。368ページの本を読み終わるのに，何日間かかりましたか。

式

答え

4 1分間あたり25Lの水をくみ出すポンプがあります。2kLの水をくみ出すには何分間かかりますか。

2kL = (　　　　　　) L

式

答え

単位量あたりの大きさ (11)

いろいろな問題

名前

1 6mの重さが510gのはり金があります。

① このはり金1mあたりの重さは何gですか。また，このはり金11mの重さは何gですか。

式

答え 1mあたり

11mの重さ

② このはり金が1700gあるとき，長さは何mですか。

式

答え

2 5分間で130個のおかしを作る機械があります。

① 18分間では，何個作ることができますか。

式

答え

② 1300個作るには，何分かかりますか。

式

答え

単位量あたりの大きさ (12)

いろいろな問題

名前

1 ある電車の乗客の人数を調べました。4両に乗っていたのは228人でした。
電車は全部で7両です。同じようなこみ具合で乗っているとすると，7両に何人乗っていると考えられますか。

式

答え

2 右の表はともやさん，なつきさんの家のじゃがいも畑の面積ととれ高です。

畑の面積とじゃがいものとれ高

	面積 (a)	とれ高(kg)
ともや	3	72
なつき	5	125

① それぞれ1aあたり何kgのじゃがいもがとれましたか。

式

答え ともやさん

なつきさん

② ともやさんの家の畑が10aの広さなら，何kgのじゃがいもがとれますか。（1aあたりのとれ高は同じとする。）

式

答え

③ なつきさんの家の畑でじゃがいもを200kgとるには，畑の広さは何a必要ですか。

式

答え

ふりかえりテスト　単位量あたりの大きさ

名前 ＿＿＿＿＿＿＿＿

1　6まいの白いマットに27人，5まいの青いマットに25人乗っています。どちらのマットがこんでいますか。(10)

式

答え ＿＿＿＿＿＿＿＿

2　A列車は3両で216人，B列車は4両で280人乗っていました。どちらの列車がこんでいますか。(10)

式

答え ＿＿＿＿＿＿＿＿

3　図書館$800m^2$には20人います。美術館$10000m^2$には240人います。どちらがこんでいるといえますか。(10)

式

答え ＿＿＿＿＿＿＿＿

4　右の表は，A町とB町の面積と人口をまとめたものです。

面積と人口

	面積 (km^2)	人口(人)
A町	94	26000
B町	72	20000

①　それぞれの町の人口密度を求めましょう。(小数第一位を四捨五入して整数で求めましょう。) (8×2)

式

答え　A町 ＿＿＿＿＿＿＿＿

B町 ＿＿＿＿＿＿＿＿

②　どちらの町がこんでいますか。(4)

答え ＿＿＿＿＿＿＿＿

5　Aの店のノートは12さつで1140円，Bの店のノートは18さつで1890円です。どちらの店のノートが安いですか。(10)

式

答え ＿＿＿＿＿＿＿＿

6　木村さんの田んぼは12aで米が516kgとれました。中田さんの田んぼは16aで640kgとれました。どちらの田んぼがよくとれたといえますか。(10)

式

答え ＿＿＿＿＿＿＿＿

7　自動車Aはガソリン50Lで1200km走ることができます。自動車Bは35Lで784km走ることができます。どちらの自動車の燃費がよい（同じガソリンの量でより長いきょりを走ることができる）ですか。(10)

式

答え ＿＿＿＿＿＿＿＿

8　7分間で560まい印刷できる印刷機があります。(10×2)

①　この印刷機で40分間に何まいの印刷ができますか。

式

答え ＿＿＿＿＿＿＿＿

②　この印刷機で4400まい印刷するには，何分かかりますか。

式

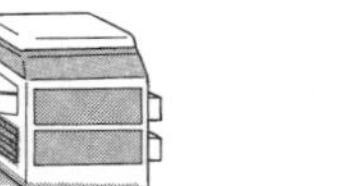

答え ＿＿＿＿＿＿＿＿

速さ (1)

速さを比べる (秒速)

名前

1　右の表は，Aさん，Bさん，Cさんが走った道のりとかかった時間の記録です。

	道のり (m)	時間 (秒)
Aさん	100	20
Bさん	100	16
Cさん	112	16

①　AさんとBさんとでは，どちらが速いですか。

走った道のりが同じだから…。

答え

②　BさんとCさんとでは，どちらが速いですか。

かかった時間が同じだから…。

答え

③　AさんとCさんとでは，どちらが速いですか。

式

答え

2　60m を 40 秒で歩くあいさんと，70m を 50 秒で歩くそうたさんとでは，どちらが速く歩きますか。

式

答え

速さ (2)

速さを比べる (秒速・分速・時速)

名前

1　みなとさんは，15 分間で 930m 歩きました。あんなさんは，8 分間で 520m 歩きました。どちらが速いですか。

式

答え

2　3 時間で 270km を走る急行電車と，4 時間で 370km を走る快速(かいそく)電車とでは，どちらが速いですか。

式

答え

3　7800m を 12 分間で走る自動車Aと，6000m を 10 分間で走る自動車Bとでは，どちらが速いですか。

式

答え

4　いつきさんは 60m を 10 秒で，さきさんは 110m を 20 秒で，ひろとさんは 80m を 16 秒で走りました。速い順にならべましょう。

式

答え　　　　→　　　　→

速さ (3)
秒速・分速・時速

名前

1 下の表の（　）に ×60 または ÷60 を書き入れましょう。

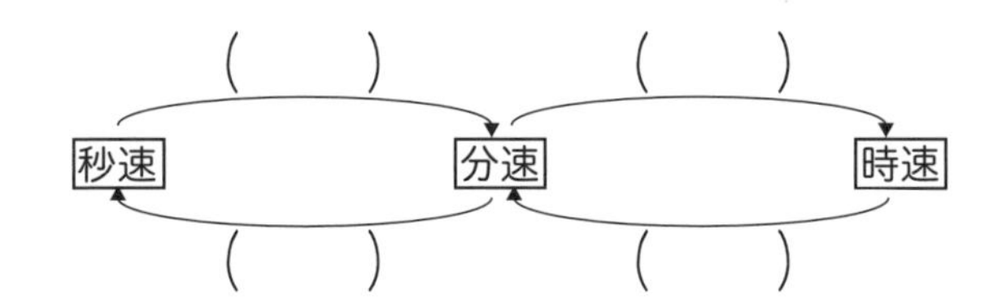

2 こうきさんは，280m を 50 秒で走りました。

① こうきさんは，秒速何 m で走りましたか。

式

答え

② それは，分速何 m ですか。

式

答え

③ それは，時速何 km ですか。

式

答え

3 270km の道のりを 5 時間で走った自動車の時速，分速，秒速を求めましょう。

① 時速　式

答え

② 分速　式

答え

③ 秒速　式

答え

速さ (4)
秒速・分速・時速

名前

1 20 秒で 110m 走るりくさんと，3 分で 900m 走るゆいさんとでは，どちらが速いですか。

式

答え

2 2200m を 11 分で走る自転車と，90km を 2 時間で走るバイクとでは，どちらが速いですか。

式

答え

3 次の㋐～㋒の速さを比べ，速い順に記号をならべましょう。

㋐ 分速 0.7km のフェリー

㋑ 時速 36km で進む台風

㋒ 45 秒で 900m 走る自転車

式

答え　→　→

4 次の㋐～㋒の速さを分速で比べ，速い順に記号をならべましょう。

㋐ 10 秒で 100m を走る人

㋑ 12 分で 6km を走るバイク

㋒ 4 時間で 132km を進む船

式

答え　→　→

速さ (5)

道のりを求める

名前

1　□にことばを入れて，道のりを求める式をつくりましょう。

道のり　＝　□　×　□

2　時速 215km で走る新幹線が，3 時間に進む道のりは何 km ですか。

式

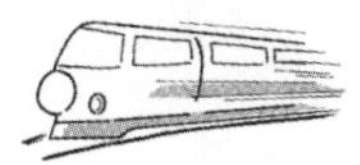

答え

3　1 秒間あたりに 1.2km 飛ぶロケットが，5 分間で飛ぶきょりを求めましょう。

式

答え

4　秒速 250m で飛ぶ飛行機が，50 秒間に飛ぶきょりは何 km ですか。

式

答え

5　分速 150m でランニングをしている人が，40 分間に進む道のりは何 km ですか。

式

答え

速さ (6)

時間を求める

名前

1　□にことばを入れて，時間を求める式をつくりましょう。

時間　＝　□　÷　□

2　時速 220km の新幹線は，京都〜博多間 660km を何時間で走りますか。

式

答え

3　家から駅まで 792m あります。分速 72m で歩くと，家から駅まで何分かかりますか。

式

答え

4　音は空気中を 1 秒間に 340m 伝わります。かみなりが鳴ったところから 3060m はなれたところで音が聞こえるのは何秒後ですか。

式

答え

5　秒速 7.5km のロケットが，月までのきょり 378000km を飛ぶのには何分かかりますか。また，それは何時間ですか。

式

答え　　　分，　　　時間

速さ（7）

速さのまとめ

名前

1　115kmの道のりを2.5時間かけてドライブしました。この自動車は，時速何kmで走りましたか。

式

答え

2　6分間に7.2cm燃えるろうそくは，分速何cmで燃えるといえますか。

式

答え

3　台風が時速15kmで北上しています。このまま速さが変わらないとすると，1日（24時間）後には何km進んでいますか。

式

答え

4　10kmの山道をスキーですべりおります。分速1250mですべると，何分かかりますか。

式

答え

速さ（8）

速さのまとめ

名前

1　時速44kmで進むフェリーがあります。目的地の港までは198kmあります。何時間何分かかりますか。

式

答え

2　あつやさんは，232mを40秒で走ります。これは秒速何mですか。また，分速，時速も求めましょう。

式

答え　秒速　　　m，分速　　　m，時速　　　km

3　時速90kmで高速道路を走っている自動車があります。

① 同じ速さで2時間30分走ると，何km進みますか。
式

答え

② この自動車の分速を求めましょう。
式

答え

③ 次のサービスエリアで休けいしますが，あと42kmあります。30分以内に着くことができますか。
式

答え

ふりかえりテスト　速さ

名前

1　下の表は，３人が走った道のりと時間です。(5×5)

名前	道のり (m)	時間 (分)
ことな	1460	10
まなと	1160	10
たつし	1160	8

①　ことなさんとまなとさんとでは，どちらが速いですか。

答え　　　　　が速い

②　まなとさんとたつしさんとでは，どちらが速いですか。

答え　　　　　が速い

③　ことなさんとたつしさんとでは，どちらが速いですか。分速を求めて比(くら)べましょう。

ことな
式

分速

たつし
式

分速

答え　　　　　が速い

2　５時間で 265km 走った自動車と，４時間で 232km 走ったトラックとでは，どちらが速いですか。(5×3)

自動車
式

時速

トラック
式

時速

答え　　　　　が速い

3　ななみさんは，80m を 50 秒で歩きました。(5×3)

①　秒速を求めましょう。
式

答え

②　分速を求めましょう。
式

答え

③　時速を求めましょう。
式

答え

4　分速 15m のカメが，３時間に進むきょりは何 km ですか。(10)

式

答え

5　140km はなれたおじさんの家へ自動車で行きます。時速 40km で行くと，何時間かかりますか。(10)

式

答え

6　秒速 35m で走る電車が，5425m のトンネルを通りぬけるには，何分何秒かかりますか。(電車の長さは考えません。)(10)

式

答え

7　秒速 12.5km で飛ぶロケットについて考えましょう。(5×3)

①　このロケットは，30 秒間に何 km 飛びますか。

式

答え

②　このロケットの分速は何 km ですか。

式

答え　分速

③　このロケットの時速は何 km ですか。

式

答え　時速

四角形と三角形の面積（1）

名前

● 平行四辺形の面積を求めましょう。

①

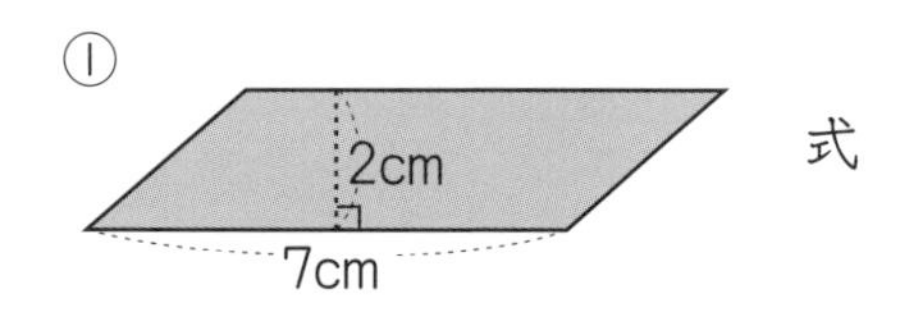

式

答え

②

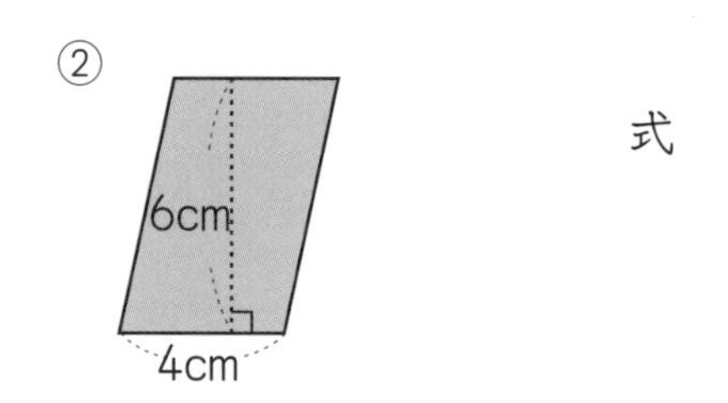

式

答え

③

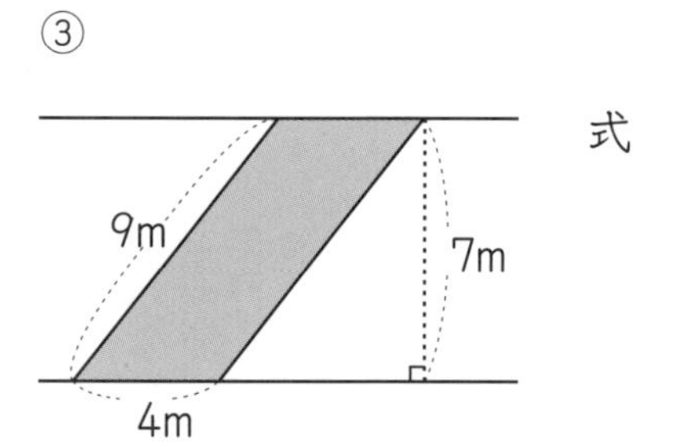

式

答え

④

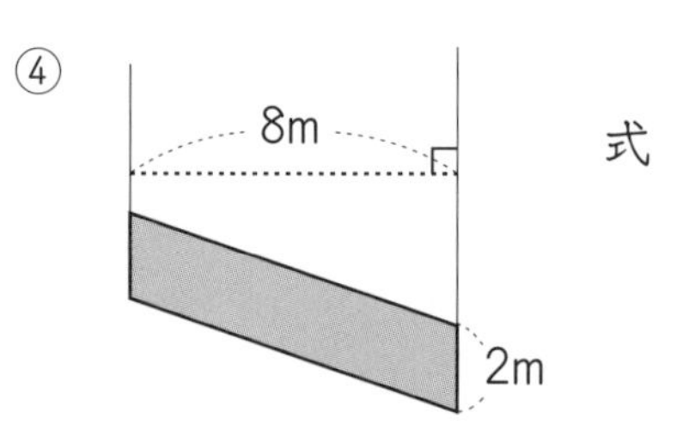

式

答え

四角形と三角形の面積（2）

名前

● 平行四辺形の面積を求めましょう。

①

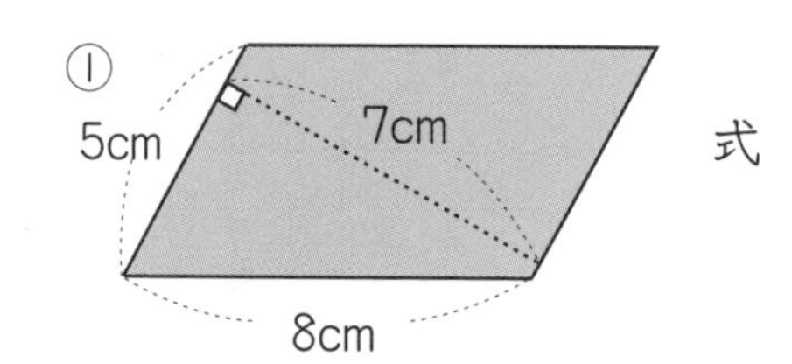

式

答え

②

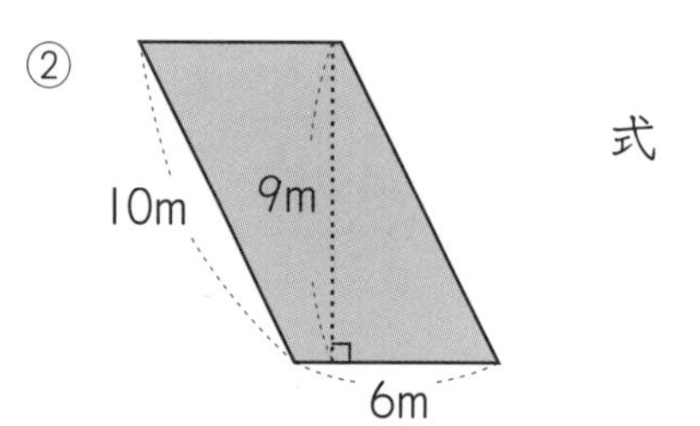

式

答え

③

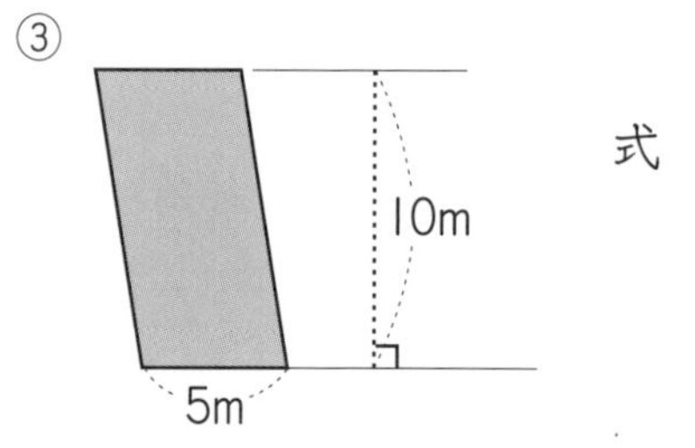

式

答え

④

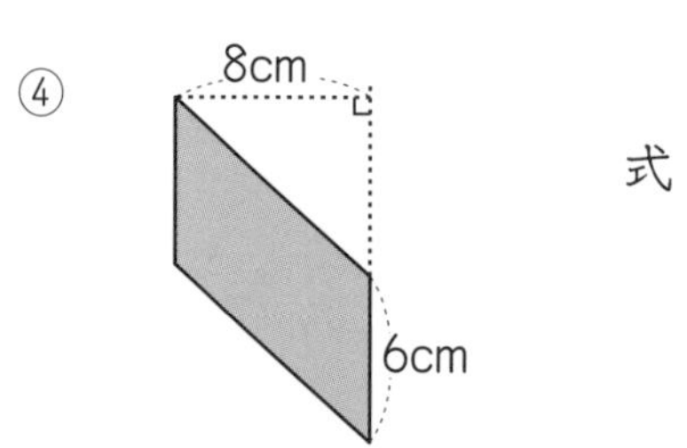

式

答え

四角形と三角形の面積 (3)

名前

● 三角形の面積を求めましょう。

①

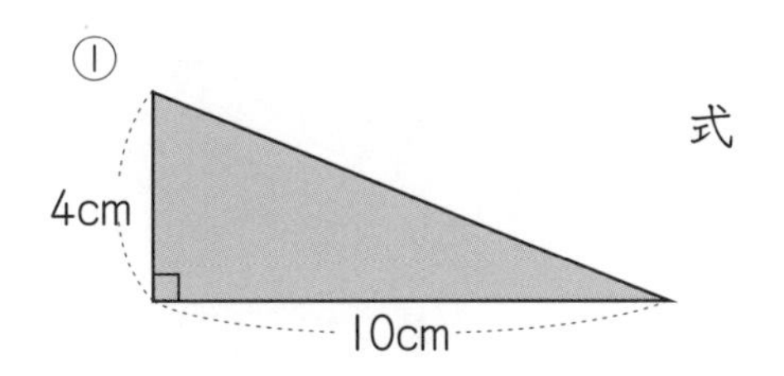

式

答え

②

6cm

8cm

式

答え

③

4cm

16cm

式

答え

④

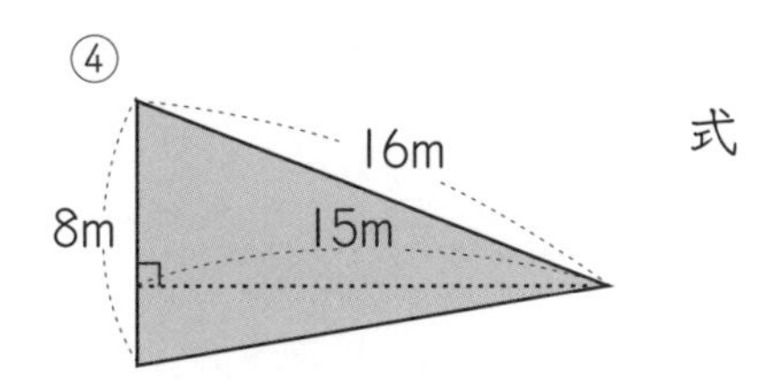

式

答え

四角形と三角形の面積 (4)

名前

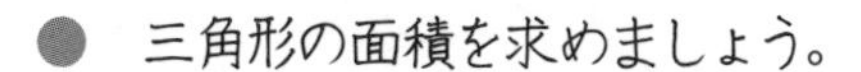

①

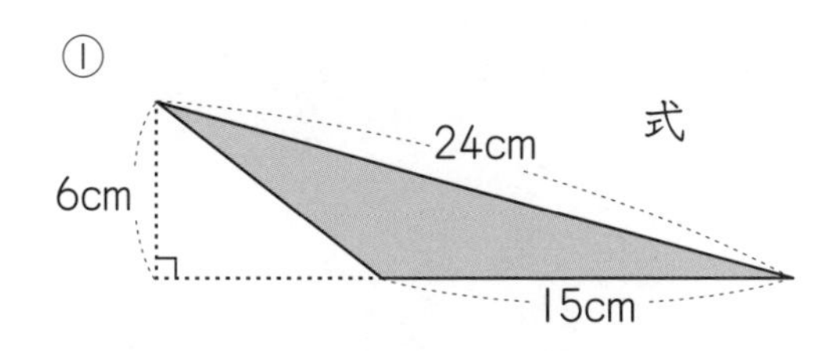

式

答え

②

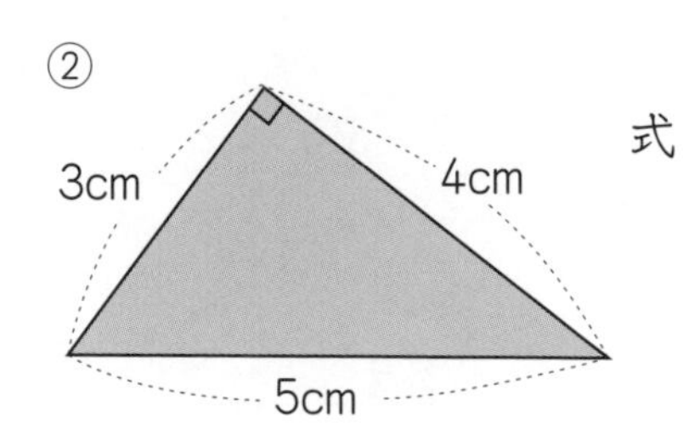

式

答え

③

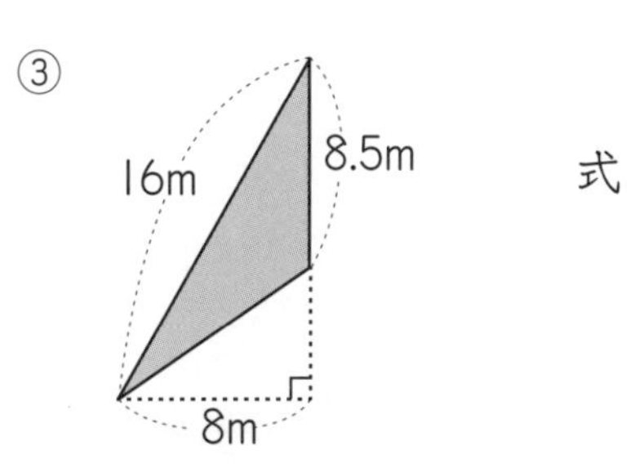

式

答え

下の図形で，面積が 3cm²になるものに色をぬりましょう。

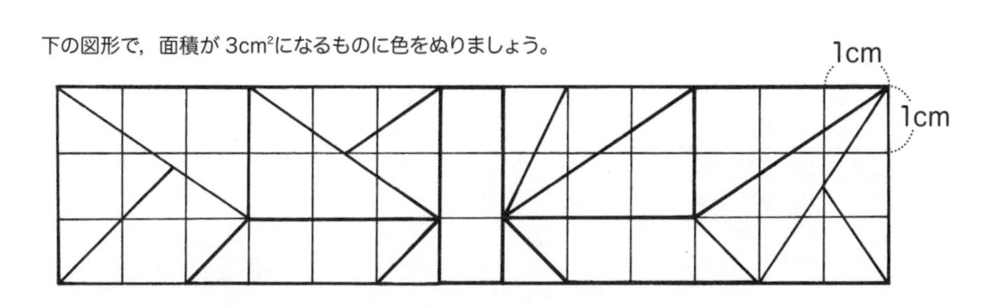

四角形と三角形の面積 (5)

名前

● 台形の面積を求めましょう。

①

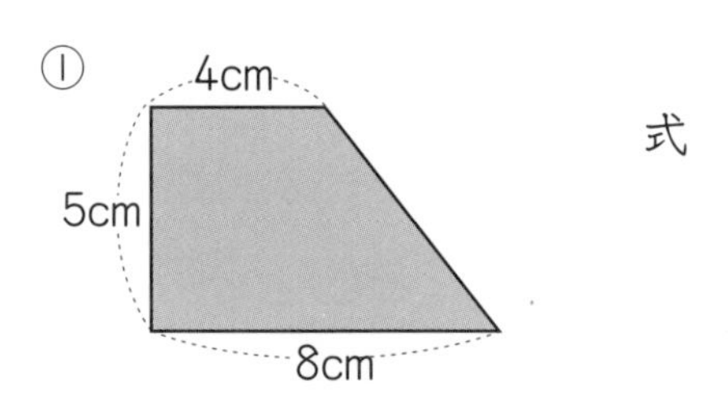

式

答え

②

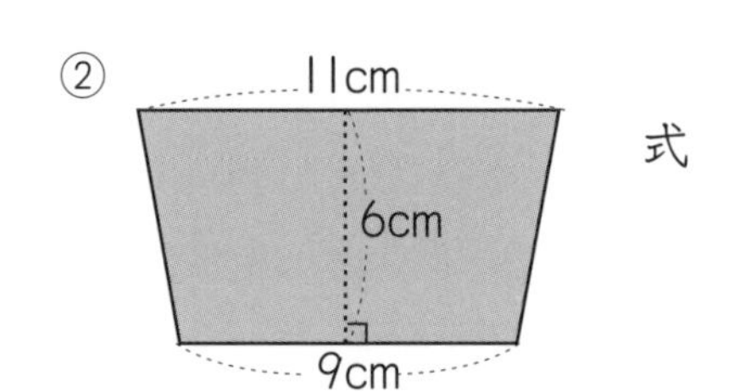

式

答え

③

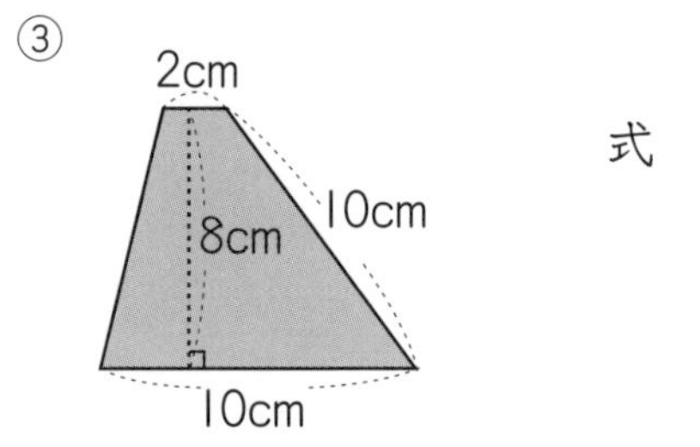

式

答え

④

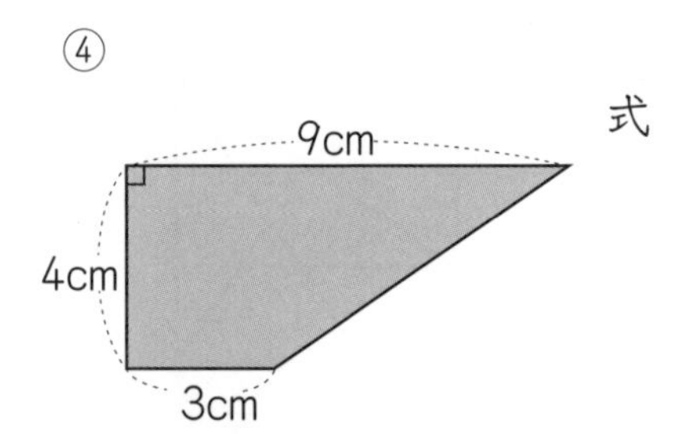

式

答え

四角形と三角形の面積 (6)

名前

● ひし形の面積を求めましょう。

①

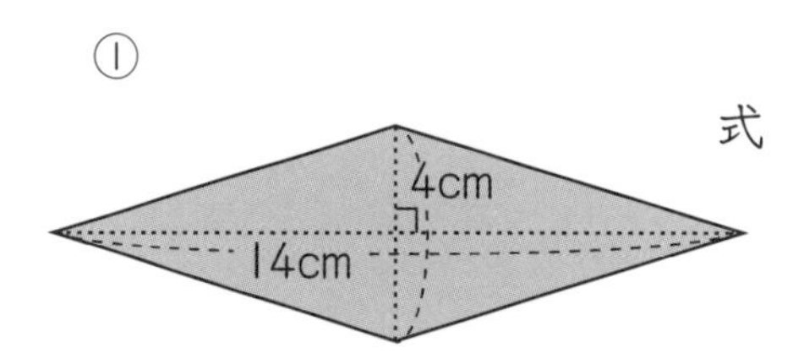

式

答え

②

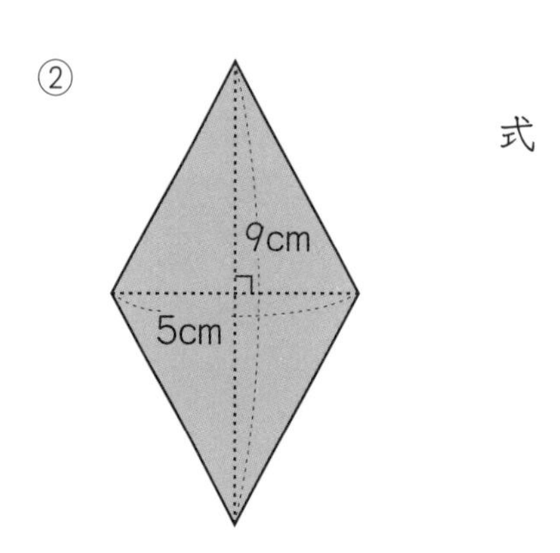

式

答え

③

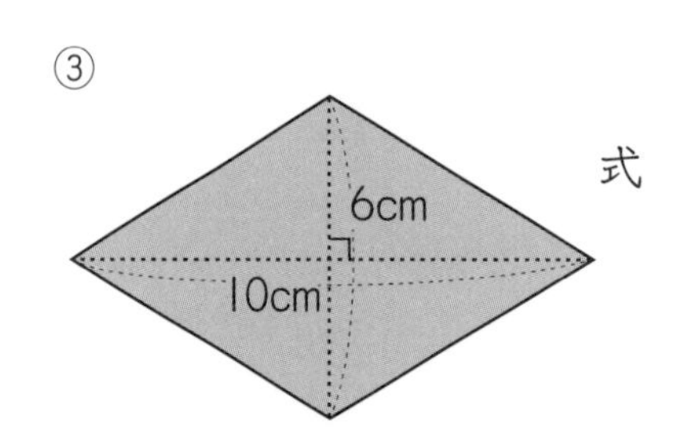

式

答え

四角形と三角形の面積（7）

名前

● 次の図形の面積を求めましょう。

①

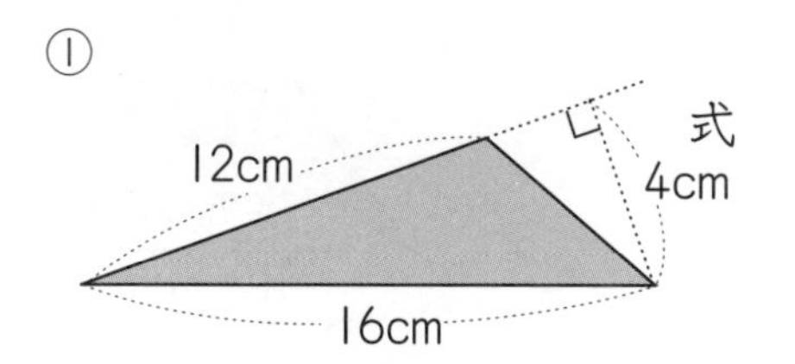

式

答え

②

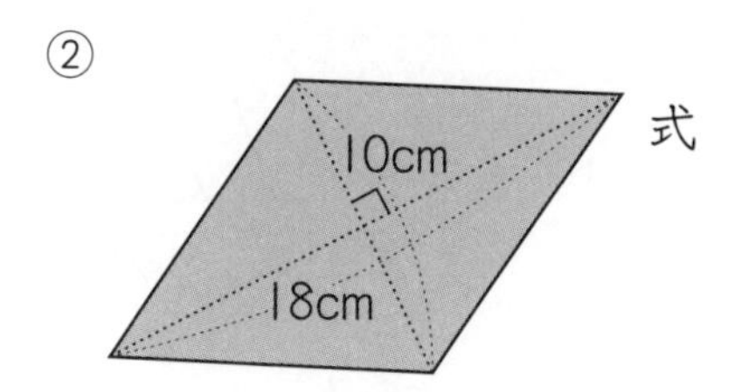

式

答え

③

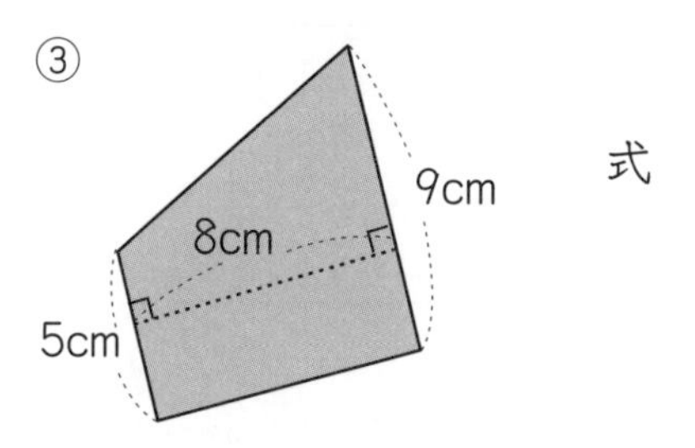

式

答え

④

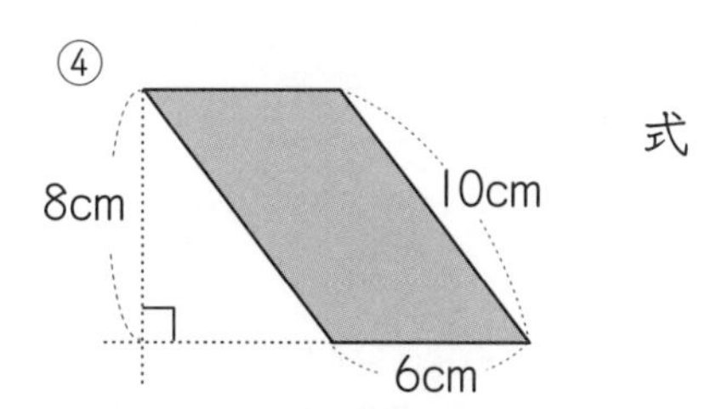

式

答え

四角形と三角形の面積（8）

面積と比例

名前

● 右のような三角形の，底辺の長さをそのまま変えないで，高さを1cm，2cm，3cm，…と変えていくときの面積の変わり方を調べます。

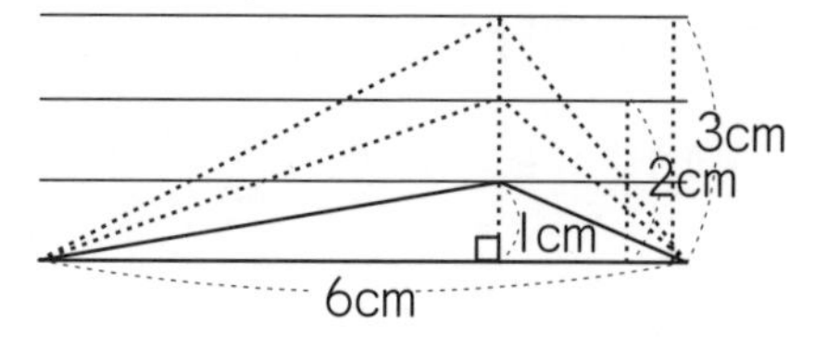

① 表にまとめましょう。

高さ (cm)	1	2	3	4	5	6
面積 (cm^2)	3					

② 高さが1cm増（ふ）えると，面積はどのように変わりますか。

答え

③ 三角形の面積は高さに比例（ひれい）しますか。

答え

④ 高さが10cmのとき，面積は何cm^2ですか。

式

答え

⑤ 面積が$36cm^2$になるのは，高さが何cmのときですか。

式

答え

⑥ 高さが20cmのとき，面積は何cm^2ですか。

式

答え

四角形と三角形の面積 (9)

名前

● 次の図形の面積を求めましょう。

①

9cm
6cm
7cm
8cm
10cm

式

答え

②

14cm
4cm
16cm
10cm
18cm
5cm

式

答え

③

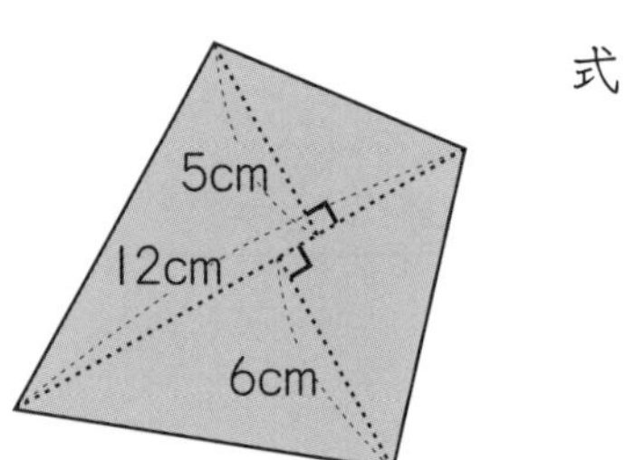

式

答え

四角形と三角形の面積 (10)

名前

1 ▨の部分の面積を求めましょう。

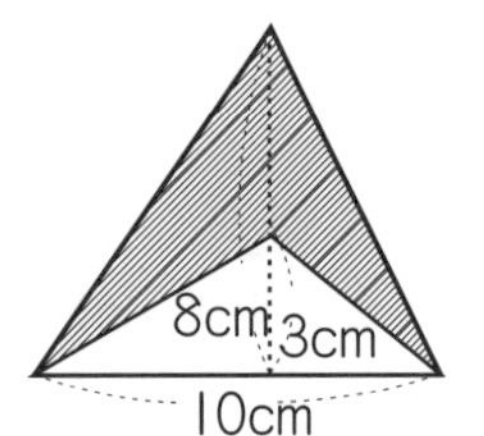

式

答え

2 右のような平行四辺形の高さを変えずに，底辺の長さを1cm，2cm，…と変えていくときの面積の変わり方を調べます。

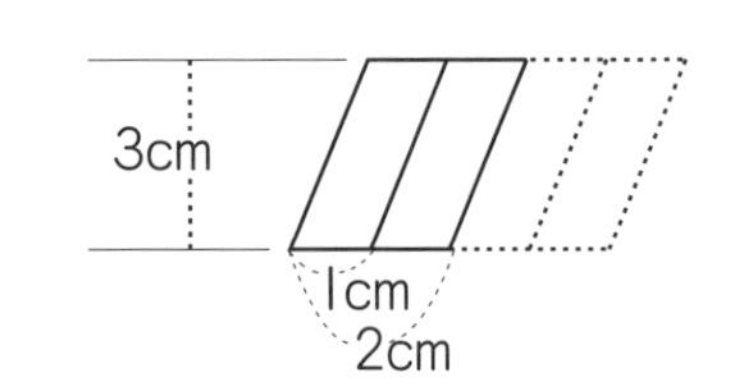

① 底辺が1cm長くなると，面積はどのように変わりますか。

答え

② 底辺が6cmのとき，面積は何cm^2ですか。

式

答え

③ 面積が60cm^2のとき，底辺は何cmですか。

式

答え

④ 底辺の長さと平行四辺形の面積は比例（ひれい）しますか。

答え

ふりかえりテスト　四角形と三角形の面積

名前

1 平行四辺形の面積を求めましょう。(10×2)

①

式

答え

②

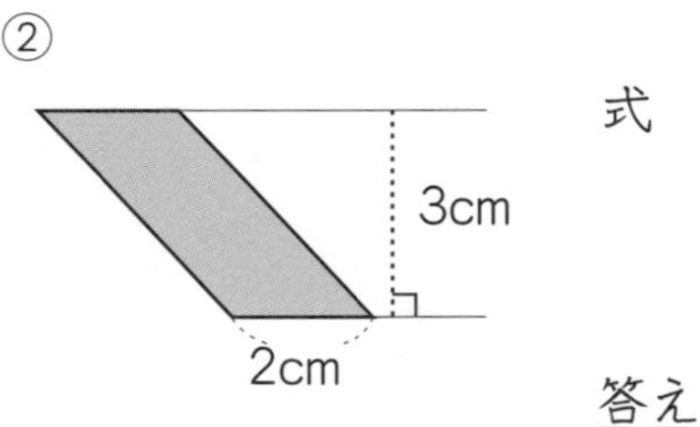

式

答え

2 三角形の面積を求めましょう。(10×2)

①

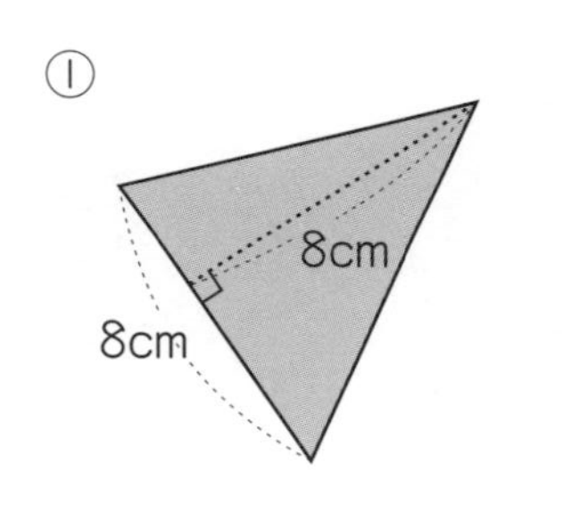

式

答え

②

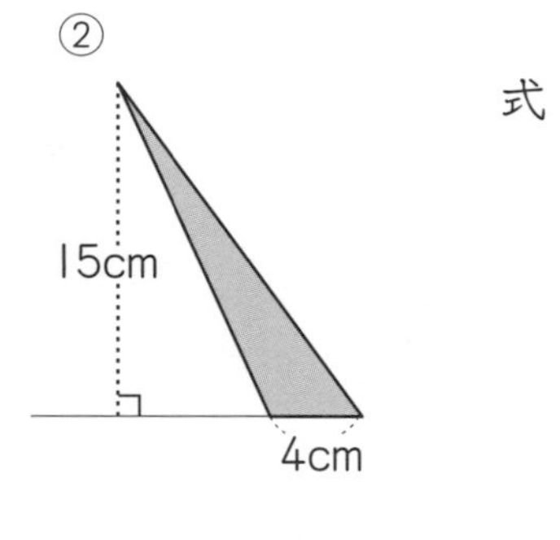

式

答え

3 台形の面積を求めましょう。(10)

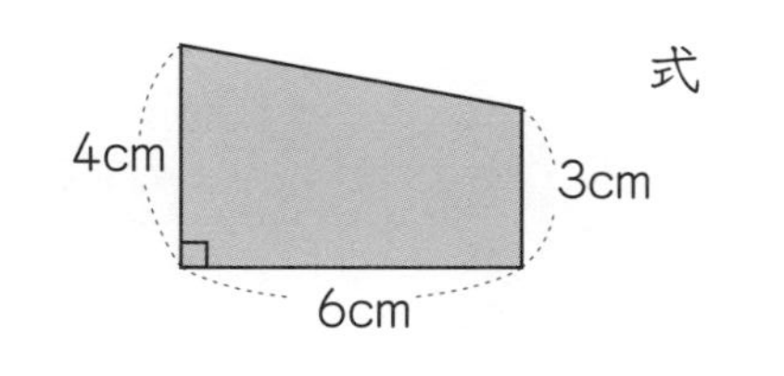

式

答え

4 ひし形の面積を求めましょう。(10)

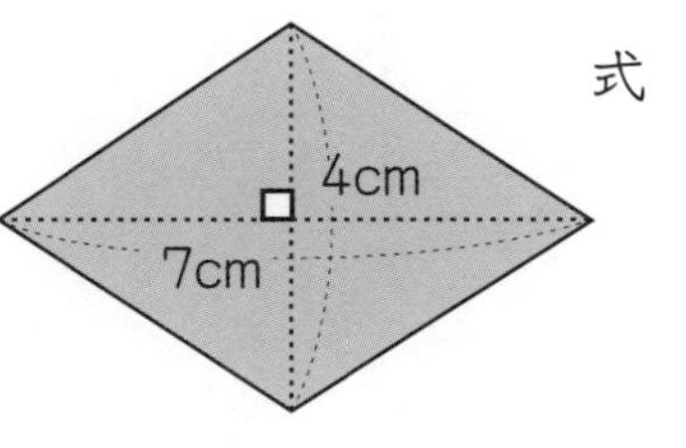

式

答え

5 直線AとBは平行です。3つの平行四辺形あいうの面積を調べます。

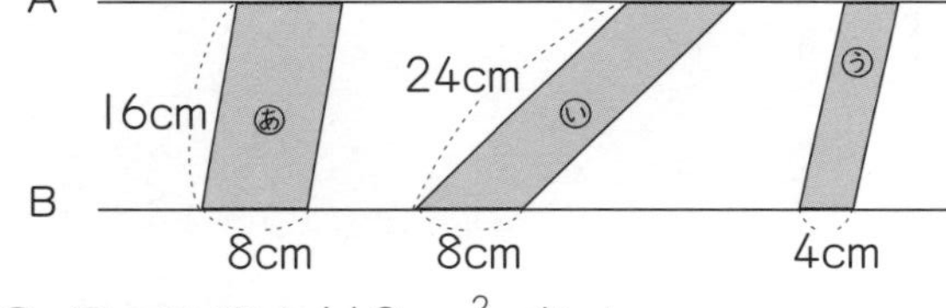

① あの面積は 112cm^2 でした。
高さは何cmですか。(7)

式

答え

② いの面積を求めましょう。(7)

式

答え

③ いの底辺を24cmにしたとき，面積は何倍になりますか。(7)

答え

④ うの面積を求めましょう。(7)

式

答え

⑤ うの面積は，あの面積の何倍ですか。(7)

式

答え

⑥ 上の平行四辺形の面積は，底辺の長さに比例(ひれい)しますか。(5)

答え

割合とグラフ（1）

名前

● 次の割合(わりあい)を小数で表しましょう。

① バスケットボールのシュートを10回して，4回成功したときの，成功した割合

式

答え

② バスケットボールのシュートを10回して，6回成功したときの，成功した割合

式

答え

③ バスケットボールのシュートを20回して，10回成功したときの，成功した割合

式

答え

④ バスケットボールのシュートを20回して，7回成功したときの，成功した割合

式

答え

割合とグラフ（2）

名前

● 次の割合(わりあい)を小数で表しましょう。

① くじを5回引いて，1回当たったときの，当たった割合

式

答え

② じゃんけんを10回して3回勝ったときの，勝った割合

式

答え

③ 5年生75人のうち，バドミントンクラブに入っている6人の割合

式

答え

④ 40人のクラスで，女子が22人のときの，女子の割合

式

答え

割合とグラフ (3)

割合を求める

名前

1　りょうたさんがＴシャツを買いに行くと，Ａ店では1200円，Ｂ店では1500円で売っていました。

① Ｂ店のねだんをもとにした，Ａ店のねだんの割合を求めましょう。

Ａ店　1200円
Ｂ店　1500円
割合　0　0.5　?　1

式

答え

② Ａ店のねだんをもとにした，Ｂ店のねだんの割合を求めましょう。

Ａ店　1200円
Ｂ店　1500円
割合　0　0.5　1　?

式

答え

2　高さ50mのＡビルのそばに，高さ70mのＢビルがあります。
Ａビルの高さをもとにして，Ｂビルの高さの割合を求めましょう。

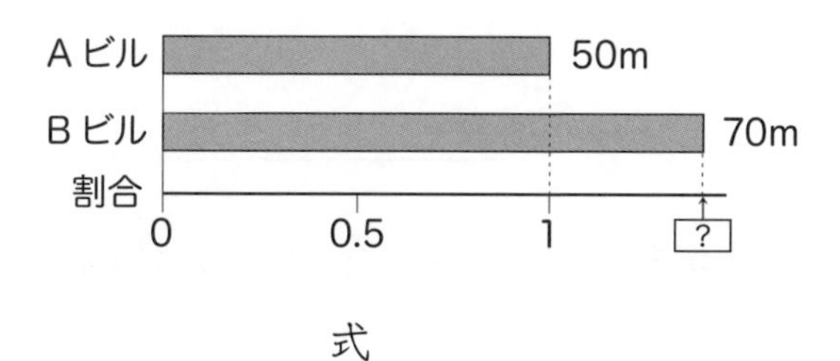

式

答え

割合とグラフ (4)

割合を求める（百分率・歩合）

名前

小　数	1	0.1	0.01	0.001
歩合（ぶあい）	10割（わり）	1割	1分（ぶ）	1厘（りん）
百分率（ひゃくぶんりつ）	100%	10%	1%	0.1%

1　次の小数を百分率で表しましょう。

① 0.06　　② 0.59

③ 0.8　　④ 1.2

⑤ 1.82　　⑥ 1.03

2　次の百分率を，割合を表す小数で表しましょう。

① 47%　　② 60%

③ 3%　　④ 110%

⑤ 20.1%

3　次の割合を歩合で表しましょう。

① 0.4　　② 0.71

③ 0.014　　④ 0.159

割合とグラフ（5）

割合を求める

名前

● 次の割合を，百分率や歩合で表しましょう。

① 前田さんのキャベツ畑は 140m^2 で，木村さんのキャベツ畑は 200m^2 です。前田さんの畑は，木村さんの畑の何％ですか。

式

答え

② サッカーのシュートが，20 回のうち 4 回成功しました。成功したのは何％ですか。

式

答え

③ あさがおの種を 40 個まいたら，34 本の芽が出ました。芽が出た割合（発芽率）を百分率で表しましょう。

式

答え

④ りなさんが計算テストをしたら，50 問のうち 47 問が正解でした。りなさんの正答率（問題の数をもとにした，正解の数）を歩合で表しましょう。

式

答え

割合とグラフ（6）

割合を求める

名前

● 次の割合を，百分率や歩合で表しましょう。

① ある飛行機の定員は 200 人です。160 人乗ったときのとう乗率（定員をもとにした，乗っている人数の割合）は何％ですか。

式

答え

② 5 年 2 組は全員で 36 人ですが，そのうち 9 人がインフルエンザで欠席しました。欠席した人数の割合（欠席率）を百分率で表しましょう。

式

答え

③ Aの橋の長さは 26m で，Bの橋の長さは 40m です。Bの橋の長さをもとにした，Aの橋の長さの割合を歩合で表しましょう。

式

答え

④ くじを 250 本作り，そのうち 5 本を当たりにしました。当たりの割合は何％ですか。

式

答え

割合とグラフ（7）
比べられる量を求める

名前

1 松本さんの家の土地は $440m^2$ で，そのうち 30%が庭です。
庭の広さは何 m^2 ですか。

式

答え

2 かべにペンキをぬっています。かべは全部で $28m^2$ あります。今，かべ全体の 75% をぬり終えました。ぬり終えたかべは何 m^2 ですか。

式

答え

3 定価（ていか）6500 円のセーターをその 8 割のねだんで売ります。売るねだんは何円ですか。

式

答え

4 600 席が定員の音楽ホールにお客さんがたくさんやって来て，定員の 120%になりました。お客さんは何人来ましたか。

式

答え

割合とグラフ（8）
もとにする量を求める

名前

1 わかなさんの身長は 142cm で，お父さんの身長の 80%にあたります。お父さんの身長は何 cm ですか。

式

答え

2 ある列車は，1 両に 182 人乗っています。これは定員の 130%にあたります。この車両の定員は何人ですか。

式

答え

3 家のお風呂（ふろ）の水で洗たくをします。お風呂の水を 36L くみ出しました。これはお風呂全体の 20%です。お風呂の水は何 L ありましたか。

式

答え

4 かずきさんは本を 150 ページまで読みました。これは本全体の 75%にあたります。本は全部で何ページですか。

式

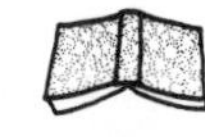

答え

割合とグラフ（9）

割引き・割増し

名前

1 定価（ていか）が 4200 円のくつを 3 割引（わりび）きで買うことができました。何円で買いましたか。

式

答え

2 800 円で仕入れた品物に，仕入れのねだんの 40% の利益（りえき）を加えて売ります。売るねだんはいくらですか。

式

答え

3 あるお店では，仕入れた品物に，仕入れのねだんの 30%の利益を加えて 2860 円で売っています。仕入れのねだんは何円ですか。

式

答え

4 定価 2500 円で売っていたスカートを安くしてもらって，2000 円で買いました。スカートを何%引きにしてもらいましたか。

式

答え

割合とグラフ（10）

割合・比べられる量・もとにする量

名前

● ゆうかさんの家の畑は 300m² です。

① この畑のうち，トウモロコシ畑は 72m² です。トウモロコシ畑は畑全体の何%ですか。また，歩合（ぶあい）でも表しましょう。

式

答え　百分率（ひゃくぶんりつ）　　　　歩合

② また，畑の 32%はジャガイモ畑です。ジャガイモ畑は何 m² ですか。

式

答え

③ ゆうかさんの家の畑の面積は，ひなたさんの家の畑の面積の 7 割 5 分にあたります。ひなたさんの家の畑の面積は何 m² ですか。

式

答え

割合とグラフ（11）

名前

● 下のグラフはももの収かく量の都道府県別割合をグラフにしたものです。

都道府県別ももの収かく量の割合

山梨	福島	長野	和歌山	山形	岡山	その他

0　10　20　30　40　50　60　70　80　90　100%

1 上のグラフを見て答えましょう。

① このようなグラフを何グラフといいますか。

② 山梨は，全体の何%ですか。

③ 福島は，全体の何%ですか。

④ 長野は，全体の何%ですか。

⑤ 和歌山は，全体の何%ですか。

2 全体の収かく量が 120000 t とすると，次の県の収かく量はそれぞれ何 t になりますか。

山梨　式　　　　答え

福島　式　　　　答え

長野　式　　　　答え

3 山梨は，和歌山の何倍ですか。

式

答え

割合とグラフ（12）

名前

● 右のグラフは，日本のある年の耕作地の作付面積の割合を表したものです。

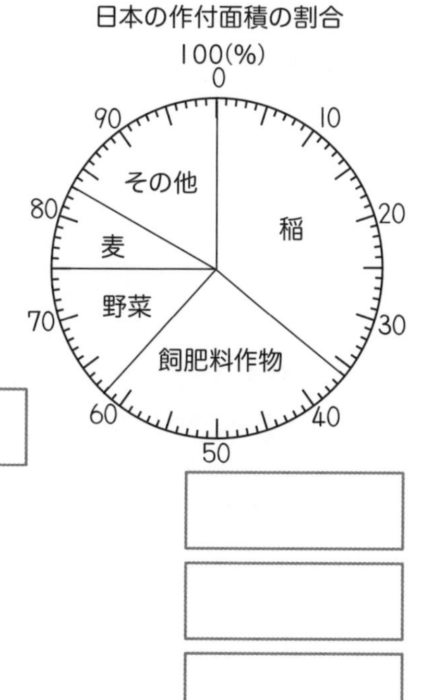

① このようなグラフを何グラフといいますか。

② 稲は，全体の何%ですか。

③ 飼肥料作物は，全体の何%ですか。

④ 野菜は，全体の何%ですか。

⑤ この年の日本の耕作地全体の面積は約 440 万 ha でした。次の面積を求めましょう。（答えは 1 万の位までのがい数にしましょう。）

・稲の作付面積は，約何万 ha ですか。

式

答え

・野菜の作付面積は，約何万 ha ですか。

式

答え

・稲と野菜を合わせた作付面積は，約何万 ha ですか。

式

答え

割合とグラフ（13）

名前

● 右の表は，ある小学校の１年間のけがの人数調べをしたものです。

けがの種類	人数(人)
すりきず	52
打ぼく	38
切りきず	21
ねんざ	12
こっせつ	2
その他	5
合　計	130

① 全体をもとにして，それぞれの割合を百分率で表しましょう。
（小数第三位を四捨五入しましょう。）

・すりきず　式　　　答え

・打ぼく　式　　　答え

・切りきず　式　　　答え

・ねんざ　式　　　答え

・こっせつ　式　　　答え

・その他　式　　　答え

② 下の帯グラフに表しましょう。

けが調べ

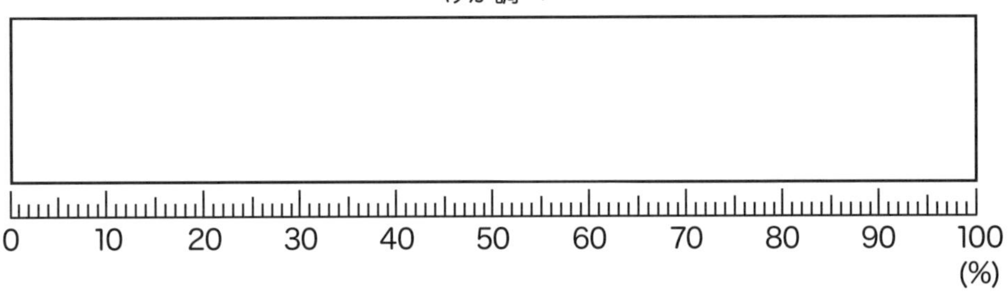

割合とグラフ（14）

名前

● 下の表は，ある通りを通った車 100 台の種類と台数を調べたものです。

車の種類	台数(台)
乗用車	50
トラック	19
バイク	13
バ　ス	8
その他	10
合　計	100

① 全体をもとにして，それぞれの割合を百分率で表しましょう。

・乗用車　式　　　答え

・トラック　式　　　答え

・バイク　式　　　答え

・バス　式　　　答え

・その他　式　　　答え

② 下の円グラフに表しましょう。

ある通りを通った車 100 台の種類別の割合

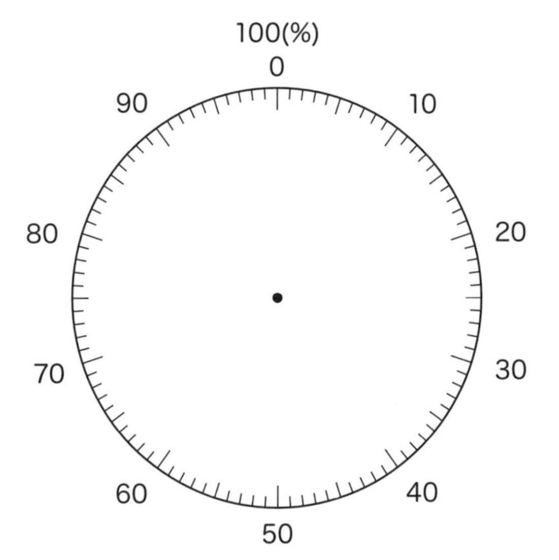

ふりかえりテスト　割合とグラフ

名前

1 次の小数を百分率で，百分率を小数で表しましょう。(2×6)

① 0.86 ☐　② 0.3 ☐
③ 1.7 ☐　④ 55% ☐
⑤ 8% ☐　⑥ 70% ☐

2 次の小数を歩合で，歩合を小数で表しましょう。(2×6)

① 0.9 ☐　② 0.61 ☐
③ 0.132 ☐
④ 1割5分 ☐
⑤ 4割6厘 ☐
⑥ 12割 ☐

3 次の問題を解きましょう。(8×3)

① くじを800本つくり，そのうち3%を当たりにしました。当たりの数は何本ですか。

式

答え

② 本を75ページまで読みました。これは本全体の25%にあたります。本は全部で何ページですか。

式

答え

③ あるバスの定員は40人です。定員をもとにすると，28人乗ったときの人数の割合は何%ですか。

式

答え

4 次の問題を解きましょう。(8×3)

① 定価3000円のおもちゃを4割引きで買いました。何円で買いましたか。
式

答え

② 定価4000円のゲームソフトを3000円で買いました。何%引いてもらいましたか。
式

答え

③ お肉を2割引きで買って640円はらいました。もとのねだんは何円でしたか。
式

答え

5 右の表は，5年1組の図書コーナーにある本の種類と数を調べたものです。

図書コーナーの本調べ

本の種類	さっ数（さつ）	割合（%）
物語	118	
図かん	48	
伝記	14	
その他	20	
合　計	200	100

① それぞれの割合を百分率で求めて表に書きましょう。(4×4)

② 帯グラフに表しましょう。(6)

図書コーナーにある本の割合

0　10　20　30　40　50　60　70　80　90　100

③ 円グラフに表しましょう。(6)

図書コーナーにある本の割合

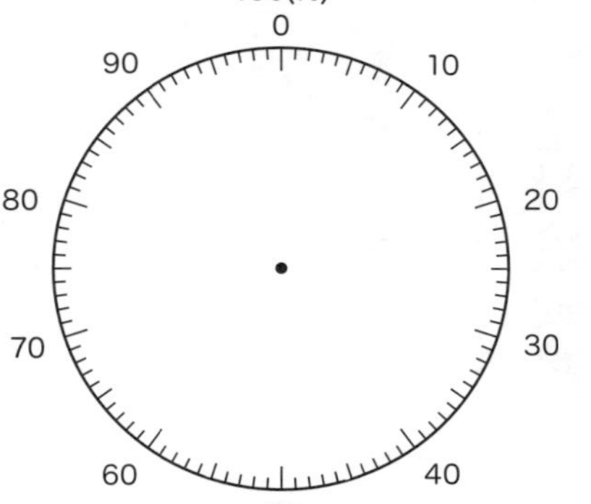

正多角形と円（1）

名前

1 次の正多角形について，名前と辺の数を書きましょう。

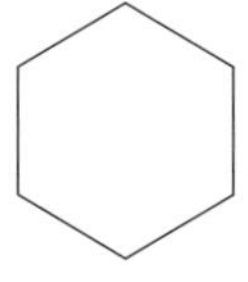

①

名　前	
辺の数	

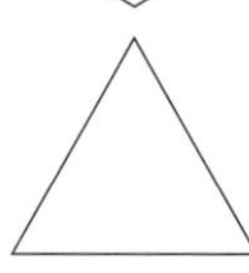

②

名　前	
辺の数	

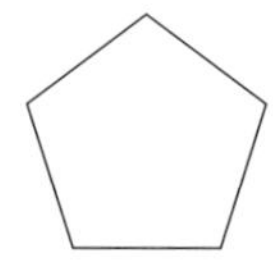

③

名　前	
辺の数	

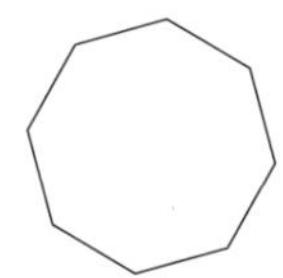

④

名　前	
辺の数	

2 円の中心のまわりの角を５等分して，正五角形をかきました。

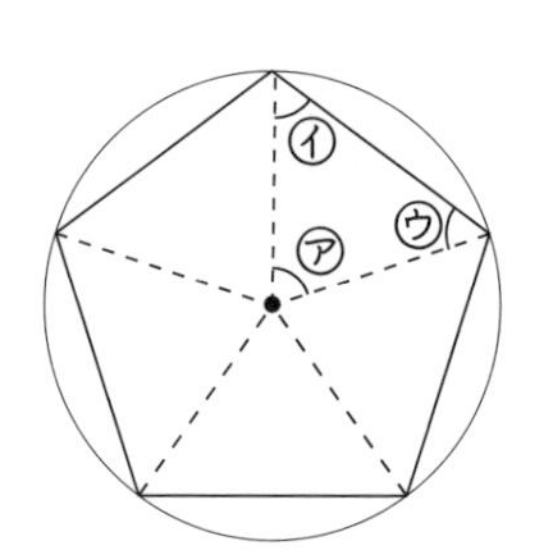

① 角㋐は何度ですか。

式

答え

② 角㋑と角㋒の角度は同じです。何度ですか。

式

答え

正多角形と円（2）

名前

● 円の中心のまわりの角を等分して，次の正多角形をかきましょう。

① 正八角形

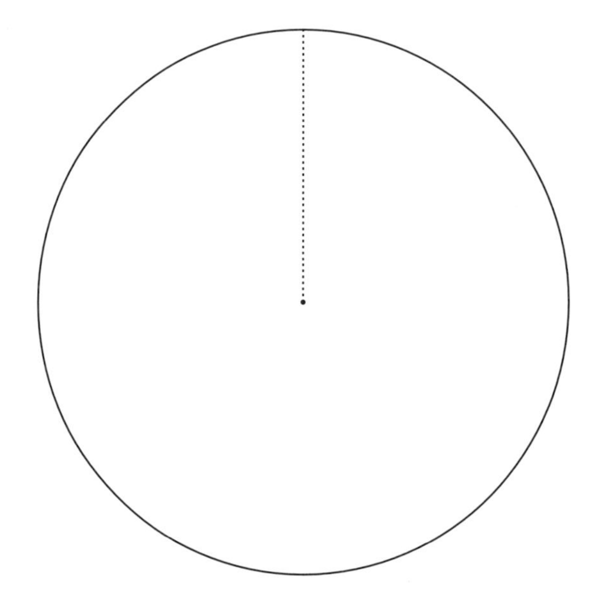

② 正五角形

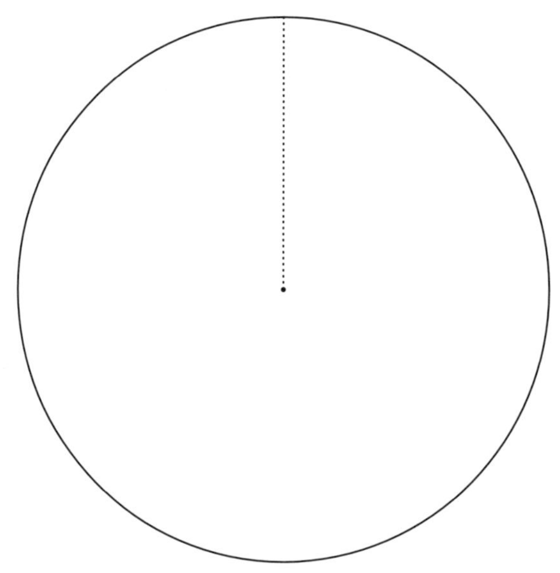

正多角形と円 (3)

名前

[1] 円の中に，コンパスを使って，正六角形をかきましょう。

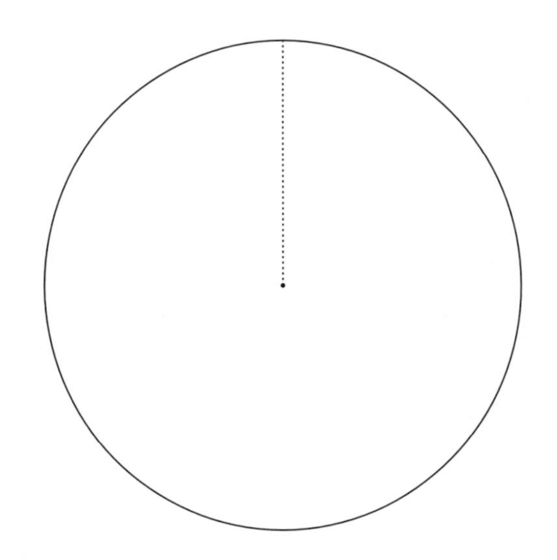

[2] コンパスを使って下のもようを方眼(ほうがん)にかきましょう。

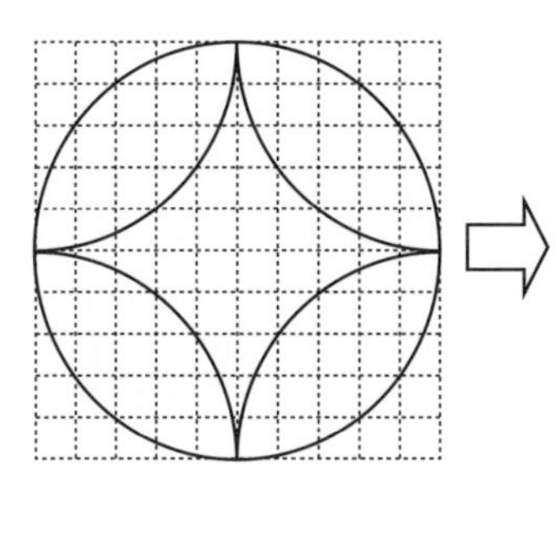

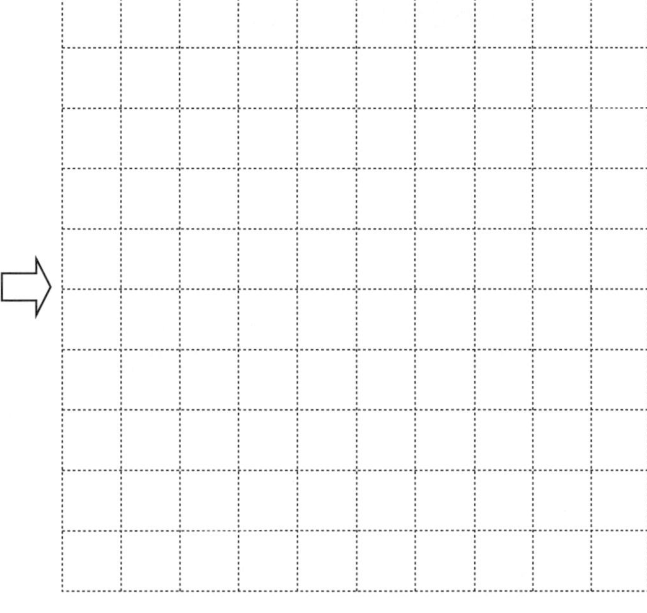

正多角形と円 (4)

名前

[1] 次の □ にはことばを，（　）には数を書き入れましょう。

① 円周の長さは，直径の約（　　　）倍になります。

② どんな大きさの円でも，円周÷直径は同じ数になります。

この数のことを □ といいます。

③ 円周の長さは，次の式で求められます。

円周＝ □ ×（　　　）

④ 円周の長さがわかっているとき，直径の長さは次の式で求められます。

直径＝ □ ÷円周率(えんしゅうりつ)

[2] 次の円の円周の長さを求めましょう。

①

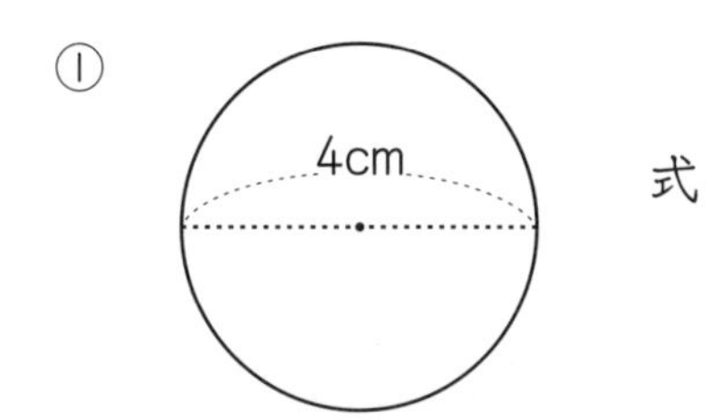

式

答え ________

②

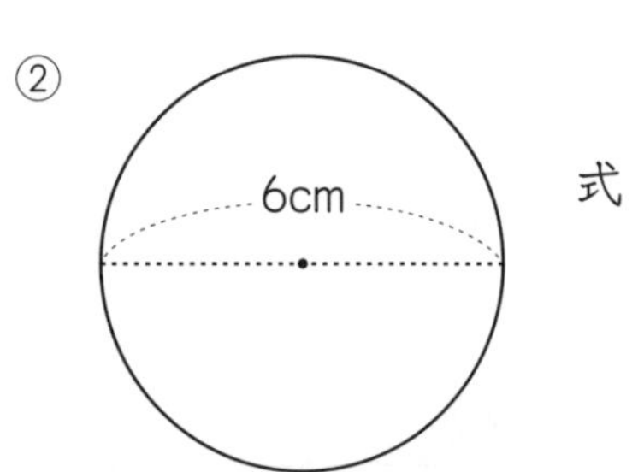

式

答え ________

正多角形と円（5）

名前

● 次の円の円周の長さを求めましょう。

①

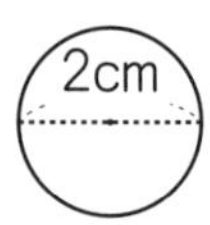

式

答え

②

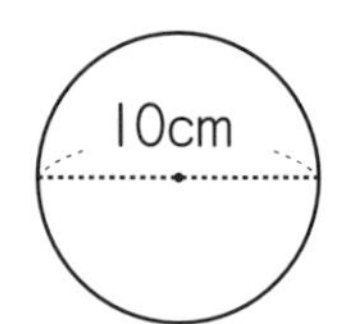

式

答え

③

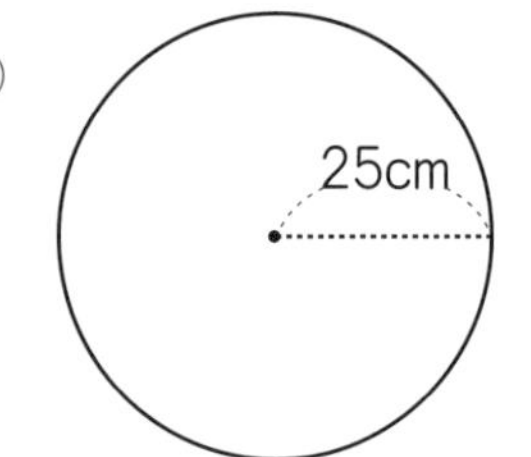

式

答え

④

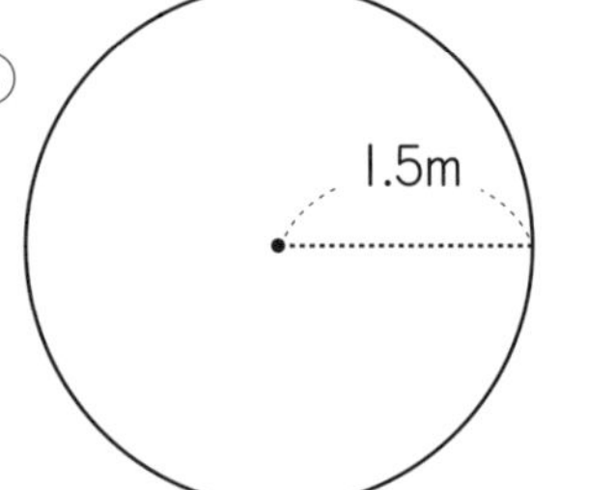

式

答え

正多角形と円（6）

名前

● 円周が次の長さの円の直径や半径を求めましょう。

① 円周が 25.12cm の円の直径

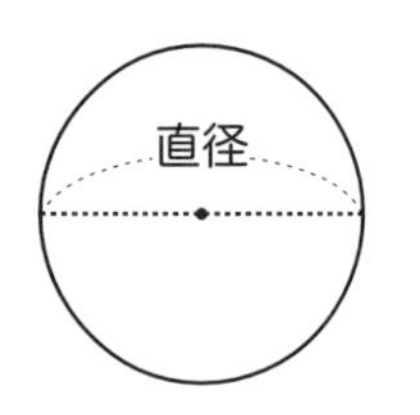

式

答え

② 円周が 50.24cm の円の直径

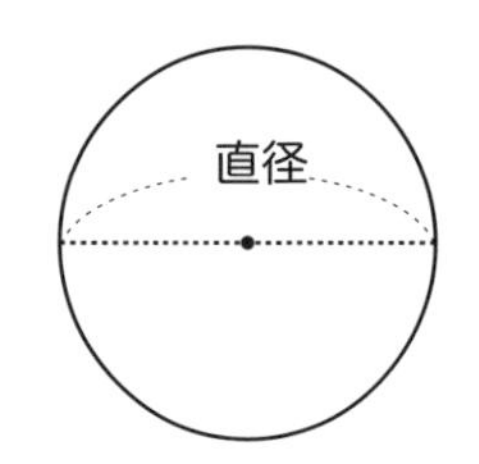

式

答え

③ 円周が 6.28cm の円の半径

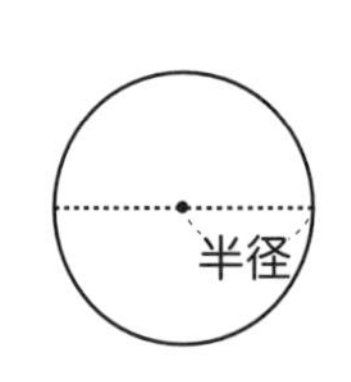

式

答え

④ 円周が 69.08cm の円の半径

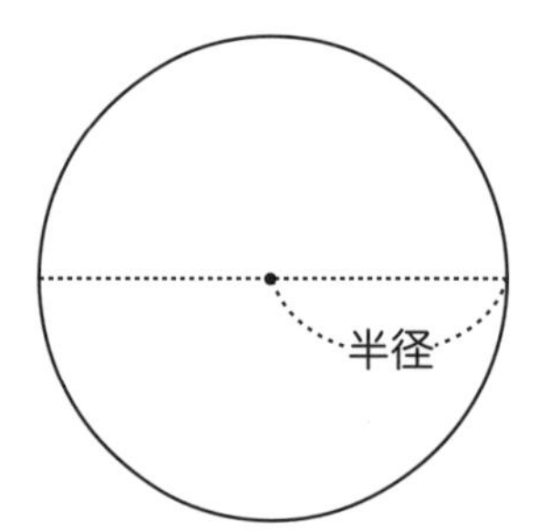

式

答え

正多角形と円（7）

名前

□1 次の図のまわりの長さを求めましょう。

①

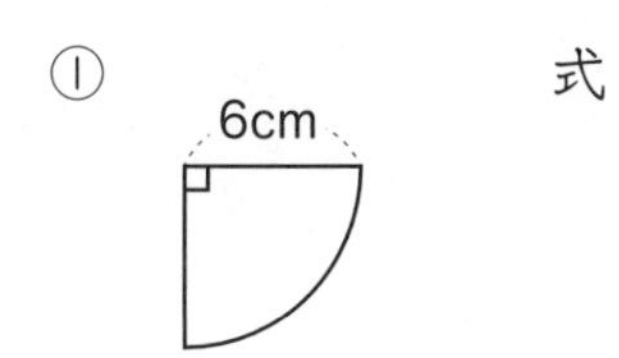

式

答え

②

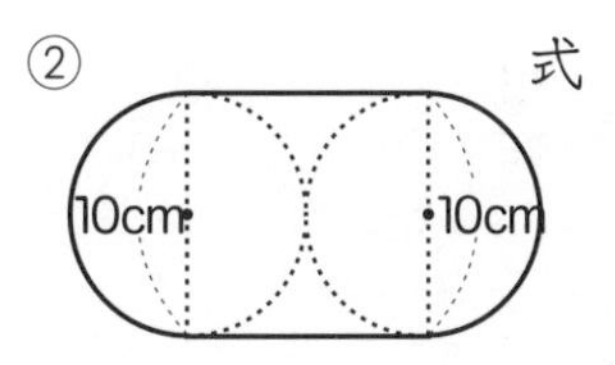

式

答え

□2 下の図を見て，問いに答えましょう。

① 円の直径（□）が変わると，円周の長さ（○）はどうなるか調べて，表に書きましょう。

直径□ (cm)	1	2	3	4	5
円周○ (cm)	3.14				

② 直径が2倍，3倍，…になると，円周の長さはどうなりますか。

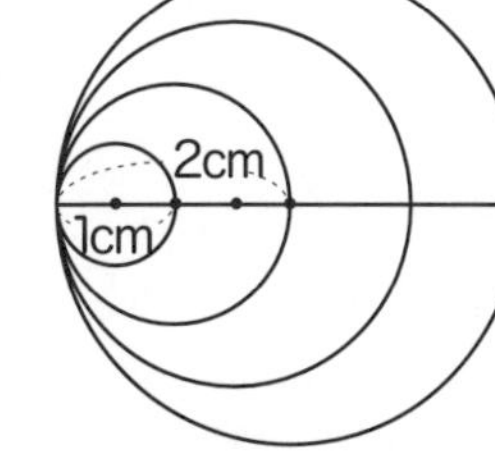

③ ○と□を使って，円周の長さを求める式を書きましょう。

④ 円周の長さ（○）は直径（□）に比例(ひれい)していますか。

⑤ 直径が60cmのとき，円周の長さは何cmになりますか。

式

答え

正多角形と円（8）

名前

□1 車輪の直径が50cmの一輪車で，車輪が10回転したとき，何m進みますか。

式

答え

□2 大きな木のまわりを子ども4人が手をつないで囲(かこ)んでいます。この木の直径はおよそ何mですか。

子ども1人が両手を広げた長さを1.5m，円周率(えんしゅうりつ)を3.14として計算しましょう。

（答えは，小数第二位を四捨五入(ししゃごにゅう)しましょう。）

式

答え

ふりかえりテスト　正多角形と円

名前

1 次の正多角形の名前を □ に書きましょう。(4×3)

① ② ③

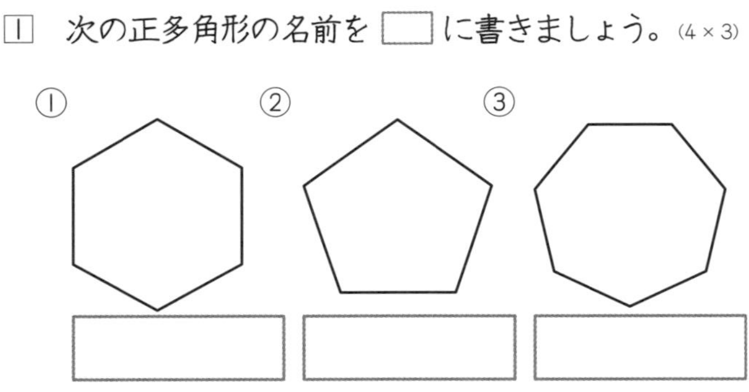

2 円の中心のまわりの角を分けて，正五角形をかきましょう。(10)

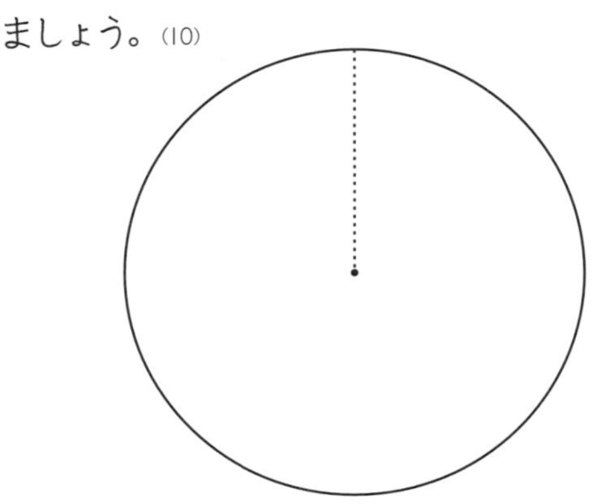

3 円の中に，コンパスを使って，正六角形をかきましょう。(8)

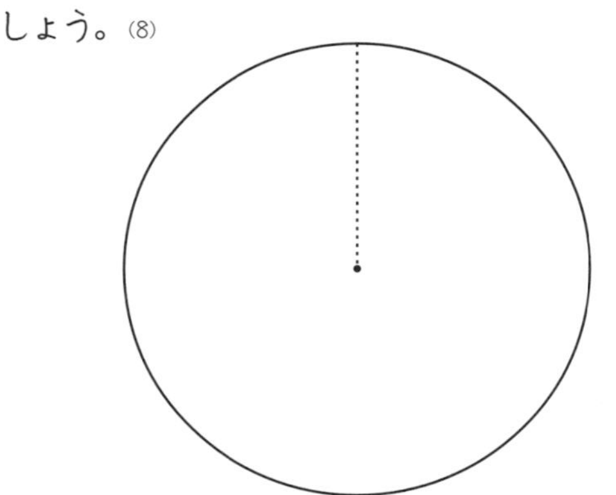

4 次の円の円周の長さを求めましょう。(10×3)

① 直径 5cm の円

式

答え

② 直径 7cm の円

式

答え

③ 半径 6cm の円

式

答え

5 円周が次の長さの円の直径や半径を求めましょう。(10×2)

① 円周 31.4cm の円の直径

式

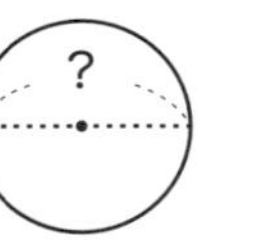

答え

② 円周 28.26m の円の半径

式

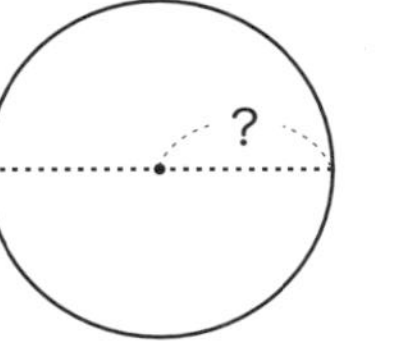

答え

6 次の図形のまわりの長さを求めましょう。(10)

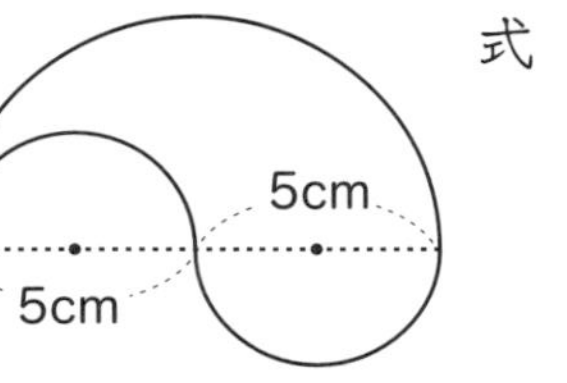

式

答え

7 札幌（さっぽろ）市には、円形の歩道橋があり，1周 176m です。この歩道橋のおよその直径を小数第一位を，四捨五入（ししゃごにゅう）して整数で求めましょう。(10)

式

答え

角柱と円柱（1）

名前

1 角柱の部分の名前を（　）に書きましょう。（③と④はちがうことばが入ります。）

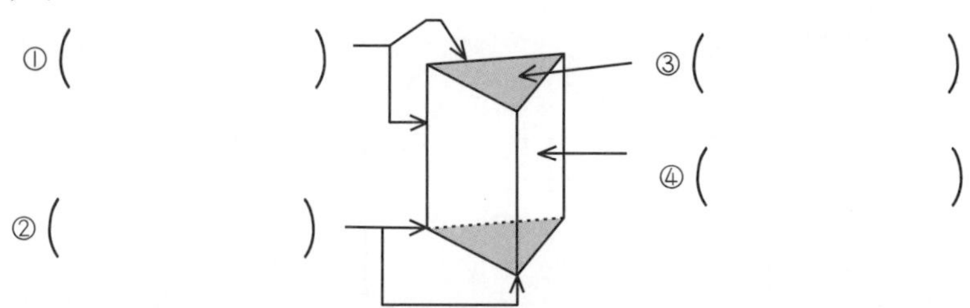

2 平面で囲まれた立体のうち，平行な面がある下のような立体について調べましょう。

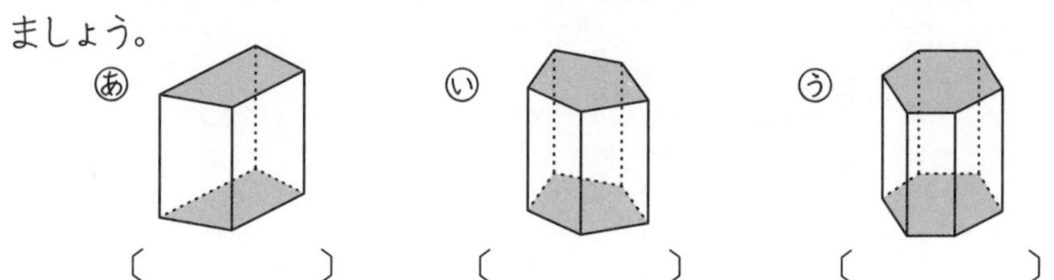

① 立体あいうの名前を〔　〕に書きましょう。

② それぞれの立体で，色のついた平行な１組の面はどんな形をしていますか。

あ（　）　い（　）　う（　）

③ 色のついていないまわりの面は，それぞれいくつありますか。

あ（　）　い（　）　う（　）

④ 下の（　）にあてはまることばを書きましょう。

・色のついた平行な１組の面を（　）といいます。

・色のついていないまわりの面を（　）といい，その形はどれも（　）か正方形です。

角柱と円柱（2）

名前

1 角柱の底面，側面，頂点（ちょうてん），辺，面について調べ，表にまとめましょう。

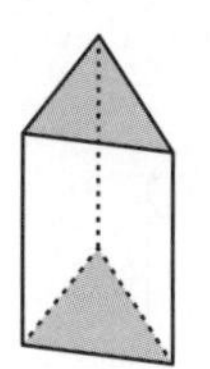
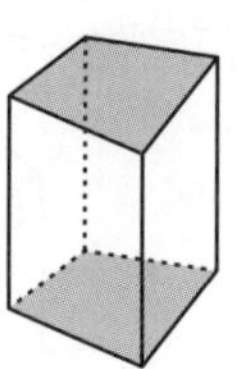
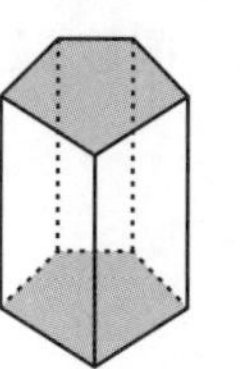
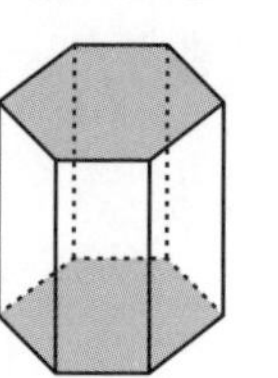

	三角柱	四角柱	五角柱	六角柱
底面の形				
側面の数				
頂点の数				
辺の数				
面の数				

2 （　）にあてはまることばを書きましょう。

① 角柱では，向かい合った２つの面を（　）といい，それ以外のまわりの面を（　）といいます。

② 角柱の２つの底面は，同じ大きさ，同じ形で，たがいに（　）な関係になっています。

③ 角柱の底面と側面とは，たがいに（　）な関係になっています。

④ 角柱の側面の形は，（　）か正方形になっています。

角柱と円柱（3）

名前

● 下の図のような立体を円柱といいます。（　　）にあてはまることばを［　］から選んで書きましょう。（同じことばを何回使ってもよい。）

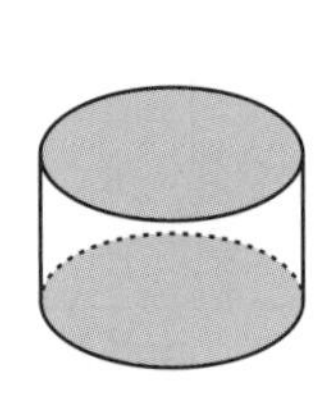

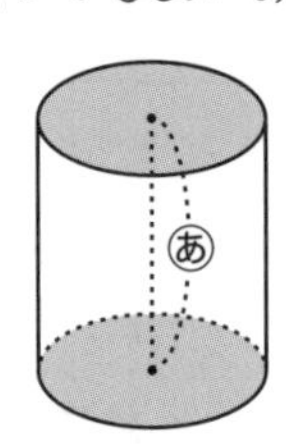

① 円柱では，向かい合った２つの面を（　　　　　）といい，
それ以外のまわりの面を（　　　　　）といいます。

② 円柱の（　　）つの底面の形は，同じ大きさの（　　　　　）で，たがいに（　　　　　）な関係になっています。

③ 円柱の底面と側面とは，たがいに（　　　　　）な関係になっています。

④ 円柱の（　　　　　）のように曲がった面を，（　　　　　）といいます。

⑤ 上の図のあのように，円柱の２つの底面に（　　　　　）な直線の長さを，円柱の（　　　　　）といいます。

⑥ 角柱の側面はすべて（　　　　　）ですが，円柱の側面は（　　　　　）になっています。

１・２・３・円・高さ・平行・垂直（すいちょく）・底面・側面・平面・曲面

角柱と円柱（4）

名前

１ 次の立体の見取図の続きをかきましょう。

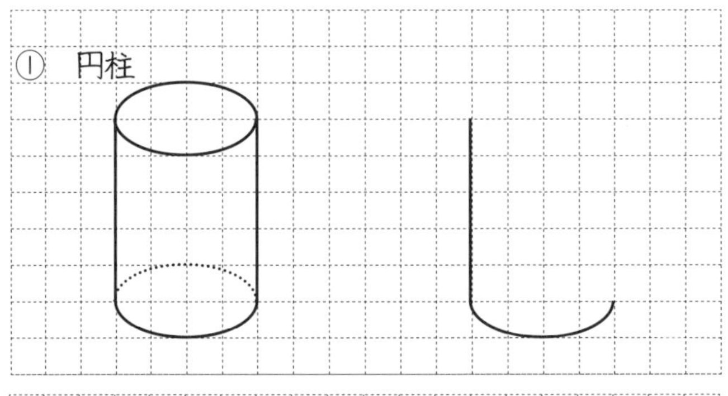

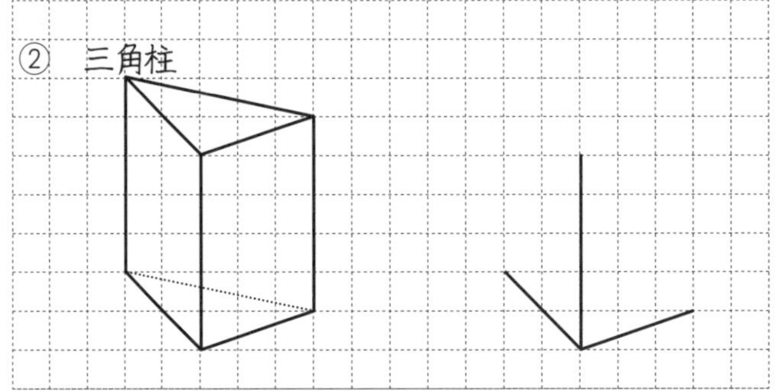

２ 立体の見取図に合う展開図（てんかいず）を線で結びましょう。

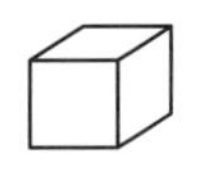
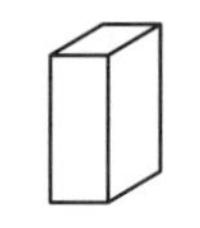
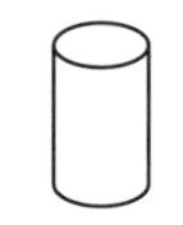

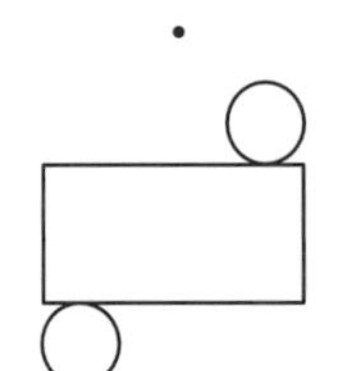
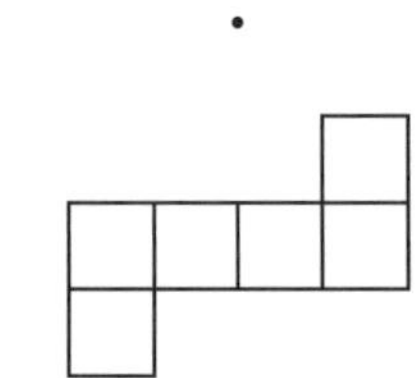
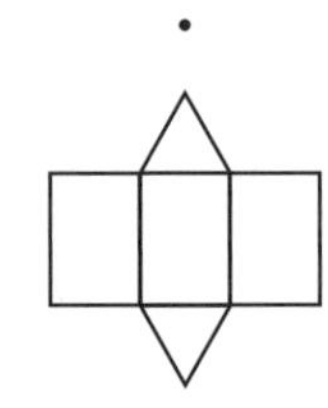
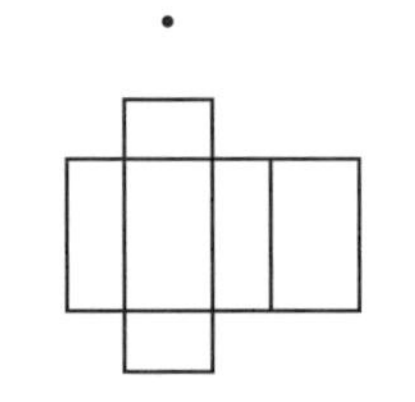

角柱と円柱（5）

名前

□1 次の展開図を組み立てると，どんな立体ができあがりますか。
（　）に立体の名前を書きましょう。

①

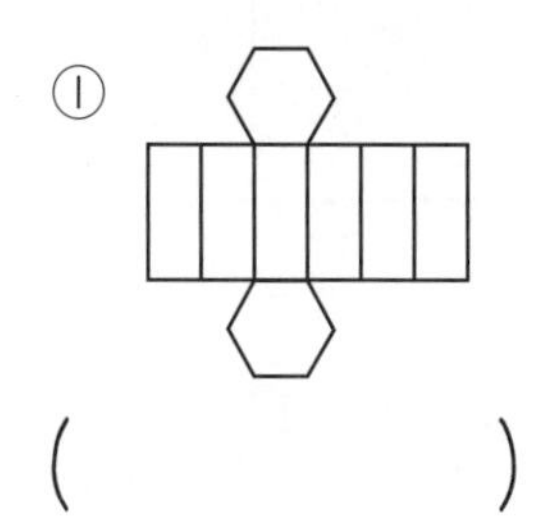

（　　　　　）

②

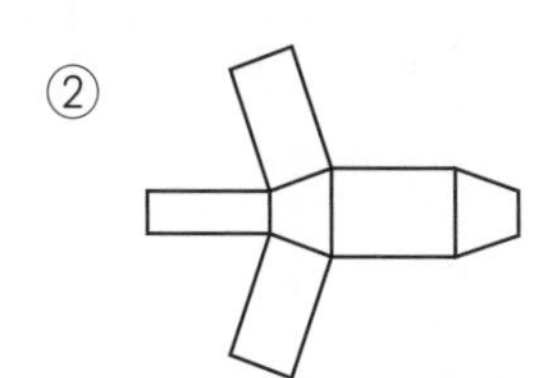

（　　　　　）

③

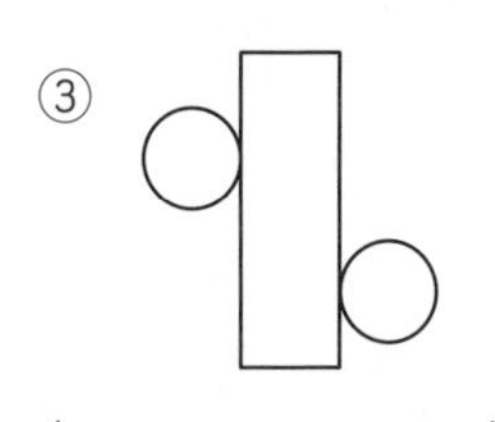

（　　　　　）

④

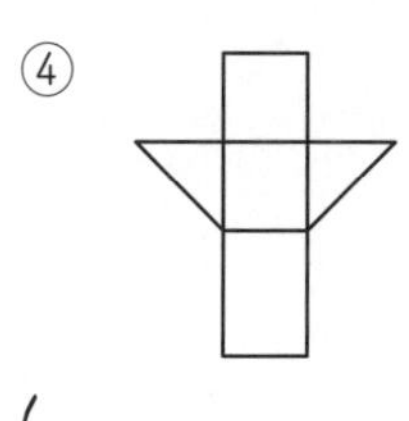

（　　　　　）

⑤

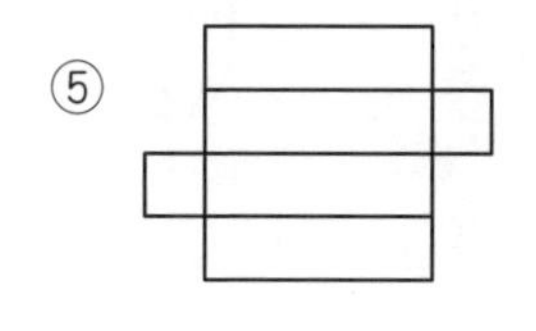

（　　　　　）

⑥

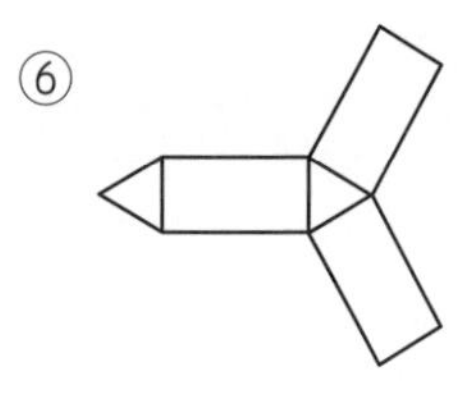

（　　　　　）

□2 底面が1辺3cmの正三角形で，高さが4cmの三角柱の展開図をかきましょう。

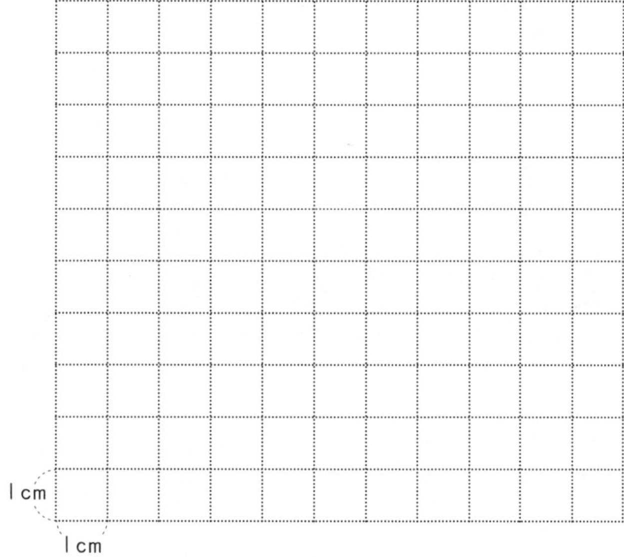

角柱と円柱（6）

名前

● 下の図のような円柱の展開図をかきます。

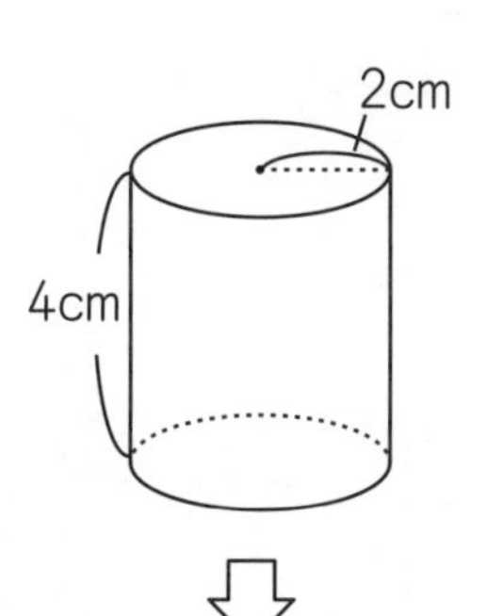

① 展開図にしたとき，側面はどのような形になりますか。

（　　　　　　　）

② ①の側面の展開図では，たてと横の長さはそれぞれ何cmになりますか。ただし，円柱の高さを，側面の展開図のたてとします。

たて（　　　　cm）　横（　　　　cm）

③ 上の円柱の展開図を，下の方眼にかきましょう。

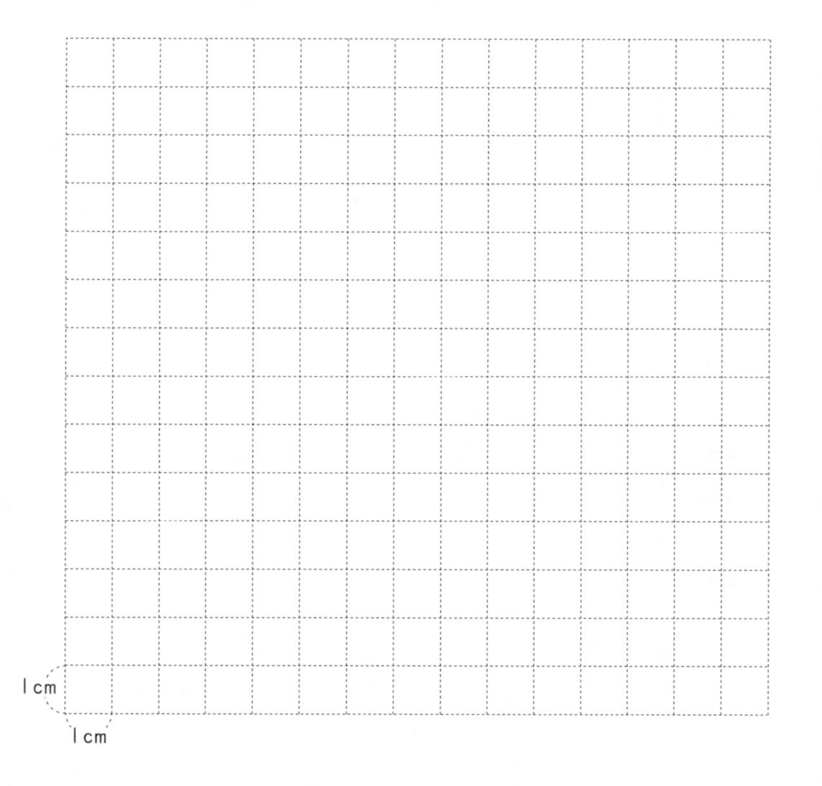

ふりかえりテスト　角柱と円柱

名前

1　次の立体について答えましょう。

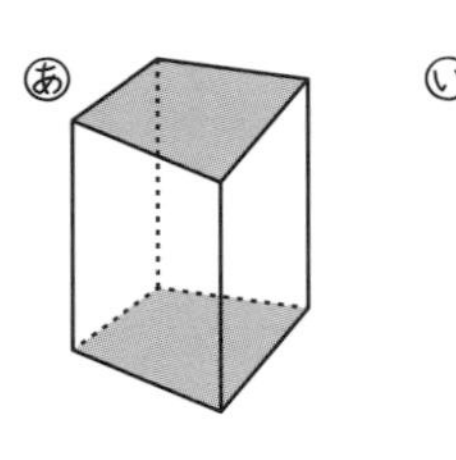
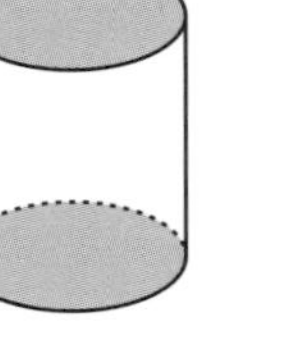
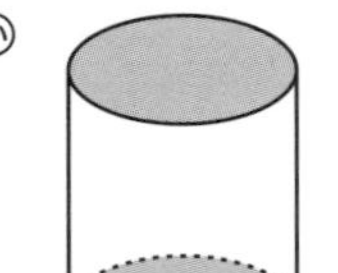
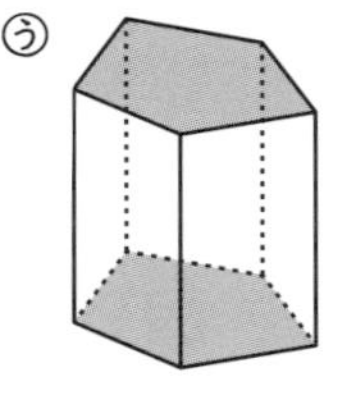

① 立体の名前を書きましょう。(5×3)

あ(　　　)　い(　　　)　う(　　　)

② (　　)にあてはまることばや数を書きましょう。(4×7)

・角柱の側面の形は，すべて(　　　　)か正方形です。

・(　　　　)の側面はすべて平面ですが，円柱の側面は(　　　　)です。

・五角柱の側面の数は(　　　　)個，頂点の数は(　　　)個です。

・角柱や円柱の２つの底面は，同じ大きさ，同じ形で，たがいに(　　　　)な関係になっています。

・角柱や円柱の底面と側面とは，たがいに(　　　　)な関係になっています。

2　次の立体の見取図を完成させましょう。(8)

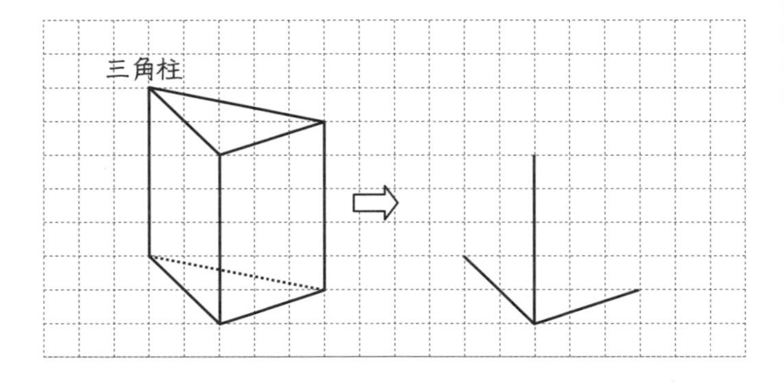

3　下の展開図を組み立ててできる立体の名前を(　　)に書きましょう。(5×5)

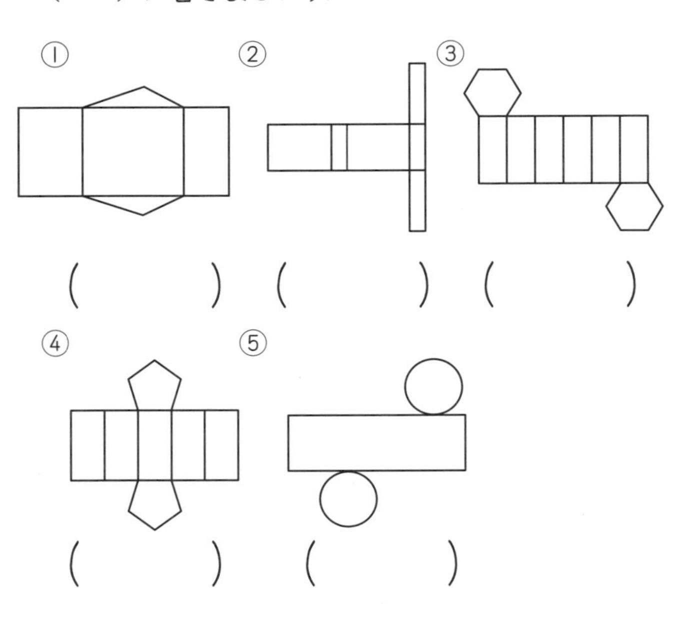

①(　　　)　②(　　　)　③(　　　)

④(　　　)　⑤(　　　)

4　見取図から展開図をかきました。下の①～④の辺の長さは何 cm ですか。(4×4)

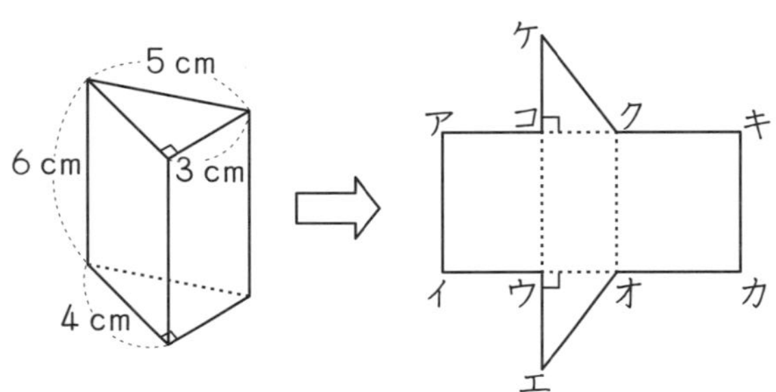

① 辺ウエ(　　)cm　② 辺オカ(　　)cm

③ 辺アキ(　　)cm　④ 辺キカ(　　)cm

5　下の円柱の展開図を完成させましょう。(8)

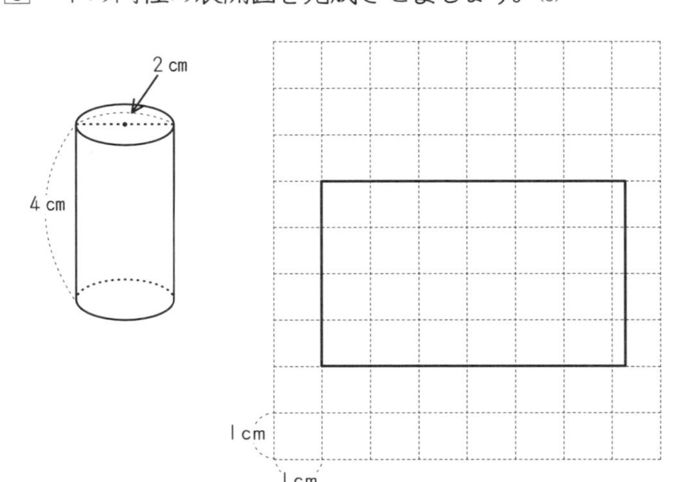

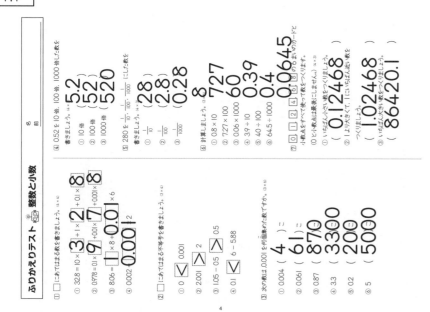

児童に実施させる前に，必ず指導される方が問題を解いてください。本書の解答は，あくまでも１つの例です。指導される方の作られた解答をもとに，本書の解答例を参考に児童の多様な考えに寄り添って○つけをお願いします。

解答

P.2

整数と小数 (1)
名前

1 □にあてはまる数を書きましょう。

① 83.6 = 10 × [8] + 1 × [3] + 0.1 × [6]
② 5.28 = 1 × [5] + 0.1 × [2] + 0.01 × [8]
③ 0.214 = 0.1 × [2] + 0.01 × [1] + 0.001 × [4]
④ 0.97 = [0.1] × 9 + [0.01] × 7
⑤ 1.085 = 1 × [1] + 0.01 × [8] + 0.001 × [5]

2 □にあてはまる不等号を書きましょう。

① 0.01 [>] 0　② 3.997 [<] 4
③ 5 − 4.99 [<] 0.1　④ 2 [>] 2.15 − 0.2

3 次の数は，0.001 を何個集めた数ですか。

① 0.006 (6)こ　② 0.038 (38)こ
③ 0.92 (920)こ　④ 1.5 (1500)こ

整数と小数 (2)
名前

1 10 倍した数を書きましょう。

① 2.64 (26.4)　② 0.65 (6.5)
③ 47.8 (478)　④ 0.009 (0.09)
⑤ 0.107 (1.07)　⑥ 7.03 (70.3)

2 100 倍した数を書きましょう。

① 4.92 (492)　② 0.83 (83)
③ 15.76 (1576)　④ 23.968 (2396.8)
⑤ 0.911 (91.1)　⑥ 10.04 (1004)

3 1000 倍した数を書きましょう。

① 0.59 (590)　② 0.3094 (309.4)
③ 0.0208 (20.8)　④ 10.67 (10670)

P.3

整数と小数 (3)
名前

1 $\frac{1}{10}$ にした数を書きましょう。

① 10.9 (1.09)　② 6.99 (0.699)
③ 3.07 (0.307)　④ 0.28 (0.028)

2 $\frac{1}{100}$ にした数を書きましょう。

① 49.2 (0.492)　② 572.7 (5.727)
③ 40.09 (0.4009)　④ 8.1 (0.081)

3 $\frac{1}{1000}$ にした数を書きましょう。

① 77 (0.077)　② 320 (0.32)
③ 210.5 (0.2105)　④ 50.9 (0.0509)

次の数を $\frac{1}{100}$ にして，大きい数の方を通りましょう。通った答えを $\frac{1}{100}$ にした形で下の □ に書きましょう。

87.2
9.99
20.2
20
49.5
50
1.35
10.2

① [0.872]　② [0.202]　③ [0.5]　④ [0.102]

整数と小数 (4)
名前

1 0 から 9 までの数字を 1 回ずつと，小数点をすべて使って数をつくります。
(0 と小数点は最後にしません。)

① いちばん小さい数をつくりましょう。
(0.123456789)
② 1 より小さくて，1 にいちばん近い数をつくりましょう。
(0.987654321)
③ いちばん大きい数をつくりましょう。
(987654320.1)

2 次の数は，0.56 を何倍した数ですか。

① 5.6 (10) 倍　② 56 (100) 倍　③ 560 (1000) 倍

3 次の数は，74 を何分の 1 にした数ですか。

① 7.4 ($\frac{1}{10}$)　② 0.74 ($\frac{1}{100}$)　③ 0.074 ($\frac{1}{1000}$)

4 計算しましょう。

① 0.81 × 10　8.1　② 2.71 × 100　271
③ 0.43 × 1000　430　④ 5.9 ÷ 10　0.59
⑤ 0.1 ÷ 100　0.001　⑥ 60.6 ÷ 1000　0.0606

P.4

ふりかえりテスト　整数と小数
名前

1 □にあてはまる数を書きましょう。(4×4)

① 32.8 = 10 × [3] + 1 × [2] + 0.1 × [8]
② 0.978 = 0.1 × [9] + 0.01 × [7] + 0.001 × [8]
③ 8.06 = [1] × 8 + [0.01] × 6
④ 0.002 = [0.001] × 2

2 □にあてはまる不等号を書きましょう。(3×4)

① 0 [<] 0.001
② 2.001 [>] 2
③ 1.05 − 0.5 [>] 0.5
④ 0.1 [<] 6 − 5.88

3 次の数は，0.001 を何個集めた数ですか。(3×6)

① 0.004 (4)こ
② 0.061 (61)こ
③ 0.87 (870)こ
④ 3.3 (3300)こ
⑤ 0.2 (200)こ
⑥ 5 (5000)こ

4 0.52 を 10 倍，100 倍，1000 倍した数を書きましょう。(4×3)

① 10 倍 (5.2)
② 100 倍 (52)
③ 1000 倍 (520)

5 280 を $\frac{1}{10}$，$\frac{1}{100}$，$\frac{1}{1000}$ にした数を書きましょう。(4×3)

① $\frac{1}{10}$ (28)
② $\frac{1}{100}$ (2.8)
③ $\frac{1}{1000}$ (0.28)

6 計算しましょう。(3×6)

① 0.8 × 10　8
② 7.27 × 100　727
③ 0.06 × 1000　60
④ 3.9 ÷ 10　0.39
⑤ 40 ÷ 100　0.4
⑥ 64.5 ÷ 1000　0.0645

7 [0]，[1]，[2]，[4]，[6]，[8] の 6 まいのカードと小数点をすべて使って数をつくります。
(0 と小数点は最後にしません。)(4×3)

① いちばん小さい数をつくりましょう。
(0.12468)
② 1 より大きくて，1 にいちばん近い数をつくりましょう。
(1.02468)
③ いちばん大きい数をつくりましょう。
(86420.1)

P.5

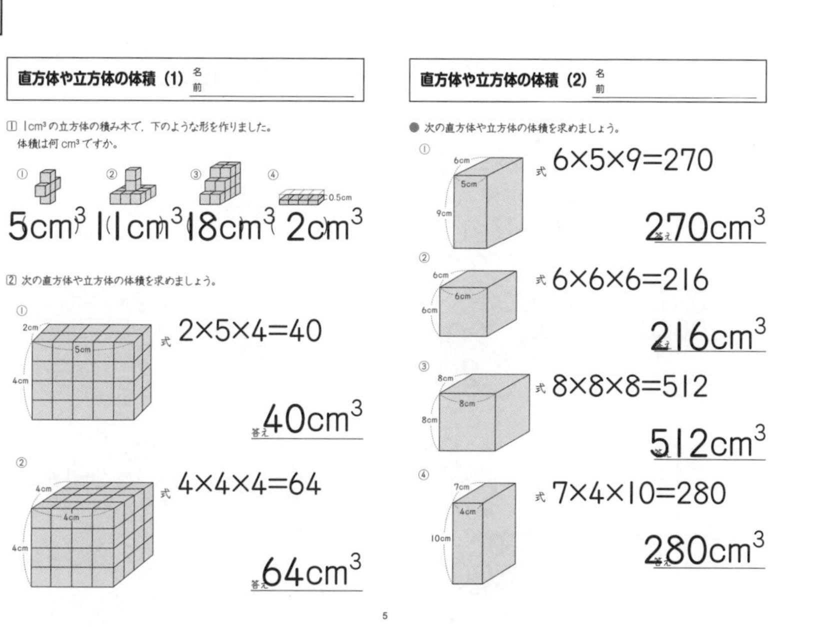

直方体や立方体の体積 (1)
名前

1 1cm³ の立方体の積み木で，下のような形を作りました。
体積は何 cm³ ですか。

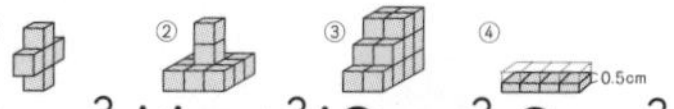

0.5cm

① $5cm^3$　② $11cm^3$　③ $18cm^3$　④ $2cm^3$

2 次の直方体や立方体の体積を求めましょう。

①
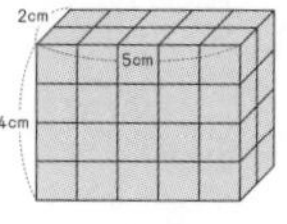

2cm
5cm
4cm

式 2×5×4=40
答え $40cm^3$

②
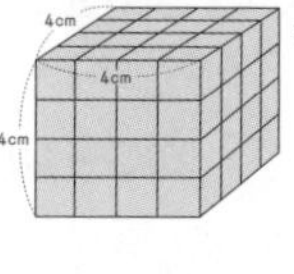

4cm
4cm
4cm

式 4×4×4=64
答え $64cm^3$

直方体や立方体の体積 (2)
名前

● 次の直方体や立方体の体積を求めましょう。

①
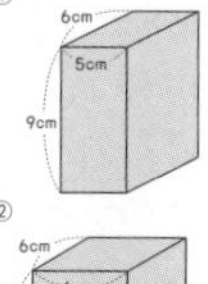

6cm
5cm
9cm

式 6×5×9=270
答え $270cm^3$

②
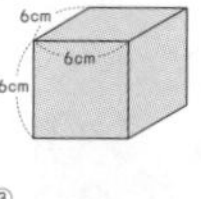

6cm
6cm
6cm

式 6×6×6=216
答え $216cm^3$

③
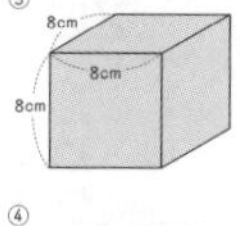

8cm
8cm
8cm

式 8×8×8=512
答え $512cm^3$

④
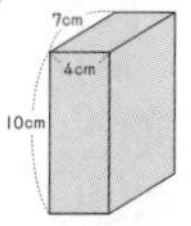

7cm
4cm
10cm

式 7×4×10=280
答え $280cm^3$

解答

児童に実施させる前に，必ず指導される方が問題を解いてください。本書の解答は，あくまでも１つの例です。指導される方の作られた解答をもとに，本書の解答例を参考に児童の多様な考えに寄り添って○つけをお願いします。

P.6

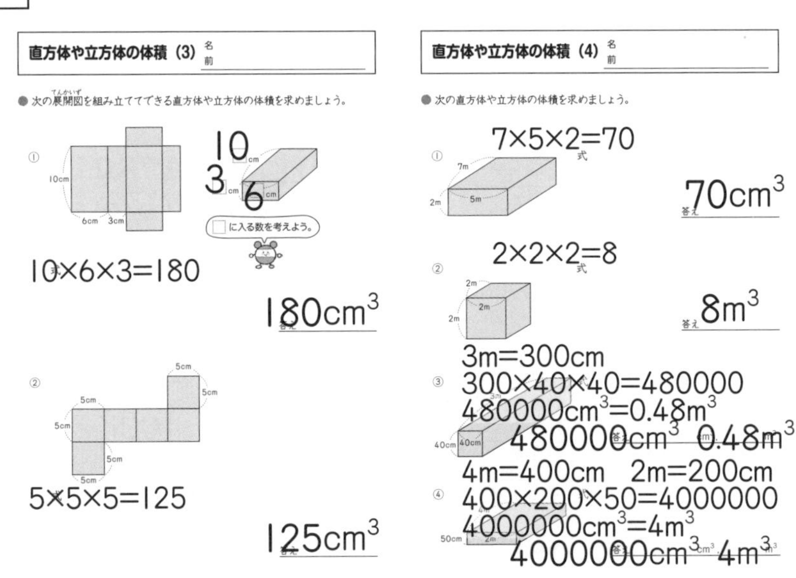

直方体や立方体の体積 (3) 名前

● 次の展開図を組み立ててできる直方体や立方体の体積を求めましょう。

① 10×6×3=180　　答え 180cm³

② 5×5×5=125　　答え 125cm³

直方体や立方体の体積 (4) 名前

● 次の直方体や立方体の体積を求めましょう。

① 7×5×2=70　　答え 70cm³

② 2×2×2=8　　答え 8m³

③ 3m=300cm
300×40×40=480000
480000cm³=0.48m³
答え 480000cm³　0.48m³

④ 4m=400cm　2m=200cm
400×200×50=4000000
4000000cm³=4m³
答え 4000000cm³　4m³

P.7

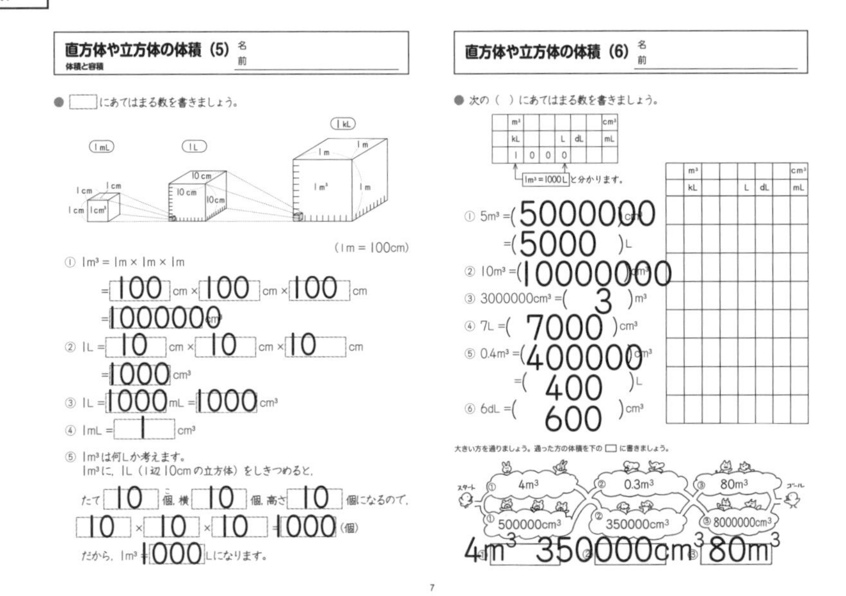

直方体や立方体の体積 (5) 体積と容積 名前

● □にあてはまる数を書きましょう。

① 1m³ = 1m × 1m × 1m
= 100 cm × 100 cm × 100 cm
= 1000000 cm³

② 1L = 10 cm × 10 cm × 10 cm
= 1000 cm³

③ 1L = 1000 mL = 1000 cm³

④ 1mL = 1 cm³

⑤ 1m³は何Lか考えます。
1m³に，1L（1辺10cmの立方体）をしきつめると，
たて 10 個，横 10 個，高さ 10 個になるので，
10 × 10 × 10 = 1000（個）
だから，1m³ = 1000 Lになります。

直方体や立方体の体積 (6) 名前

● 次の（ ）にあてはまる数を書きましょう。

① 5m³ =（5000000）cm³ =（5000）L

② 10m³ =（10000000）cm³

③ 3000000cm³ =（3）m³

④ 7L =（7000）cm³

⑤ 0.4m³ =（400000）cm³ =（400）L

⑥ 6dL =（600）cm³

大きい方を通りましょう。通った方の体積を下の□に書きましょう。

① 4m³　500000cm³　② 0.3m³　350000cm³　③ 80m³　8000000cm³

答え 4m³　350000cm³　80m³

P.8

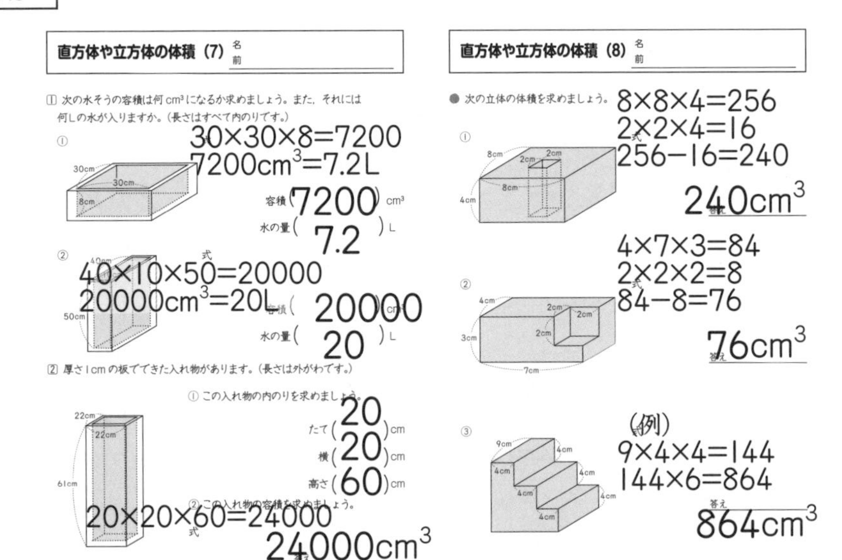

直方体や立方体の体積 (7) 名前

1 次の水そうの容積は何cm³になるか求めましょう。また，それには何Lの水が入りますか。（長さはすべて内のりです。）

① 30×30×8=7200
7200cm³=7.2L
容積（7200）cm³　水の量（7.2）L

② 40×10×50=20000
20000cm³=20L
容積（20000）cm³　水の量（20）L

2 厚さ1cmの板でできた入れ物があります。（長さは外がわです。）

① この入れ物の内のりを求めましょう。
たて（20）cm　横（20）cm　高さ（60）cm

② この入れ物の容積を求めましょう。
20×20×60=24000　　答え 24000cm³

直方体や立方体の体積 (8) 名前

● 次の立体の体積を求めましょう。

① 8×8×4=256
2×2×4=16
256−16=240　　答え 240cm³

② 4×7×3=84
2×2×2=8
84−8=76　　答え 76cm³

③ （例）
9×4×4=144
144×6=864　　答え 864cm³

P.9

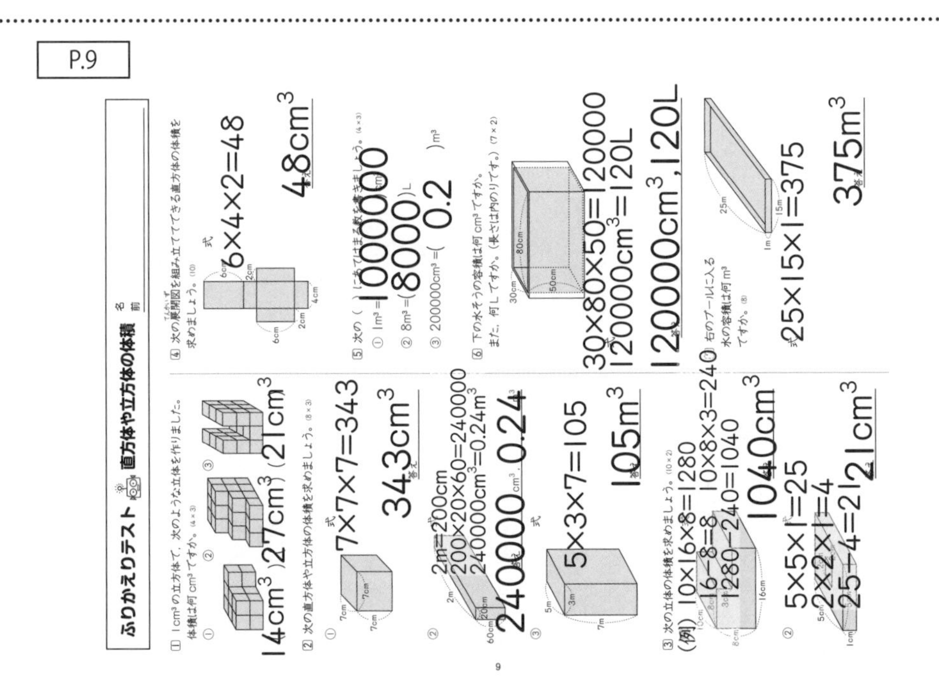

ふりかえりテスト　直方体や立方体の体積 名前

1 1cm³の立方体で，次のような立体を作りました。体積は何cm³ですか。
① 14cm³　② 27cm³　③ 21cm³

2 次の直方体や立方体の体積を求めましょう。
① 7×7×7=343　　答え 343cm³
② 2m=200cm
200×20×60=240000
240000cm³=0.24m³
答え 240000cm³　0.24m³
③ 5×3×7=105　　答え 105m³

3 次の立体の体積を求めましょう。
①（例）10×16×8=1280
16−8=8　10×8×3=240
1280−240=1040　　答え 1040cm³
② 5×5×1=25
2×2×1=4
25−4=21　　答え 21cm³

4 次の展開図を組み立ててできる直方体の体積を求めましょう。
6×4×2=48　　答え 48cm³

5 次の（ ）にあてはまる数を書きましょう。
① 1m³ =（1000000）cm³
② 8m³ =（8000）L
③ 200000cm³ =（0.2）m³

6 下の水そうの容積は何cm³ですか。また，何Lですか。（長さは内のりです。）
30×80×50=120000
120000cm³=120L
答え 120000cm³，120L

右のプールに入る水の容積は何m³ですか。
25×15×1=375　　答え 375m³

児童に実施させる前に，必ず指導される方が問題を解いてください。本書の解答は，あくまでも１つの例です。指導される方の作られた解答をもとに，本書の解答例を参考に児童の多様な考えに寄り添って○つけをお願いします。

解答

P.10

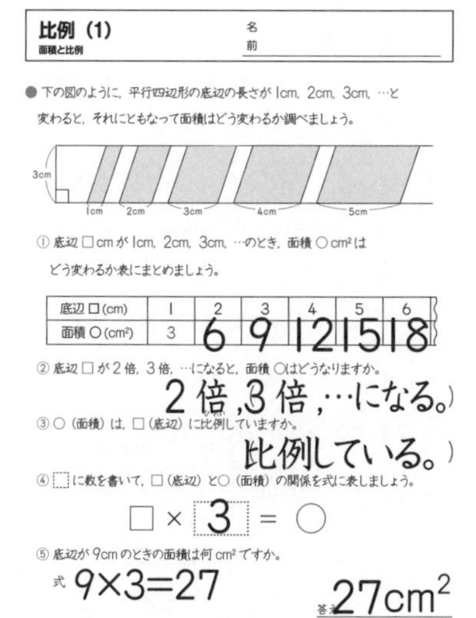

比例 (1)
面積と比例

名前

● 下の図のように，平行四辺形の底辺の長さが 1cm，2cm，3cm，…と変わると，それにともなって面積はどう変わるか調べましょう。

① 底辺 □cm が 1cm，2cm，3cm，…のとき，面積 ○cm² はどう変わるか表にまとめましょう。

底辺 □(cm)	1	2	3	4	5	6
面積 ○(cm²)	3	6	9	12	15	18

② 底辺 □ が 2 倍，3 倍，…になると，面積 ○はどうなりますか。

（2 倍，3 倍，…になる。）

③ ○（面積）は，□（底辺）に比例していますか。

（比例している。）

④ [ ] に数を書いて，□（底辺）と○（面積）の関係を式に表しましょう。

□ × 3 = ○

⑤ 底辺が 9cm のときの面積は何 cm² ですか。

式 9×3=27　　答え $27cm^2$

比例 (2)
体積と比例

名前

● 下の図のように，直方体の高さが 1cm，2cm，3cm，…と変わると，それにともなって体積はどう変わるか調べましょう。

①（　）の中にそれぞれの体積を書きましょう。

8cm³　（16）cm³　（24）cm³　（32）cm³　（40）cm³

② 高さ □cm が 1cm，2cm，3cm，…のとき，体積 ○cm³ はそれぞれ何 cm³ になるか表にまとめましょう。

高さ □(cm)	1	2	3	4	5	6
体積 ○(cm³)	8	16	24	32	40	48

③ □（高さ）が 1cm ずつ増えていくと，○（体積）はどうなりますか。

（$8cm^3$ ずつ増える。）

④ □（高さ）が 2 倍，3 倍，…になると，○（体積）はどうなりますか。

（2 倍，3 倍，…になる。）

⑤ [ ] に数を書いて，□（高さ）と○（体積）の関係を比例の式に表しましょう。

8 × □ = ○

⑥ 高さが 10cm のときの体積を求めましょう。

式 8×10=80　　答え $80cm^3$

10

P.11

比例 (3)
もののねだんと比例

名前

● 1m のねだんが 50 円のはり金があります。はり金を 1m，2m，3m，…買うと，それにともなって代金はどう変わりますか。

① 長さ□m が 1m，2m，3m，…になると，代金○円がそれぞれ何円になるか表にまとめましょう。

長さ □(m)	1	2	3	4	5	6
代金 ○(円)	50	100	150	200	250	300

② □（長さ）が 2 倍，3 倍，…になると，○（代金）はどうなりますか。

（2 倍，3 倍，…になる。）

③ ○（代金）は，□（長さ）に比例していますか。

（比例している。）

④ [ ] に数を書いて，□（長さ）と○（代金）の関係を式に表しましょう。

50 × □ = ○

⑤ 長さが 20m のときの代金を求めましょう。

式 50×20=1000　　答え 1000 円

⑥ 代金が 1200 円のときの長さは何 m ですか。

式 1200÷50=24　　答え 24m

比例 (4)
比例の関係

名前

1 1 まい 6 円の色紙を □ まい買うときの代金 ○ 円との関係を調べましょう。

① まい数 □ まいと代金 ○ 円の関係を表にまとめましょう。

まい数 □(まい)	1	2	3	4	5	6	7
代金 ○(円)	6	12	18	24	30	36	42

② ○（代金）は，□（まい数）に比例していますか。

（比例している。）

③ □（まい数）と ○（代金）の関係を式に表しましょう。

（6 × □ = ○）

2 水そうに 1 分間水を入れると，2cm の深さまで水がたまります。水を入れる時間 □分と深さ○ cm の関係を調べましょう。

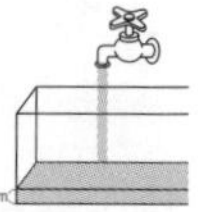

① 時間 □分と，深さ○ cm の関係を表にまとめましょう。

2cm

時間 □(分)	1	2	3	4	5	6
深さ ○(cm)	2	4	6	8	10	12

② □（時間）と○（深さ）の関係を式に表しましょう。

（2 × □ = ○）

③ 時間が 18 分のときの深さは何 cm ですか。

式 2×18=36　　答え 36cm

11

P.12

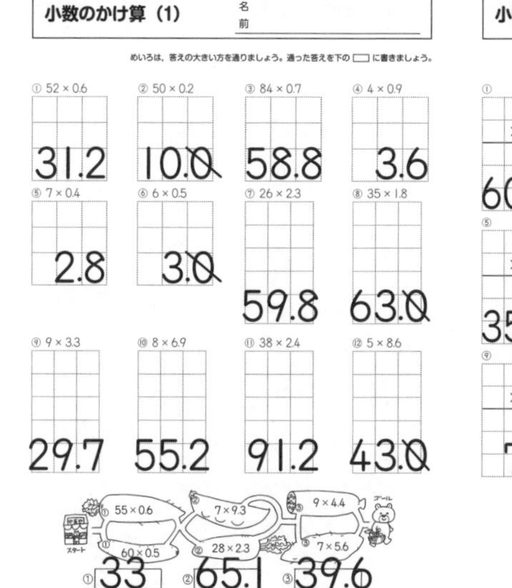

小数のかけ算 (1)

名前

めいろは，答えの大きい方を通りましょう。通った答えを下の [ ] に書きましょう。

① 52 × 0.6 = 31.2　② 50 × 0.2 = 10.0　③ 84 × 0.7 = 58.8　④ 4 × 0.9 = 3.6

⑤ 7 × 0.4 = 2.8　⑥ 6 × 0.5 = 3.0　⑦ 26 × 2.3 = 59.8　⑧ 35 × 1.8 = 63.0

⑨ 9 × 3.3 = 29.7　⑩ 8 × 6.9 = 55.2　⑪ 38 × 2.4 = 91.2　⑫ 5 × 8.6 = 43.0

① 33　② 65.1　③ 39.6

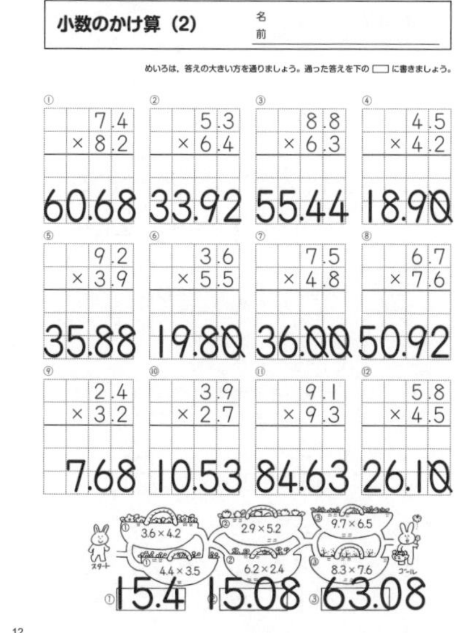

小数のかけ算 (2)

名前

めいろは，答えの大きい方を通りましょう。通った答えを下の [ ] に書きましょう。

① 7.4 × 8.2 = 60.68　② 5.3 × 6.4 = 33.92　③ 8.8 × 6.3 = 55.44　④ 4.5 × 4.2 = 18.90

⑤ 9.2 × 3.9 = 35.88　⑥ 3.6 × 5.5 = 19.80　⑦ 7.5 × 4.8 = 36.00　⑧ 6.7 × 7.6 = 50.92

⑨ 2.4 × 3.2 = 7.68　⑩ 3.9 × 2.7 = 10.53　⑪ 9.1 × 9.3 = 84.63　⑫ 5.8 × 4.5 = 26.10

① 15.4　② 15.08　③ 63.08

12

P.13

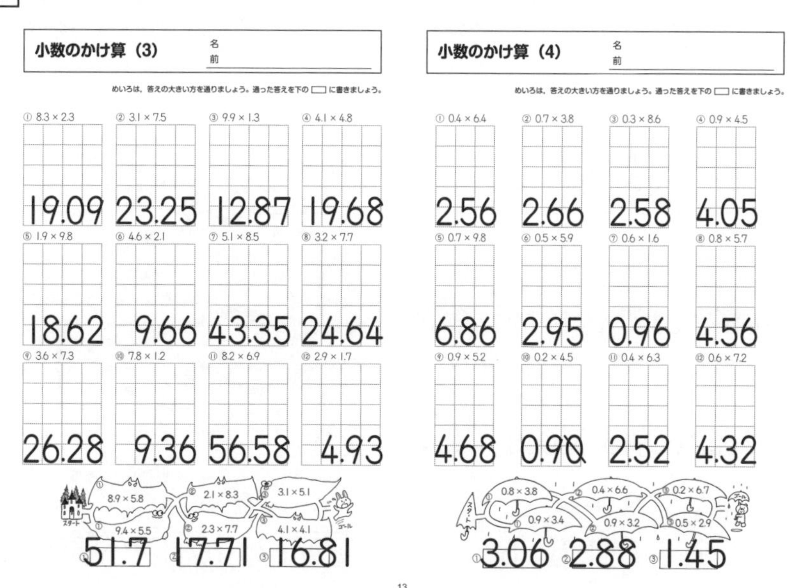

小数のかけ算 (3)

名前

めいろは，答えの大きい方を通りましょう。通った答えを下の [ ] に書きましょう。

① 8.3 × 2.3 = 19.09　② 3.1 × 7.5 = 23.25　③ 9.9 × 1.3 = 12.87　④ 4.1 × 4.8 = 19.68

⑤ 1.9 × 9.8 = 18.62　⑥ 4.6 × 2.1 = 9.66　⑦ 5.1 × 8.5 = 43.35　⑧ 3.2 × 7.7 = 24.64

⑨ 3.6 × 7.3 = 26.28　⑩ 7.8 × 1.2 = 9.36　⑪ 8.2 × 6.9 = 56.58　⑫ 2.9 × 1.7 = 4.93

① 51.7　② 17.71　③ 16.81

小数のかけ算 (4)

名前

めいろは，答えの大きい方を通りましょう。通った答えを下の [ ] に書きましょう。

① 0.4 × 6.4 = 2.56　② 0.7 × 3.8 = 2.66　③ 0.3 × 8.6 = 2.58　④ 0.9 × 4.5 = 4.05

⑤ 0.7 × 9.8 = 6.86　⑥ 0.5 × 5.9 = 2.95　⑦ 0.6 × 1.6 = 0.96　⑧ 0.8 × 5.7 = 4.56

⑨ 0.9 × 5.2 = 4.68　⑩ 0.2 × 4.5 = 0.90　⑪ 0.4 × 6.3 = 2.52　⑫ 0.6 × 7.2 = 4.32

① 3.06　② 2.88　③ 1.45

13

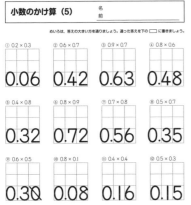

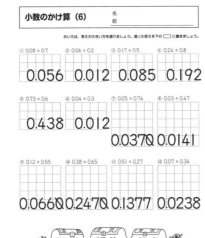

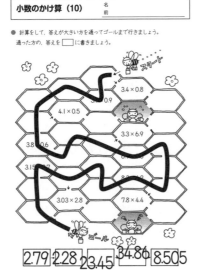

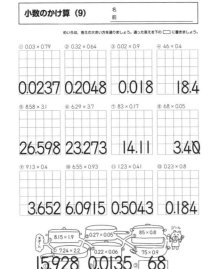

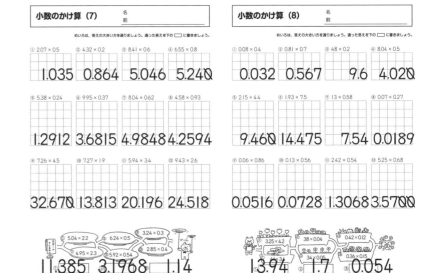

解答

児童に実施させる前に，必ず指導される方が問題を解いてください。本書の解答は，あくまでも１つの例です。指導される方の作られた解答をもとに，本書の解答例を参考に児童の多様な考えに寄り添って○つけをお願いします。

P.14

小数のかけ算（5）

名前

めいろは，答えの大きい方を通りましょう。通った答えを下の □ に書きましょう。

① 0.2 × 0.3　0.06
② 0.6 × 0.7　0.42
③ 0.9 × 0.7　0.63
④ 0.8 × 0.6　0.48
⑤ 0.4 × 0.8　0.32
⑥ 0.8 × 0.9　0.72
⑦ 0.7 × 0.8　0.56
⑧ 0.5 × 0.7　0.35
⑨ 0.6 × 0.5　0.30
⑩ 0.8 × 0.1　0.08
⑪ 0.4 × 0.4　0.16
⑫ 0.5 × 0.3　0.15

① 0.28　② 0.56　③ 0.36

小数のかけ算（6）

名前

めいろは，答えの大きい方を通りましょう。通った答えを下の □ に書きましょう。

① 0.08 × 0.7　0.056
② 0.06 × 0.2　0.012
③ 0.17 × 0.5　0.085
④ 0.24 × 0.8　0.192
⑤ 0.73 × 0.6　0.438
⑥ 0.04 × 0.3　0.012
⑦ 0.05 × 0.74　0.0370
⑧ 0.03 × 0.47　0.0141
⑨ 0.12 × 0.55　0.0660
⑩ 0.38 × 0.65　0.2470
⑪ 0.51 × 0.27　0.1377
⑫ 0.07 × 0.34　0.0238

① 0.0702　② 0.021　③ 0.104

P.15

小数のかけ算（7）

名前

めいろは，答えの大きい方を通りましょう。通った答えを下の □ に書きましょう。

① 2.07 × 0.5　1.035
② 4.32 × 0.2　0.864
③ 8.41 × 0.6　5.046
④ 6.55 × 0.8　5.240
⑤ 5.38 × 0.24　1.2912
⑥ 9.95 × 0.37　3.6815
⑦ 8.04 × 0.62　4.9848
⑧ 4.58 × 0.93　4.2594
⑨ 7.26 × 4.5　32.670
⑩ 7.27 × 1.9　13.813
⑪ 5.94 × 3.4　20.196
⑫ 9.43 × 2.6　24.518

① 11.385　② 3.1968　③ 1.14

小数のかけ算（8）

名前

めいろは，答えの大きい方を通りましょう。通った答えを下の □ に書きましょう。

① 0.08 × 0.4　0.032
② 0.81 × 0.7　0.567
③ 48 × 0.2　9.6
④ 8.04 × 0.5　4.020
⑤ 2.15 × 4.4　9.460
⑥ 1.93 × 7.5　14.475
⑦ 13 × 0.58　7.54
⑧ 0.07 × 0.27　0.0189
⑨ 0.06 × 0.86　0.0516
⑩ 0.13 × 0.56　0.0728
⑪ 2.42 × 0.54　1.3068
⑫ 5.25 × 0.68　3.5700

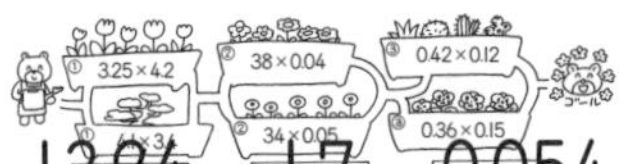

① 13.94　② 1.7　③ 0.054

P.16

小数のかけ算（9）

名前

めいろは，答えの大きい方を通りましょう。通った答えを下の □ に書きましょう。

① 0.03 × 0.79　0.0237
② 0.32 × 0.64　0.2048
③ 0.02 × 0.9　0.018
④ 46 × 0.4　18.4
⑤ 8.58 × 3.1　26.598
⑥ 6.29 × 3.7　23.273
⑦ 83 × 0.17　14.11
⑧ 68 × 0.05　3.40
⑨ 9.13 × 0.4　3.652
⑩ 6.55 × 0.93　6.0915
⑪ 1.23 × 0.41　0.5043
⑫ 0.23 × 0.8　0.184

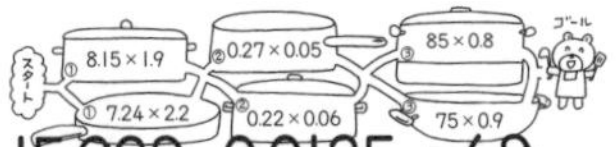

① 15.928　② 0.0135　③ 68

小数のかけ算（10）

名前

● 計算をして，答えが大きい方を通ってゴールまで行きましょう。
通った方の，答えを □ に書きましょう。

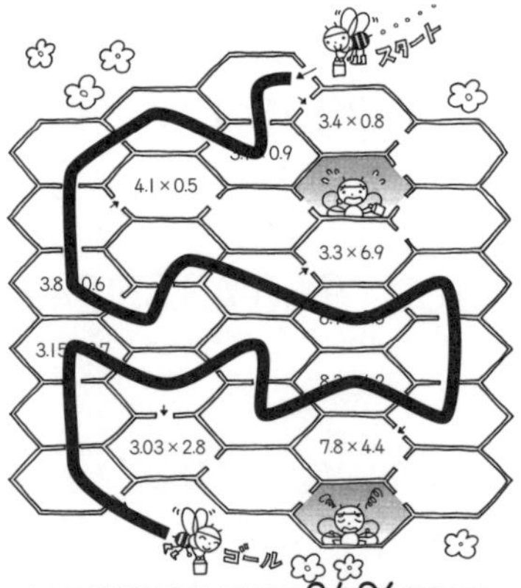

2.79 → 2.28 → 23.45 → 34.86 → 8.505

P.17

小数のかけ算（11）
積の大きさ / 計算のきまり

名前

① ゆうきさんたち４人は，1m が 160 円のテープを，それぞれ右の表の長さだけ買いました。□ に代金を書き入れましょう。また，代金が 160 円より少ない人は（ ）に○を入れましょう。

ゆうき	ななか	かずと	たかし
0.7m	2.3m	1m	1.4m

ゆうき：160 × 0.7 = 112（○）　ななか：160 × 2.3 = 368（ ）
かずと：160 × 1 = 160（ ）　たかし：160 × 1.4 = 224（ ）

② 積が 4 より小さくなるものは，（ ）に○を入れましょう。

① 4 × 2.01（ ）　② 4 × 0.99（○）
③ 4 × 0.7（○）　④ 4 × 1.2（ ）

③ 積が 1 より大きくなるものには○，1 に等しいものには△，1 より小さくなるものには×を，（ ）に入れましょう。

① 1.75 × 0.5（×）　② 1 × 1（△）
③ 0.9 × 0.4（×）　④ 3.8 × 0.7（○）

④ くふうして計算しましょう。

① 4 × 6.9 × 2.5　(4×2.5)×6.9=69
② 12.5 × 3.8 × 8　(12.5×8)×3.8=380

小数のかけ算（12）
面積・体積

名前

① たて 5.1m，横 8.5m の長方形の花だんがあります。この花だんの面積は，何 m^2 ですか。

式 5.1×8.5=43.35

答え $43.35m^2$

② 1 辺の長さが 5.8cm の正方形の紙の面積を求めましょう。

式 5.8×5.8=33.64

答え $33.64cm^2$

③ たて 3m，横 6.4m，高さ 2.5m の直方体の体積を求めましょう。

式 3×6.4×2.5=48

答え $48m^3$

④ 1 辺の長さが 2.4m の立方体の体積を求めましょう。

式 2.4×2.4×2.4=13.824

答え $13.824m^3$

児童に実施させる前に，必ず指導される方が問題を解いてください。本書の解答は，あくまでも１つの例です。指導される方の作られた解答をもとに，本書の解答例を参考に児童の多様な考えに寄り添って○つけをお願いします。

解答

P.18

小数のかけ算（13）

名前

① ある粉を水にとかしました。1dLの水に0.6gとけました。この粉は8.8dLの水に何gとけますか。

式 0.6×8.8=5.28　答え 5.28g

② 1mの重さが3.7kgの鉄のぼうがあります。このぼう5.9mの重さは，何kgですか。

式 3.7×5.9=21.83　答え 21.83kg

③ 1cm²の重さが0.3gの紙があります。この紙9.4cm²の重さは何gですか。

式 0.3×9.4=2.82　答え 2.82g

④ 花だん5.4m²に1Lの水をやりました。同じようにに水やりをすると，7.8Lの水で何m²の花だんに水やりができますか。

式 5.4×7.8=42.12　答え 42.12m²

小数のかけ算（14）

名前

① 1Lの重さが0.9kgの油があります。この油2.5Lの重さは何kgになりますか。

式 0.9×2.5=2.25　答え 2.25kg

② 1km走るのにガソリンを0.48dL使います。9.5km走るには，何dLのガソリンがいりますか。

式 0.48×9.5=4.56　答え 4.56dL

③ 1Lのペンキで，7.2m²のかべがぬれました。同じようにぬると，3.6Lのペンキで，何m²のかべがぬれますか。

式 7.2×3.6=25.92　答え 25.92m²

④ 1mの重さが0.3kgのはり金4.7mと，1mの重さが0.4kgの銅線6.2mをあわせると，重さは全部で何kgになりますか。

式 0.3×4.7=1.41　0.4×6.2=2.48　1.41+2.48=3.89　答え 3.89kg

18

P.19

ふりかえりテスト 小数のかけ算

名前

① 計算をしましょう。(2×5)

① 8.5×0.7=5.95　② 6.9×0.08=0.552　③ 0.91×0.76=0.6916　④ 8.62×5.6=48.272　⑤ 2.37×0.45=1.0665

② 計算をしましょう。(4×10)

① 0.9×0.6=0.54　② 7.4×0.8=5.92　③ 0.04×0.5=0.020　④ 0.48×0.09=0.0432　⑤ 0.87×0.3=0.261　⑥ 6.15×0.9=5.535　⑦ 7.4×4.5=33.30　⑧ 3.7×0.46=1.702　⑨ 0.56×0.43=0.2408　⑩ 6.47×0.63=4.0761

③ たて0.5m，横0.8m，高さ1.8mの直方体の体積を求めましょう。(10)

式 0.5×0.8×1.8=0.72　答え 0.72m³

④ 1辺が2.8cmの立方体の体積を求めましょう。(10)

式 2.8×2.8×2.8=21.952　答え 21.952cm³

⑤ たて2.15m，横1.4mのまどガラスの面積は何m²ですか。(10)

式 2.15×1.4=3.01　答え 3.01m²

⑥ 1mの重さが4.5kgの鉄のぼうがあります。このぼう0.7mの重さは何kgですか。(10)

式 4.5×0.7=3.15　答え 3.15kg

⑦ 1dLで0.25m²のかべをぬれるペンキがあります。このペンキ16.3dLでは，何m²のかべがぬれますか。(10)

式 0.25×16.3=4.075　答え 4.075m²

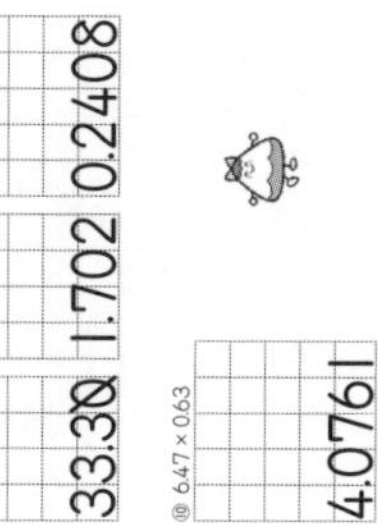

19

P.20

小数のわり算（1）

名前

わり算をしましょう。

① 0.6)5.1　85　② 1.5)9.0　60　③ 0.2)5　25　④ 0.8)1.2　15

⑤ 0.5)2.6　52　⑥ 0.2)8　40　⑦ 4.2)6.3　15　⑧ 2.5)1　0.4

⑨ 0.4)50　125　⑩ 0.3)78　260　⑪ 0.8)54　67.5　⑫ 0.4)9　22.5

8÷0.4　87÷0.6　12÷0.8　7÷0.4　39÷0.3　13÷0.5

① 20　② 145　③ 26

小数のわり算（2）

名前

めいろは，答えの大きい方を通りましょう。通った答えを下の□に書きましょう。

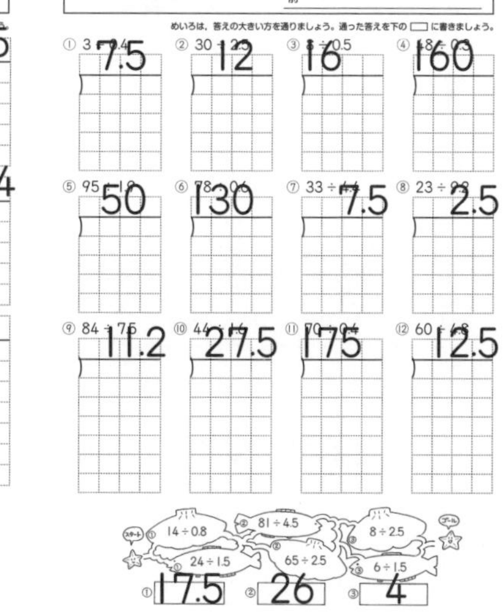

① 3÷0.4　7.5　② 30÷2.5　12　③ 8÷0.5　16　④ 48÷0.3　160

⑤ 95÷1.9　50　⑥ 78÷0.6　130　⑦ 33÷4.4　7.5　⑧ 23÷9.2　2.5

⑨ 84÷7.5　11.2　⑩ 44÷1.6　27.5　⑪ 70÷0.4　175　⑫ 60÷4.8　12.5

14÷0.8　81÷4.5　8÷2.5　24÷1.5　65÷2.5　6÷1.5

① 17.5　② 26　③ 4

20

P.21

小数のわり算（3）

名前

めいろは，答えの大きい方を通りましょう。通った答えを下の□に書きましょう。

① 3.9)5.85　1.5　② 3.4)8.84　2.6　③ 4.5)7.2　1.6　④ 3.5)2.1　0.6

⑤ 8.3)49.8　6　⑥ 2.8)3.92　1.4　⑦ 1.2)8.64　7.2　⑧ 1.3)55.9　43

⑨ 1.8)6.48　3.6　⑩ 1.7)9.69　5.7　⑪ 9.5)7.6　0.8　⑫ 2.5)8.5　3.4

9.6÷1.2　7.8÷6.5　61.2÷1.7　9.1÷1.3　4.55÷3.5　62.9÷1.7

① 8　② 1.3　③ 37

小数のわり算（4）

名前

めいろは，答えの大きい方を通りましょう。通った答えを下の□に書きましょう。

① 87.5÷3.5　25　② 83.2÷1.6　52　③ 78.3÷2.9　27　④ 61.2÷1.7　36

⑤ 2.6÷5.2　0.5　⑥ 6.8÷8.5　0.8　⑦ 8.7÷2.9　3　⑧ 6.3÷1.4　4.5

⑨ 9.36÷1.8　5.2　⑩ 8.16÷1.7　4.8　⑪ 4.37÷2.3　1.9　⑫ 9.68÷4.4　2.2

2.6÷5.2　9.8÷2.8　74.4÷3.1　1.5÷2.5　9.88÷2.6　52.5÷2.1

① 0.6　② 3.8　③ 25

21

解答

児童に実施させる前に，必ず指導される方が問題を解いてください。本書の解答は，あくまでも１つの例です。指導される方の作られた解答をもとに，本書の解答例を参考に児童の多様な考えに寄り添って○つけをお願いします。

P.22

小数のわり算（5） 名前

① 0.25)0.35　1.4
② 0.37)88.8　240
③ 0.13)40.3　310
④ 0.2)55.8　279
⑤ 0.5)7.5　15
⑥ 0.4)3.4　8.5
⑦ 0.7)67.2　96
⑧ 0.3)0.63　2.1
⑨ 0.2)0.6　3
⑩ 0.13)6.24　48
⑪ 0.19)9.31　49
⑫ 0.04)0.56　14

小数のわり算（6） 名前

めいろは，答えの大きい方を通りましょう。通った答えを下の □ に書きましょう。

① 0.08 ÷ 0.25　0.32
② 3.06 ÷ 0.85　3.6
③ 0.6 ÷ 0.5　1.2
④ 0.36 ÷ 0.45　0.8
⑤ 79.2 ÷ 0.9　88
⑥ 43.2 ÷ 0.3　144
⑦ 4.2 ÷ 0.3　14
⑧ 8.5 ÷ 0.5　17

スタート　8.4 ÷ 0.6　9.6 ÷ 0.3　0.26 ÷ 0.65　6.5 ÷ 0.5　6.5 ÷ 0.2　0.08 ÷ 0.25　ゴール

① 14　② 32.5　③ 0.4

22

P.23

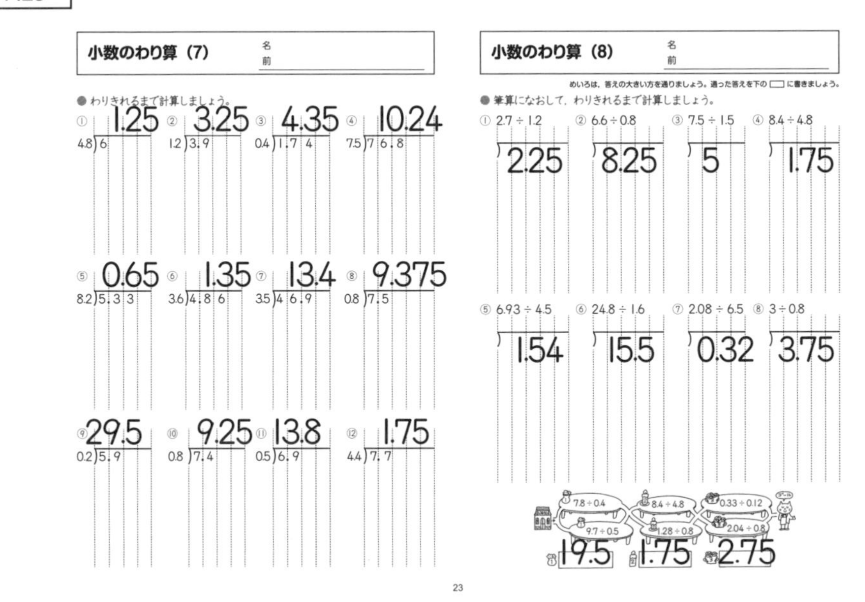
小数のわり算（7） 名前

● わりきれるまで計算しましょう。

① 4.8)6　1.25
② 1.2)3.9　3.25
③ 0.4)1.74　4.35
④ 7.5)76.8　10.24
⑤ 8.2)5.33　0.65
⑥ 3.6)4.86　1.35
⑦ 3.5)46.9　13.4
⑧ 0.8)7.5　9.375
⑨ 0.2)5.9　29.5
⑩ 0.8)7.4　9.25
⑪ 0.5)6.9　13.8
⑫ 4.4)7.7　1.75

小数のわり算（8） 名前

めいろは，答えの大きい方を通りましょう。通った答えを下の □ に書きましょう。

● 筆算になおして，わりきれるまで計算しましょう。

① 2.7 ÷ 1.2　2.25
② 6.6 ÷ 0.8　8.25
③ 7.5 ÷ 1.5　5
④ 8.4 ÷ 4.8　1.75
⑤ 6.93 ÷ 4.5　1.54
⑥ 24.8 ÷ 1.6　15.5
⑦ 2.08 ÷ 6.5　0.32
⑧ 3 ÷ 0.8　3.75

7.8 ÷ 0.4　9.7 ÷ 0.5　8.4 ÷ 4.8　1.28 ÷ 0.8　0.33 ÷ 0.12　2.04 ÷ 0.8

19.5　1.75　2.75

23

P.24

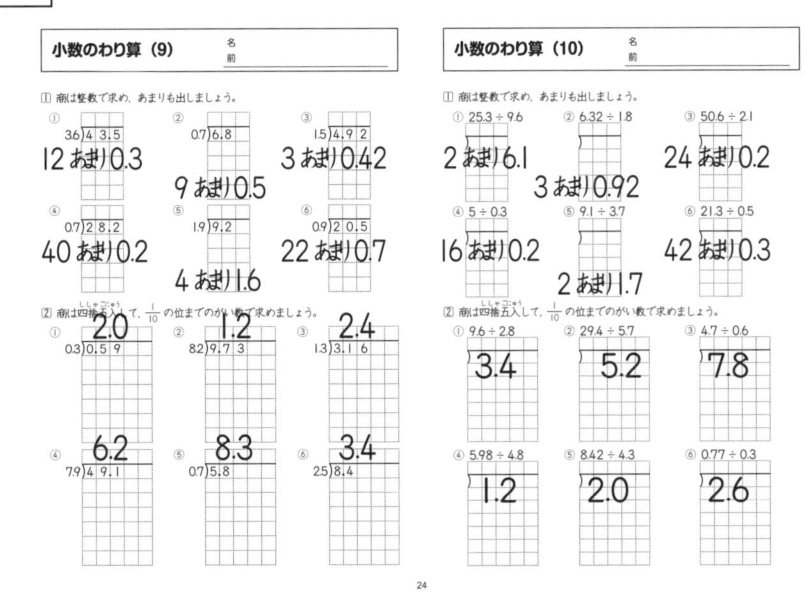
小数のわり算（9） 名前

1 商は整数で求め，あまりも出しましょう。

① 3.6)43.5　12 あまり 0.3
② 0.7)6.8　9 あまり 0.5
③ 1.5)4.92　3 あまり 0.42
④ 0.7)28.2　40 あまり 0.2
⑤ 1.9)9.2　4 あまり 1.6
⑥ 0.9)20.5　22 あまり 0.7

2 商は四捨五入して，$\frac{1}{10}$ の位までのがい数で求めましょう。

① 0.3)0.59　2.0
② 8.2)9.73　1.2
③ 1.3)3.16　2.4
④ 7.9)49.1　6.2
⑤ 0.7)5.8　8.3
⑥ 2.5)8.4　3.4

小数のわり算（10） 名前

1 商は整数で求め，あまりも出しましょう。

① 25.3 ÷ 9.6　2 あまり 6.1
② 6.32 ÷ 1.8　3 あまり 0.92
③ 50.6 ÷ 2.1　24 あまり 0.2
④ 5 ÷ 0.3　16 あまり 0.2
⑤ 9.1 ÷ 3.7　2 あまり 1.7
⑥ 21.3 ÷ 0.5　42 あまり 0.3

2 商は四捨五入して，$\frac{1}{10}$ の位までのがい数で求めましょう。

① 9.6 ÷ 2.8　3.4
② 29.4 ÷ 5.7　5.2
③ 4.7 ÷ 0.6　7.8
④ 5.98 ÷ 4.8　1.2
⑤ 8.42 ÷ 4.3　2.0
⑥ 0.77 ÷ 0.3　2.6

24

P.25

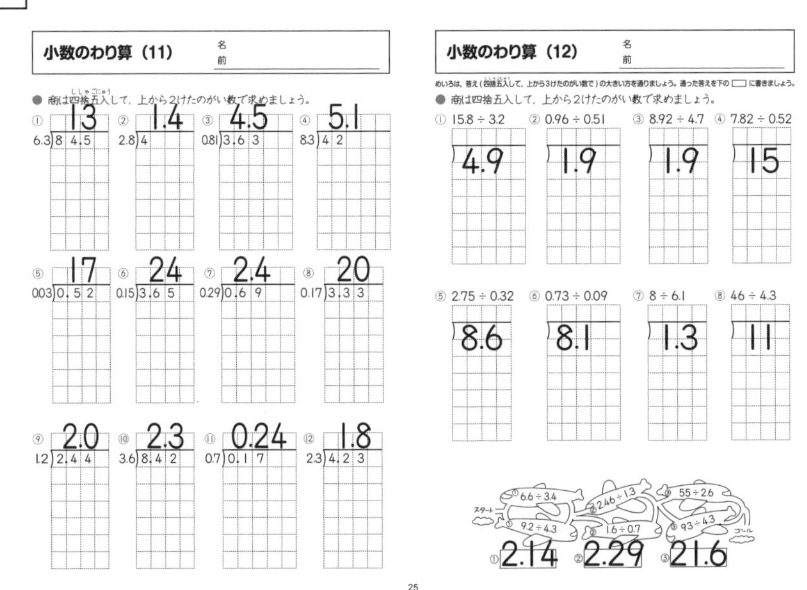
小数のわり算（11） 名前

● 商は四捨五入して，上から2けたのがい数で求めましょう。

① 6.3)8.45　1.3
② 2.8)4　1.4
③ 0.81)3.63　4.5
④ 8.3)42　5.1
⑤ 0.03)0.52　17
⑥ 0.15)3.65　24
⑦ 0.29)0.69　2.4
⑧ 0.17)3.33　20
⑨ 1.2)2.44　2.0
⑩ 3.6)8.42　2.3
⑪ 0.7)0.17　0.24
⑫ 2.3)4.23　1.8

小数のわり算（12） 名前

めいろは，答え（四捨五入して，上から3けたのがい数で）の大きい方を通りましょう。通った答えを下の □ に書きましょう。

● 商は四捨五入して，上から2けたのがい数で求めましょう。

① 15.8 ÷ 3.2　4.9
② 0.96 ÷ 0.51　1.9
③ 8.92 ÷ 4.7　1.9
④ 7.82 ÷ 0.52　15
⑤ 2.75 ÷ 0.32　8.6
⑥ 0.73 ÷ 0.09　8.1
⑦ 8 ÷ 6.1　1.3
⑧ 46 ÷ 4.3　11

スタート　6.6 ÷ 3.4　9.2 ÷ 4.3　2.46 ÷ 1.3　1.6 ÷ 0.7　5.5 ÷ 2.6　9.3 ÷ 4.3　ゴール

① 2.14　② 2.29　③ 21.6

25

児童に実施させる前に，必ず指導される方が問題を解いてください。本書の解答は，あくまでも１つの例です。指導される方の作られた解答をもとに，本書の解答例を参考に児童の多様な考えに寄り添って○つけをお願いします。

解答

P.26

小数のわり算（13）

名前

① わりきれるまで計算しましょう。

① $8.28 \div 4.8$ → 1.725
② $1.9 \div 0.4$ → 4.75
③ $6.74 \div 0.25$ → 26.96
④ $1.47 \div 0.12$ → 12.25

② 商は整数で求め，あまりも出しましょう。

① $7.5 \div 0.12$ → 62 あまり 0.06
② $8.2 \div 0.5$ → 16 あまり 0.2
③ $4.6 \div 0.9$ → 5 あまり 0.1
④ $3.48 \div 1.7$ → 2 あまり 0.08

③ 商は四捨五入して，$\frac{1}{10}$ の位までのがい数で求めましょう。

① $0.71 \div 0.3$ → 2.4
② $8.1 \div 4.7$ → 1.7
③ $5.06 \div 2.1$ → 2.4
④ $3.34 \div 0.56$ → 6.0

小数のわり算（14）

名前

① 筆算になおして，わりきれるまで計算しましょう。

① $87 \div 0.4$ → 217.5
② $3.06 \div 3.6$ → 0.85
③ $2.21 \div 0.68$ → 3.25
④ $7.42 \div 0.35$ → 21.2

② 商は整数で求め，あまりも出しましょう。

① $8.5 \div 0.6$ → 14 あまり 0.1
② $6.8 \div 0.7$ → 9 あまり 0.5
③ $79.4 \div 5.2$ → 15 あまり 1.4
④ $26.3 \div 1.7$ → 15 あまり 0.8

③ 商は四捨五入して，$\frac{1}{10}$ の位までのがい数で求めましょう。

① $6.58 \div 2.1$ → 3.1
② $0.46 \div 0.4$ → 1.2
③ $4.56 \div 2.3$ → 2.0
④ $4.5 \div 1.6$ → 2.8

26

P.27

小数のわり算（15）

名前

① 7.6L のジュースを 0.3L ずつコップに入れます。ジュースが 0.3L 入ったコップが何個できて，ジュースは何 L あまりますか。

式 $7.6 \div 0.3 = 25$ あまり 0.1
答え 25 個，あまり 0.1L

② 面積が 68.4cm² の長方形の紙があります。横の長さは 9cm です。たての長さは何 cm ですか。

式 $68.4 \div 9 = 7.6$
答え 7.6cm

③ 1.4m の重さが 0.7kg のはり金があります。このはり金 1m の重さは何 kg ですか。

式 $0.7 \div 1.4 = 0.5$
答え 0.5kg

④ 面積が 9m² になるように長方形の花だんをつくります。横の長さは 2.7m です。たての長さは約何 m にすればよいですか。四捨五入して上から２けたのがい数で求めましょう。

式 $9 \div 2.7 = 3.3\cancel{3}\cdots$
答え 約 3.3m

小数のわり算（16）

名前

① 15.3m のゴムひもを 0.5m ずつ切って，ゴム輪をつくります。ゴム輪は何個できて，ゴムひもは何 m あまりますか。

式 $15.3 \div 0.5 = 30$ あまり 0.3
答え 30 個，あまり 0.3m

② 長さ 5.4m の鉄のぼうの重さをはかったら，14.8kg でした。このぼう 1m の重さは約何 kg ですか。四捨五入して，上から２けたのがい数で求めましょう。

式 $14.8 \div 5.4 = 2.7\cancel{4}\cdots$
答え 約 2.7kg

③ 1L のガソリンで 6.8km 走る車があります。この車で 57.8km 走るには，何 L のガソリンがいりますか。

式 $57.8 \div 6.8 = 8.5$
答え 8.5L

④ ある飛行場の面積は 3.9km² で，長方形をしています。飛行場のたての長さは 2.6km です。横の長さは何 km ですか。

式 $3.9 \div 2.6 = 1.5$
答え 1.5km

27

P.28

小数のわり算（17）

名前

● 次の計算をして，答えの大きい方へ進み，ゴールまで行きましょう。
通った方の，答えを □ に書きましょう。

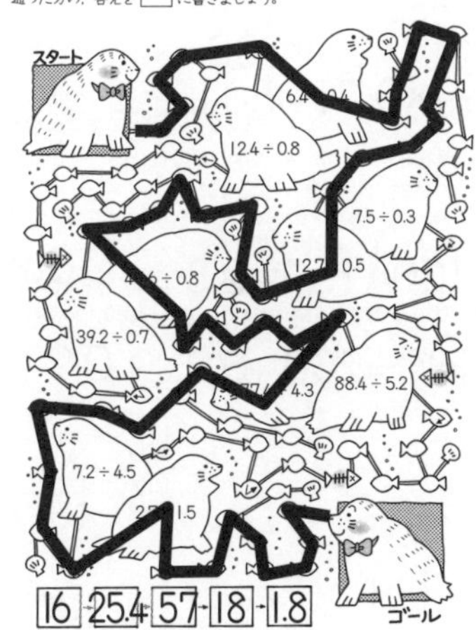

小数のわり算（18）

名前

● 次の計算をして，答えの大きい方へ進み，ゴールまで行きましょう。
通った方の，答えを □ に書きましょう。

28

P.29

ふりかえりテスト 小数のわり算

名前

① 計算をしましょう。(6×5)

① $3.36 \div 2.8$ → 1.2
② $9 \div 7.5$ → 1.2
③ $9.62 \div 0.37$ → 26
④ $0.77 \div 0.35$ → 2.2
⑤ $0.3 \div 0.75$ → 0.4

② 商は整数で求め，あまりも出しましょう。(5×2)

① $4.58 \div 0.32$ → 14 あまり 0.1
② $69.6 \div 0.75$ → 92 あまり 0.6

③ 商は小数第二位を四捨五入して，小数第一位までのがい数で求めましょう。(5×2)

① $39.4 \div 6.5$ → 6.1
② $2.09 \div 1.8$ → 1.2

④ 1L の重さが 1.5kg のジュースがあります。このジュース 13.8kg は何 L ありますか。(10)

式 $13.8 \div 1.5 = 9.2$
答え 9.2L

⑤ 10.92L の水を 2.8m² の花だんにまきました。1m² あたり何 L の水をまいたことになりますか。(10)

式 $10.92 \div 2.8 = 3.9$
答え 3.9L

⑥ たての長さが 6.6m で，面積が 82.5m² の長方形の土地があります。横の長さは何 m ですか。(10)

式 $82.5 \div 6.6 = 12.5$
答え 12.5m

⑦ 6.6L のジュースを 0.4L ずつコップに分けます。0.4L 入りのコップは何個できて，ジュースは何 L あまりますか。(10)

式 $6.6 \div 0.4 = 16$ あまり 0.2
答え 16 個，あまり 0.2L

⑧ 1.6m の重さが 13g のはり金があります。このはり金 1m の重さは約何 g ですか。商は小数第二位を四捨五入して，小数第一位までのがい数で求めましょう。(10)

式 $13 \div 1.6 = 8.1\cancel{2}\cdots$
答え 約 8.1g

29

解答

児童に実施させる前に，必ず指導される方が問題を解いてください。本書の解答は，あくまでも１つの例です。指導される方の作られた解答をもとに，本書の解答例を参考に児童の多様な考えに寄り添って○つけをお願いします。

P.30

小数のかけ算・わり算 (1)

名前

① 1辺が 8.6cm の正方形の面積を求めましょう。

式 8.6×8.6=73.96

答え $73.96cm^2$

② 0.6m の重さが 2.7g のはり金があります。このはり金 1m の重さは何 g ですか。

式 2.7÷0.6=4.5

答え 4.5g

③ $1cm^2$ の重さが 0.3g の紙があります。この紙 $9.4cm^2$ の重さは何 g ですか。

式 0.3×9.4=2.82

答え 2.82g

④ $1m^2$ のかべをぬるのに 3.8dL のペンキを使います。このペンキ 20.9dL では，何 m^2 のかべがぬれますか。

式 20.9÷3.8=5.5

答え $5.5m^2$

小数のかけ算・わり算 (2)

名前

① 1L の食用油の重さをはかると 0.9kg ありました。この油 0.8L の重さは何 kg ですか。

式 0.9×0.8=0.72

答え 0.72kg

② 面積 $4.96m^2$ の長方形の花だんがあります。この花だんの横の長さは 3.2m です。たての長さは何 m ですか。

式 4.96÷3.2=1.55

答え 1.55m

③ 1.8m の重さが 6.21kg の木のぼうがあります。このぼう 1m の重さは何 kg ですか。

式 6.21÷1.8=3.45

答え 3.45kg

④ 62.4m のリボンを 2.4m ずつに切って分けます。何本に分けることができますか。

式 62.4÷2.4=26

答え 26 本

P.31

小数のかけ算・わり算 (3)

名前

● 次の計算をして，答えの大きい方へ進み，ゴールまで行きましょう。通った方の，答えを □ に書きましょう。

小数のかけ算・わり算 (4)

名前

● 次の計算をして，答えの大きい方へ進み，ゴールまで行きましょう。通った方の，答えを □ に書きましょう。

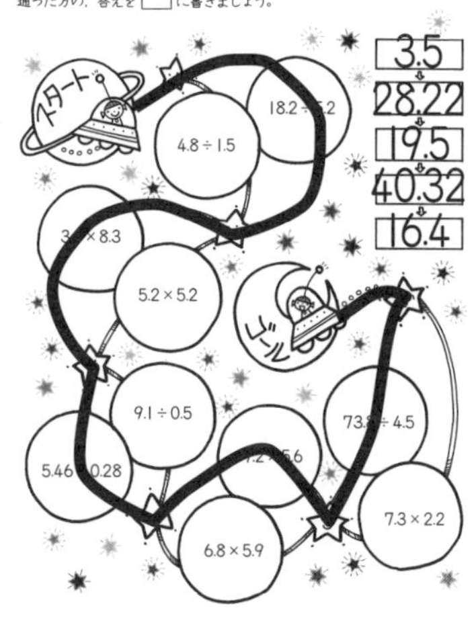

P.32

小数倍 (1)

名前

※もとにする量に，線をひいてから，式と答えを書きましょう。

① 右の表のような長さの 3 本のえん筆があります。

えん筆の長さ

	長さ(cm)
A	5
B	4
C	10

① Bのえん筆の長さは，Aのえん筆の長さの何倍ですか。

式 4÷5=0.8

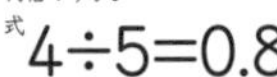

答え 0.8 倍

② Aのえん筆の長さは，Bのえん筆の長さの何倍ですか。

式 5÷4=1.25

答え 1.25 倍

③ Cのえん筆の長さは，Aのえん筆の長さの何倍ですか。

式 10÷5=2

答え 2 倍

④ Bのえん筆の長さは，Cのえん筆の長さの何倍ですか。

式 4÷10=0.4

答え 0.4 倍

② こうきさんの身長は 140cm で，お父さんの身長は 182cm です。お父さんの身長は，こうきさんの身長の何倍ですか。

式 182÷140=1.3

答え 1.3 倍

小数倍 (2)

名前

※もとにする量に，線をひいてから，式と答えを書きましょう。

① 山本さんの畑の面積は $210m^2$ です。中田さんの畑の面積は，山本さんの畑の面積の 0.9 倍です。中田さんの畑の面積は何 m^2 ですか。

式 210×0.9=189

答え $189m^2$

② A小学校の 5 年生は全部で 120 人です。6 年生は 5 年生の 1.1 倍の人数です。6 年生の人数は何人ですか。

式 120×1.1=132

答え 132 人

③ プリン 1 個のねだんは 150 円です。いちごケーキ 1 個のねだんは，プリン 1 個のねだんの 2.2 倍です。いちごケーキは 1 個何円ですか。

式 150×2.2=330

答え 330 円

④ ひろしさんの体重は 35kg です。弟の体重は，ひろしさんの体重の 0.6 倍です。弟の体重は何 kg ですか。

式 35×0.6=21

答え 21kg

P.33

小数倍 (3)

名前

※もとにする量に，線をひいてから，式と答えを書きましょう。

① みさきさんの家には，ねこがいます。今の体重は 4.2kg で，半年前の体重の 1.5 倍です。半年前のねこの体重は何 kg でしたか。

式 4.2÷1.5=2.8

答え 2.8kg

② 長方形の形をした紙があります。横の長さは 33.6cm で，たての長さの 3.2 倍です。たての長さは何 cm ですか。

式 33.6÷3.2=10.5

答え 10.5cm

③ あかねさんは，おこづかいを 630 円持っています。あかねさんのおこづかいは，お姉さんのおこづかいの 0.7 倍です。お姉さんのおこづかいは何円ですか。

式 630÷0.7=900

答え 900 円

④ さとしさんの家から駅までの道のりは 1.6km です。さとしさんの家から駅までの道のりは，学校から駅までの道のりの 0.8 倍です。学校から駅までの道のりは何 km ですか。

式 1.6÷0.8=2

答え 2km

小数倍 (4)

名前

※もとにする量に，線をひいてから，式と答えを書きましょう。

① 赤，白，青の 3 本のリボンがあります。赤のリボンは 80cm です。白のリボンは，赤のリボンの 1.35 倍，青のリボンは赤のリボンの 0.75 倍の長さです。白と青のリボンはそれぞれ何 cm ですか。

式 80×1.35=108
80×0.75=60

答え 白 108cm 青 60cm

② あるお店で，150 円のクリームパンを 120 円，200 円のメロンパンを 180 円で安売りをしています。

① クリームパンのねびき後のねだんは，もとのねだんの何倍になっていますか。

式 120÷150=0.8

答え 0.8 倍

② メロンパンのねびき後のねだんは，もとのねだんの何倍になっていますか。

式 180÷200=0.9

答え 0.9 倍

③ もとのねだんとねびき後のねだんを比べて，より安くなったのは，クリームパンとメロンパンのどちらですか。

答え クリームパン

③ Aのビルの高さは 9m で，Bのビルの高さの 1.5 倍です。Bのビルの高さは何 m ですか。

式 9÷1.5=6

答え 6m

P.34

合同な図形 (1) 名前

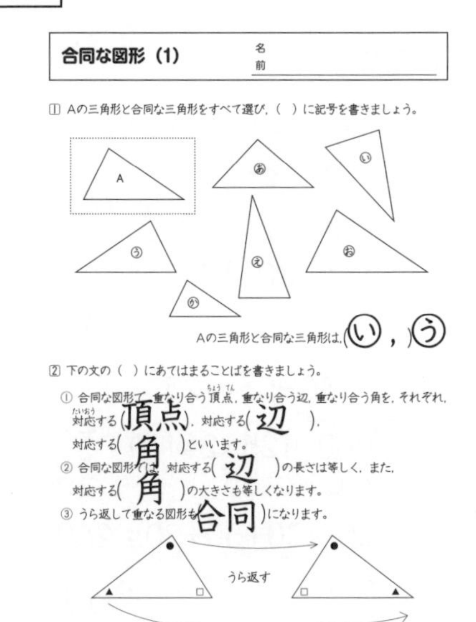

1 Aの三角形と合同な三角形をすべて選び，( )に記号を書きましょう。

Aの三角形と合同な三角形は，(い)，(う)

2 下の文の( )にあてはまることばを書きましょう。

① 合同な図形で，重なり合う頂点，重なり合う辺，重なり合う角を，それぞれ，対応する(頂点)，対応する(辺)，対応する(角)といいます。

② 合同な図形では，対応する(辺)の長さは等しく，また，対応する(角)の大きさも等しくなります。

③ うら返して重なる図形も(合同)になります。

うら返す

合同な図形 (2) 名前

● 次の3つの三角形㋐，㋕，㋚は，どれも合同です。3つをぴったり重ねたとき，それぞれ対応するものを下の表に書きましょう。

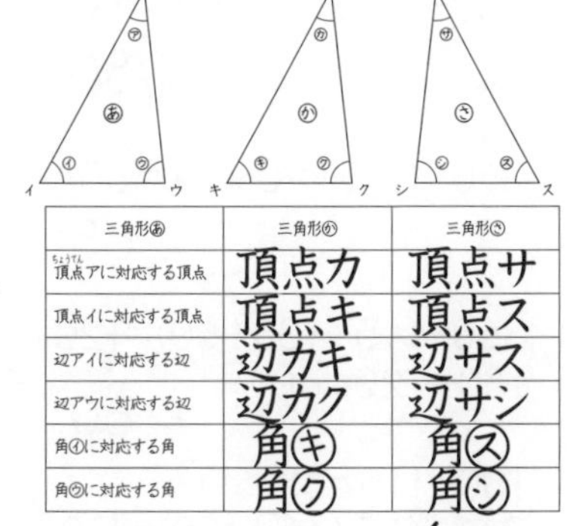

三角形㋐	三角形㋕	三角形㋚
頂点アに対応する頂点	頂点カ	頂点サ
頂点イに対応する頂点	頂点キ	頂点ス
辺アイに対応する辺	辺カキ	辺サス
辺アウに対応する辺	辺カク	辺サシ
角㋑に対応する角	角㋖	角㋜
角㋒に対応する角	角㋗	角㋛

① 辺アウが6cmのとき，辺サシは何cmですか。 6cm

② 角㋐が60°のとき，角㋚は何度ですか。 (60°)

34

P.35

合同な図形 (3) 名前

● 下の3つの四角形A，B，Cは合同です。対応する頂点，辺，角はどこになるか，下の表に書きましょう。

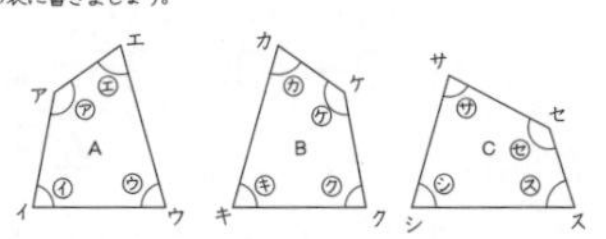

四角形A	四角形B	四角形C
頂点アに対応する頂点	頂点ケ	頂点セ
頂点エに対応する頂点	頂点カ	頂点ス
辺アイに対応する辺	辺ケク	辺セサ
辺ウエに対応する辺	辺キカ	辺シス
角㋐に対応する角	角㋗	角㋚
角㋒に対応する角	角㋖	角㋛

① 辺アイが4cmのとき，辺セサは何cmですか。 4cm

② 角㋐が80°のとき，角㋚は何度ですか。 80°)

合同な図形 (4) 名前

1 下の長方形，平行四辺形，台形を，それぞれ1本の対角線で2つの三角形に分けましょう。分け方は2通りずつあります。

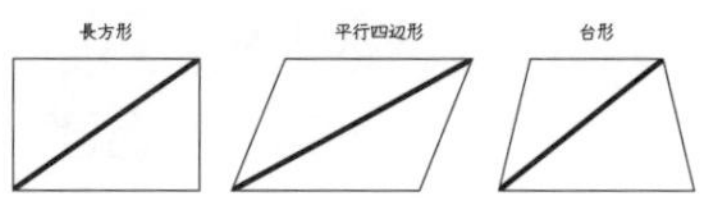

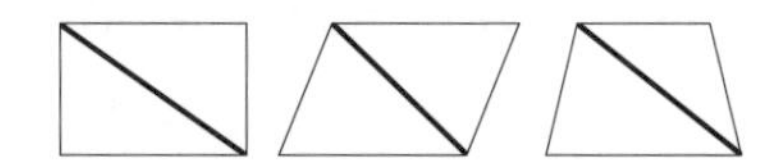

2 1で分けてできた2つの三角形は合同ですか。どちらかに○をつけましょう。

① 長方形 (合同 ・ 合同でない)

② 平行四辺形 (合同 ・ 合同でない)

③ 台形 (合同 ・ 合同でない)

35

P.36

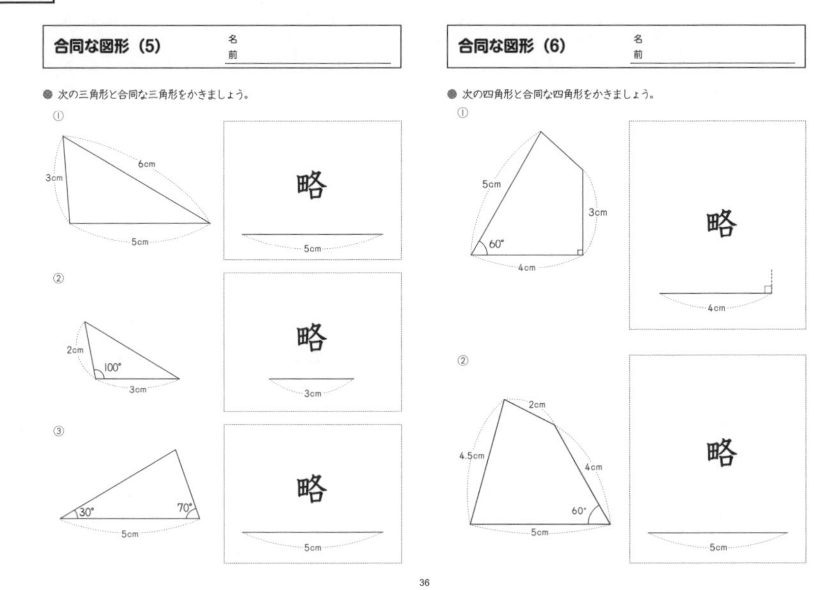

合同な図形 (5) 名前

● 次の三角形と合同な三角形をかきましょう。

① 3cm 6cm 5cm 略

② 2cm 100° 3cm 略

③ 30° 70° 5cm 略

合同な図形 (6) 名前

● 次の四角形と合同な四角形をかきましょう。

① 5cm 3cm 60° 4cm 略

② 2cm 4.5cm 4cm 60° 5cm 略

36

P.37

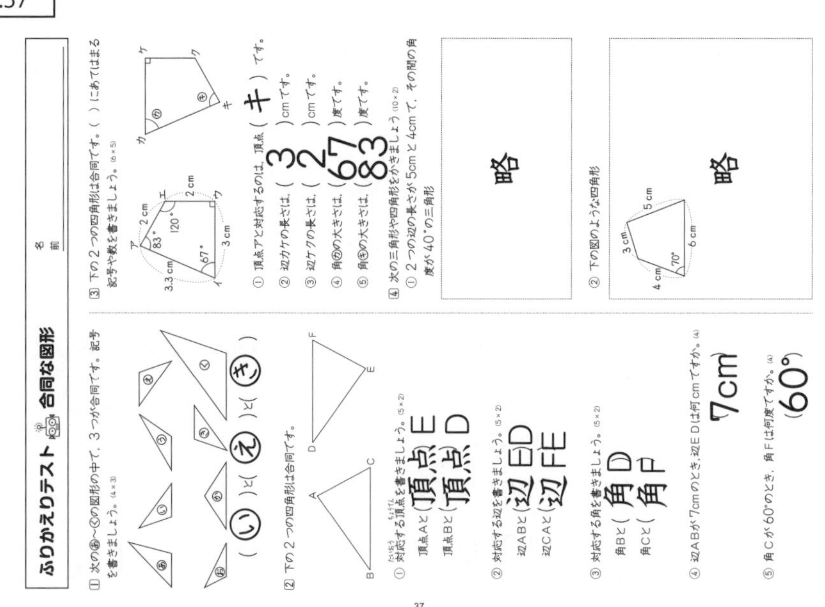

ふりかえりテスト 合同な図形 名前

1 次の㋐～㋛の図形の中で，3つが合同です。記号を書きましょう。(4×3)

(い)と(え)と(き)

2 下の2つの三角形は合同です。

① 対応する頂点を書きましょう。(5×2)
頂点Aと(頂点E)
頂点Bと(頂点D)

② 対応する辺を書きましょう。(5×2)
辺ABと(辺ED)
辺CAと(辺FE)

③ 対応する角を書きましょう。(5×2)
角Bと(角D)
角Cと(角F)

④ 辺ABが7cmのとき，辺EDは何cmですか。(4) 7cm

⑤ 角Cが60°のとき，角Fは何度ですか。(4) (60°)

3 下の2つの四角形は合同です。( )にあてはまる記号や数を書きましょう。(6×5)

① 頂点アと対応するのは，頂点(キ)です。
② 辺カケの長さは(3)cmです。
③ 辺ケクの長さは(2)cmです。
④ 角㋕の大きさは(67)度です。
⑤ 角㋒の大きさは(83)度です。

4 次の三角形や四角形をかきましょう。(10×2)

① 2つの辺の長さが5cmと4cmで，その間の角度が40°の三角形 略

② 下の図のような四角形 略

37

解答

児童に実施させる前に，必ず指導される方が問題を解いてください。本書の解答は，あくまでも１つの例です。指導される方の作られた解答をもとに，本書の解答例を参考に児童の多様な考えに寄り添って○つけをお願いします。

P.38

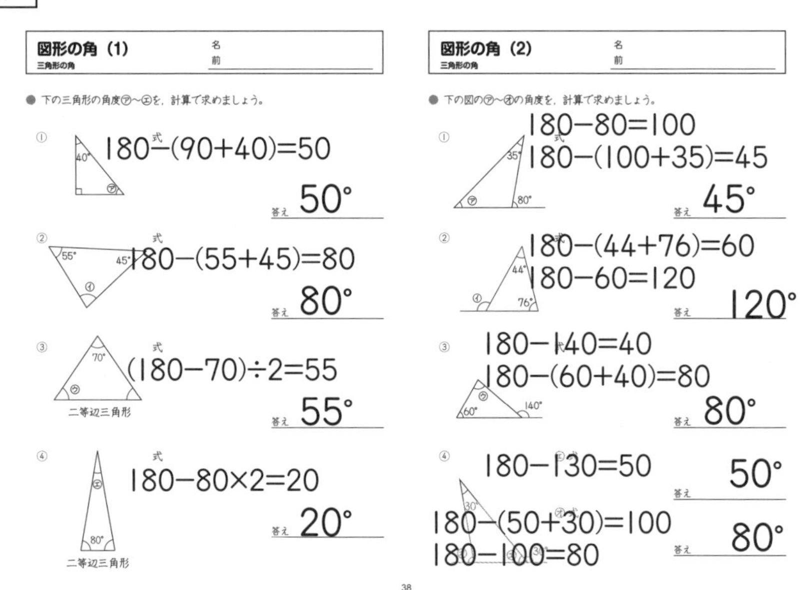
図形の角（1）
三角形の角
名前

● 下の三角形の角度㋐〜㋓を，計算で求めましょう。

① 式 180−(90+40)=50　答え 50°

② 式 180−(55+45)=80　答え 80°

③ 式 (180−70)÷2=55　答え 55°

④ 式 180−80×2=20　答え 20°

図形の角（2）
三角形の角
名前

● 下の図の㋐〜㋓の角度を，計算で求めましょう。

① 180−80=100
180−(100+35)=45　答え 45°

② 180−(44+76)=60
180−60=120　答え 120°

③ 180−140=40
180−(60+40)=80　答え 80°

④ 180−130=50　答え 50°
180−(50+30)=100
180−100=80　答え 80°

38

P.39

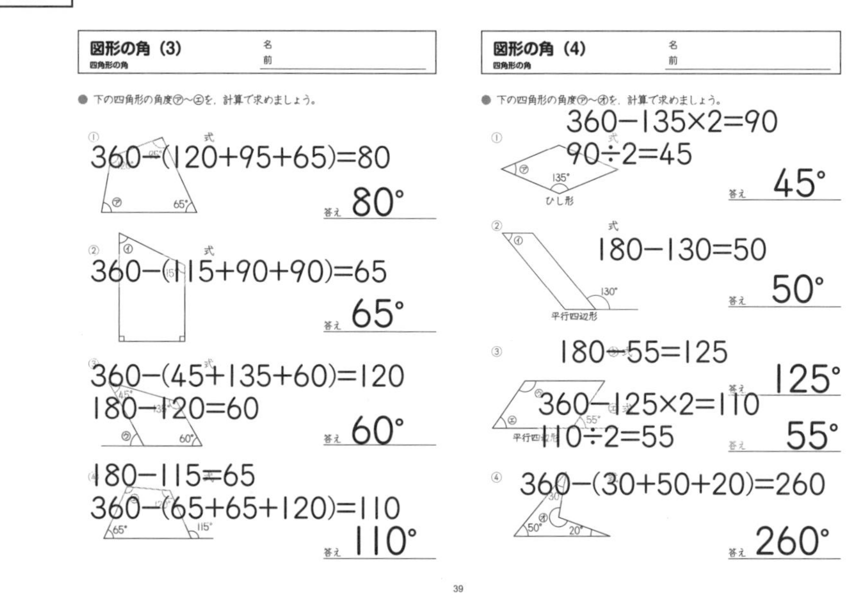
図形の角（3）
四角形の角
名前

● 下の四角形の角度㋐〜㋓を，計算で求めましょう。

① 式 360−(120+95+65)=80　答え 80°

② 式 360−(115+90+90)=65　答え 65°

③ 360−(45+135+60)=120
180−120=60　答え 60°

④ 180−115=65
360−(65+65+120)=110　答え 110°

図形の角（4）
四角形の角
名前

● 下の四角形の角度㋐〜㋔を，計算で求めましょう。

① 360−135×2=90
90÷2=45　答え 45°

② 式 180−130=50　答え 50°

③ 180−55=125　答え 125°
360−125×2=110
110÷2=55　答え 55°

④ 360−(30+50+20)=260　答え 260°

39

P.40

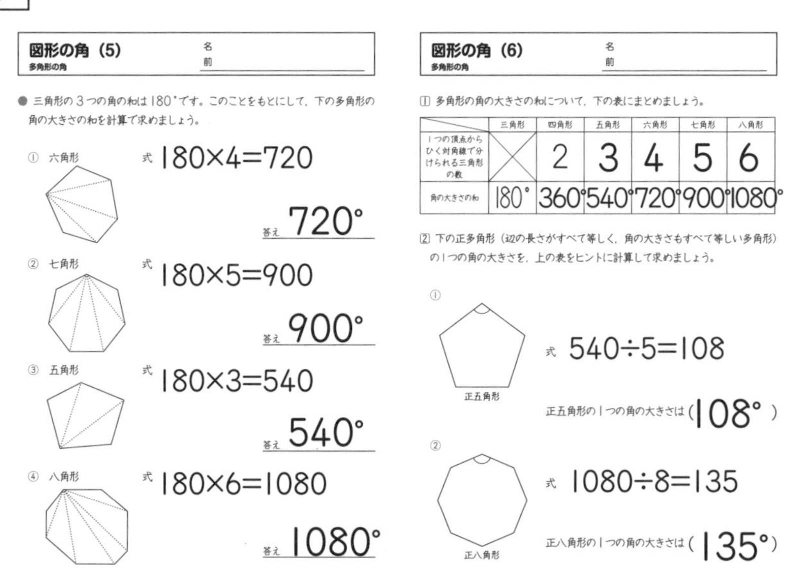
図形の角（5）
多角形の角
名前

● 三角形の３つの角の和は180°です。このことをもとにして，下の多角形の角の大きさの和を計算で求めましょう。

① 六角形　式 180×4=720　答え 720°

② 七角形　式 180×5=900　答え 900°

③ 五角形　式 180×3=540　答え 540°

④ 八角形　式 180×6=1080　答え 1080°

図形の角（6）
多角形の角
名前

① 多角形の角の大きさの和について，下の表にまとめましょう。

	三角形	四角形	五角形	六角形	七角形	八角形
１つの頂点からひく対角線で分けられる三角形の数		2	3	4	5	6
角の大きさの和	180°	360°	540°	720°	900°	1080°

② 下の正多角形（辺の長さがすべて等しく，角の大きさもすべて等しい多角形）の１つの角の大きさを，上の表をヒントに計算で求めましょう。

① 正五角形　式 540÷5=108
正五角形の１つの角の大きさは（108°）

② 正八角形　式 1080÷8=135
正八角形の１つの角の大きさは（135°）

40

P.41

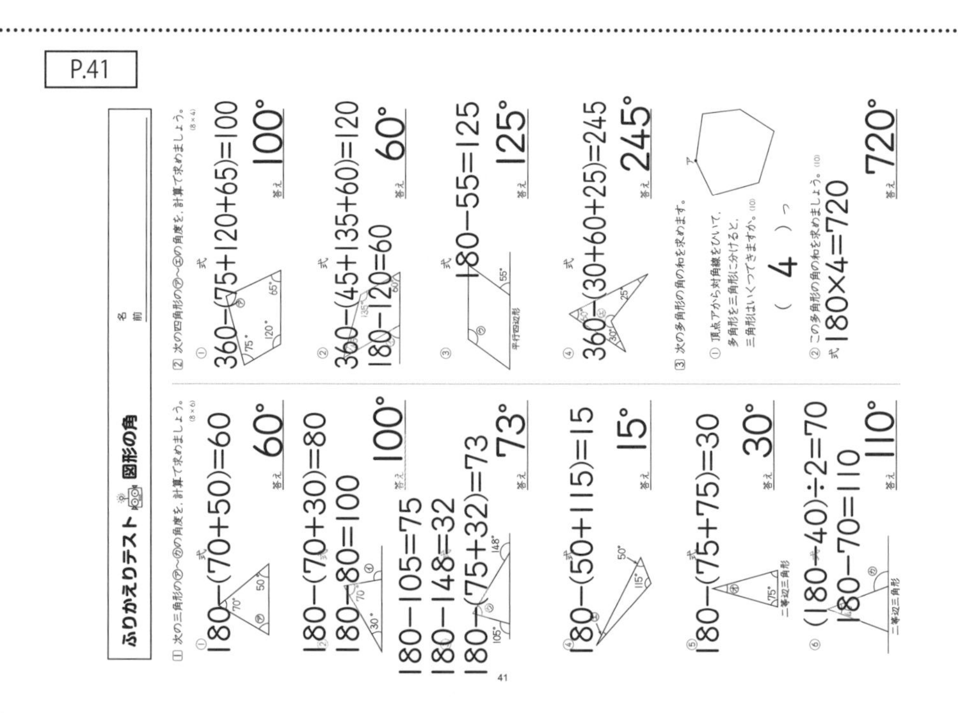
ふりかえりテスト　図形の角
名前

① 次の三角形の㋐〜㋕の角度を，計算で求めましょう。

① 式 180−(70+50)=60　答え 60°

② 180−(70+30)=80
180−80=100　答え 100°

③ 180−105=75
180−148=32
180−(75+32)=73　答え 73°

④ 180−(50+115)=15　答え 15°

⑤ 180−(75+75)=30　答え 30°

⑥ (180−40)÷2=70
180−70=110　答え 110°

② 次の四角形の㋐〜㋓の角度を，計算で求めましょう。

① 式 360−(75+120+65)=100　答え 100°

② 式 360−(45+135+60)=120
180−120=60　答え 60°

③ 式 180−55=125　答え 125°

④ 式 360−(30+60+25)=245　答え 245°

③ 次の多角形の角の和を求めます。

① 頂点アから対角線をひいて，多角形を三角形に分けると，三角形はいくつできますか。
（ 4 ）つ

② この多角形の角の和を求めましょう。
式 180×4=720　答え 720°

41

児童に実施させる前に，必ず指導される方が問題を解いてください。本書の解答は，あくまでも１つの例です。指導される方の作られた解答をもとに，本書の解答例を参考に児童の多様な考えに寄り添って○つけをお願いします。

解答

P.42

偶数と奇数，倍数と約数 (1)
偶数・奇数

1 次の数の中から偶数を見つけ，○をつけましょう。

① (0) 3 (4) (6) 9 (10) 13 (14)

② (28) 43 77 (100) 155 (270)

③ 1155 2503 (3468) (5902) (7556)

2 次の数の中から奇数を見つけ，○をつけましょう。

① 0 (1) (7) 8 16 (19) (49)

② (23) 78 (99) 170 (175) 300

③ 4550 6290 (6689) (9521)

奇数を通ってゴールしましょう。下の□に奇数を書きましょう。

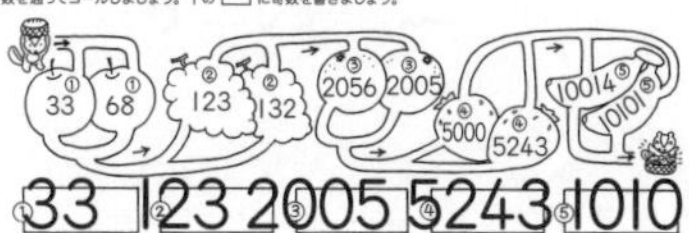

33 123 2005 5243 10101

偶数と奇数，倍数と約数 (2)
倍数

1 高さが 6cm の箱を積み重ねていきます。

① 箱の数と全体の高さの関係を表にまとめましょう。

箱の数（個）	1	2	3	4	5	6	7	8
全体の高さ（cm）	6	12	18	24	30	36	42	48

② 全体の高さは，何の倍数になっていますか。

（ 6 ）の倍数

2 次の数の倍数を，小さい方から５つ書きましょう。

① 4（4,8,12,16,20）

② 7（7,14,21,28,35）

③ 3（3,6,9,12,15）

④ 9（9,18,27,36,45）

⑤ 11（11,22,33,44,55）

P.43

偶数と奇数，倍数と約数 (3)
倍数

● 次の数は，ある数の倍数です。□にあてはまる数を書きましょう。
また，ある数とは何か（ ）に書きましょう。

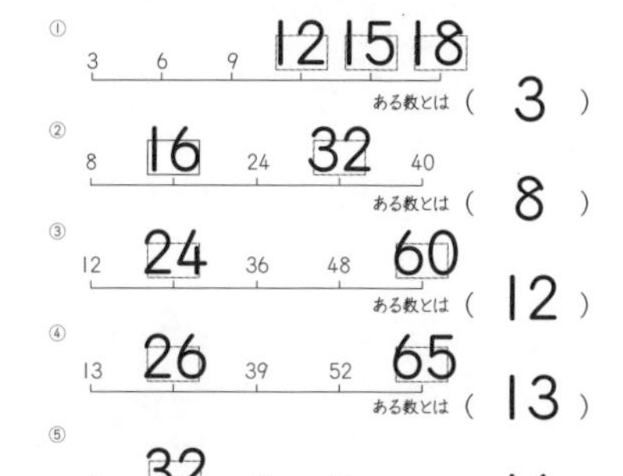

① 3 6 9 12 15 18　ある数とは（ 3 ）

② 8 16 24 32 40　ある数とは（ 8 ）

③ 12 24 36 48 60　ある数とは（ 12 ）

④ 13 26 39 52 65　ある数とは（ 13 ）

⑤ 16 32 48 64　ある数とは（ 16 ）

⑥ 18 36 54 72　ある数とは（ 18 ）

偶数と奇数，倍数と約数 (4)
公倍数・最小公倍数

● 2 種類の箱をそれぞれ積み重ねていきます。
箱の高さは，１つの箱が 4cm，もう１つは 6cm です。

① それぞれの箱を積み重ねていくと，箱の高さは何 cm になりますか。表にまとめましょう。

箱の数（個）	1	2	3	4	5	6	7	8	9
4cm の箱の高さ（cm）	4	8	12	16	20	24	28	32	36
6cm の箱の高さ（cm）	6	12	18	24	30	36	42	48	54

② 2 種類の箱の高さがはじめて同じになるのは，何 cm のときですか。

（ 12 ）cm

③ ②のとき，それぞれの箱の数は何個ですか。

4cm の箱は 3 個で，6cm の箱は 2 個

④ 2 種類の箱が同じになる高さを，表の中からすべて書きましょう。

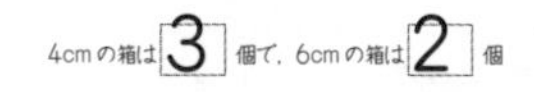

12cm,24cm,36cm

P.44

偶数と奇数，倍数と約数 (5)
公倍数・最小公倍数

1 次の２つの数の倍数をそれぞれ小さい方から５つずつ書き，最小公倍数を求めましょう。また最小公倍数をもとに，公倍数を３つ書きましょう。

公倍数の求め方…2 と 4 の場合　最小公倍数は 4
公倍数は 4×1 4×2 4×3 …

① (5, 3)
5 の倍数 5,10,15,20,25
3 の倍数 3, 6, 9,12,15
最小公倍数（ 15 ）　公倍数 15,30,45

② (4, 8)
4 の倍数 4,8,12,16,20
8 の倍数 8,16,24,32,40
最小公倍数（ 8 ）　公倍数 8,16,24

③ (9, 6)
9 の倍数 9,18,27,36,45
6 の倍数 6,12,18,24,30
最小公倍数（ 18 ）　公倍数 18,36,54

2 次の数の最小公倍数を求めましょう。

① (5, 7) 35　② (8, 12) 24

③ (4, 3) 12　④ (14, 21) 42

⑤ (4, 6, 9) 36　⑥ (2, 7, 8) 56

偶数と奇数，倍数と約数 (6)
公倍数・最小公倍数

1 たてが 12cm，横が 16cm の長方形をしきつめて正方形を作ります。

① できる正方形でいちばん小さいものは，１辺が何 cm ですか。

12と16の最小公倍数は48　答え 48cm

② ①のとき，長方形を何まいしきつめていますか。

式 48÷12=4
48÷16=3
4×3=12　答え 12まい

2 右のような平行四辺形を同じ向きにすきまなくしきつめて，ひし形を作ります。

① できるひし形のうち，いちばん小さいものの１辺は何 cm になりますか。

（ 80cm ）

② ①のひし形では，平行四辺形は何まい必要ですか。

（ 20まい ）

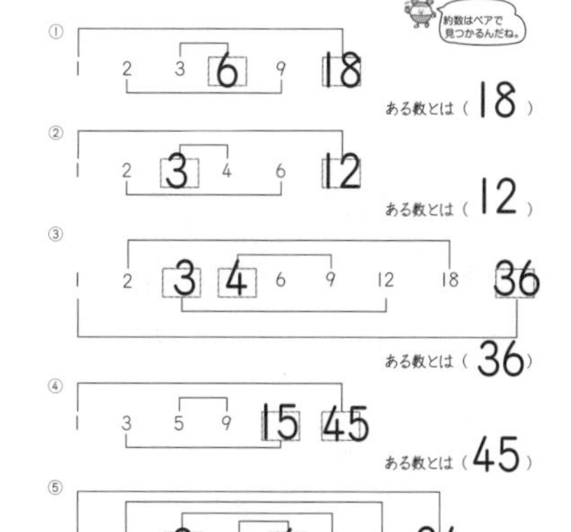

3 ある駅を，バスは 15 分おきに，電車は 9 分おきに出発します。午前 8 時 20 分にバスと電車が同時に出発しました。次に同時に出発するのは何時何分ですか。

15と9の最小公倍数は45
午前 9 時 5 分

P.45

偶数と奇数，倍数と約数 (7)
約数

● 次の数は，ある数の約数の集まりです。ある数とは何ですか。
また□にあてはまる数を書きましょう。

約数はペアで見つかるんだね。

① 1 2 3 6 9 18　ある数とは（ 18 ）

② 1 2 3 4 6 12　ある数とは（ 12 ）

③ 1 2 3 4 6 9 12 18 36　ある数とは（ 36 ）

④ 1 3 5 9 15 45　ある数とは（ 45 ）

⑤ 1 2 3 4 6 8 12 24　ある数とは（ 24 ）

偶数と奇数，倍数と約数 (8)
約数

1 次の数の約数をすべて書きましょう。

① 30（1,2,3,5,6,10,15,30）　② 15（1,3,5,15）

③ 26（1,2,13,26）　④ 56（1,2,4,7,8,14,28,56）

⑤ 28（1,2,4,7,14,28）　⑥ 35（1,5,7,35）

⑦ 14（1,2,7,14）　⑧ 19（1,19）

⑨ 21（1,3,7,21）　⑩ 32（1,2,4,8,16,32）

2 次の長さのテープを，あまりが出ないようにきっちり切り分けると，１本のテープの長さは何 cm になりますか。すべて書きましょう。ただしミリ単位では切らないことにします。

① テープの長さが 20cm のとき
答え 1cm,2cm,4cm,5cm,10cm,20cm

② テープの長さが 16cm のとき
答え 1cm,2cm,4cm,8cm,16cm

③ テープの長さが 40cm のとき
答え 1cm,2cm,4cm,5cm,8cm,10cm,20cm,40cm

解答

児童に実施させる前に，必ず指導される方が問題を解いてください。本書の解答は，あくまでも１つの例です。指導される方の作られた解答をもとに，本書の解答例を参考に児童の多様な考えに寄り添って○つけをお願いします。

P.46

偶数と奇数，倍数と約数 (9)　名前
公約数・最大公約数

1 次の数の公約数をすべて求めましょう。また，□に最大公約数を書きましょう。

① 32，8　(1,2,4,8) 8
② 6，12　(1,2,3,6) 6
③ 20，16　(1,2,4) 4
④ 15，21　(1,3) 3

2 次の数の最大公約数を□に書きましょう。

① (8 ，12 ，20) 4
② (12 ，24 ，36) 12
③ (15 ，18 ，30) 3

(24, 36, 60) の公約数を通ってゴールしましょう。通った答えを下の□に書きましょう。

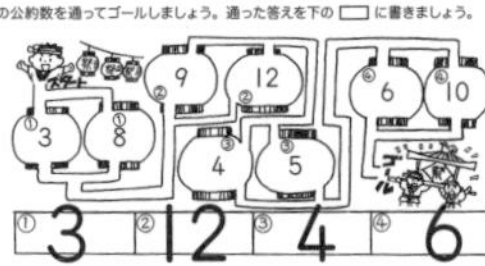

① 3　② 12　③ 4　④ 6

偶数と奇数，倍数と約数 (10)　名前
公約数・最大公約数

※公約数，最大公約数を使って解きましょう。

● たて 24cm，横 20cm の画用紙があります。そこに正方形の色紙を，すき間なくきっちりしきつめてはります。ただし，色紙の１辺の長さを表す数は，整数とします。

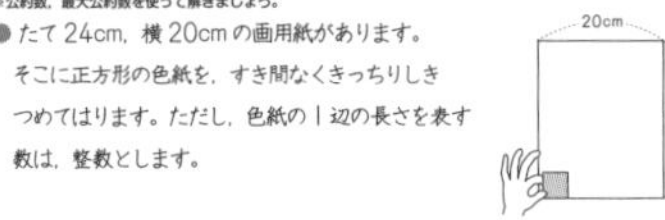

① たて，横ともにきっちりすき間なくしきつめられるのは，１辺が何cmの色紙のときですか。はれる場合をすべて書きましょう。

答え 1cm,2cm,4cm

② いちばん大きな色紙がはれるのは，１辺が何 cm の色紙のときですか。

答え 4cm

③ ②のとき，色紙は全部で何まいはれますか。

答え 30まい

２つの数の最大公約数が大きい方を通ってゴールしましょう。通った最大公約数を下の□に書きましょう。

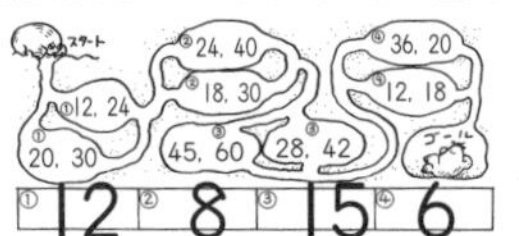

① 12　② 8　③ 15　④ 6

P.47

ふりかえりテスト 偶数と奇数，倍数と約数　名前

1 次の問題に答えましょう。(5×2)

① 0～10の間で，偶数を全部書きましょう。
(0,2,4,6,8,10)

② 30～40の間で，奇数を全部書きましょう。
(31,33,35,37,39)

2 次の問題に答えましょう。(5×2)

① 20までの数の中で，3の倍数を全部書きましょう。
(3,6,9,12,15,18)

② 30までの数の中で，6の倍数を全部書きましょう。
(6,12,18,24,30)

3 次の数の公倍数を，小さいものから順に3つ求めましょう。また，最小公倍数を（ ）に書きましょう。(4×8)

① (5 ，4) (20,40,60) 最小公倍数 (20)
② (2 ，9) (18,36,54) 最小公倍数 (18)
③ (7 ，21) (21,42,63) 最小公倍数 (21)
④ (6 ，10) (30,60,90) 最小公倍数 (30)

4 次の数の公約数をすべて求めましょう。また，最大公約数を（ ）に書きましょう。(4×8)

① (28 ，14) (1,2,7,14) 最大公約数 (14)
② (36 ，40) (1,2,4) 最大公約数 (4)
③ (15 ，9) (1,3) 最大公約数 (3)
④ (16 ，24 ，48) (1,2,4,8) 最大公約数 (8)

5 ある駅では，電車は８分おきに，バスは10分おきに出発します。午前10時に電車とバスが同時に出発しました。次に同時に出発するのは何時何分ですか。(6)

答え 午前10時40分

6 右のような紙を，あまりが出ないように同じ大きさの正方形に切り分けます。(5×2)

18cm
12cm

① いちばん大きい正方形になるのは１辺が何 cm のときですか。

答え 6cm

② ①のとき，正方形の紙は何まいできますか。

答え 6まい

P.48

分数と小数，整数の関係 (1)　名前

1 わり算の商を分数で表しましょう。

① 5 ÷ 11 = $\frac{5}{11}$　② 16 ÷ 21 = $\frac{16}{21}$　③ 9 ÷ 4 = $\frac{9}{4}$
④ 15 ÷ 14 = $\frac{15}{14}$　⑤ 3 ÷ 8 = $\frac{3}{8}$　⑥ 7 ÷ 2 = $\frac{7}{2}$

2 □にあてはまる数を書きましょう。

① $\frac{5}{7}$ = 5 ÷ 7　② $\frac{10}{3}$ = 10 ÷ 3
③ $\frac{1}{9}$ = 1 ÷ 9　④ $\frac{7}{10}$ = 7 ÷ 10
⑤ $\frac{17}{4}$ = 17 ÷ 4　⑥ $\frac{11}{20}$ = 11 ÷ 20

3 ジュース 6L を 25 個のコップに同じ量ずつ分けて入れます。コップ１個分は何Lになりますか。分数と小数で答えましょう。

分数 ($\frac{6}{25}$ L)　小数 (0.24L)

分数と小数，整数の関係 (2)　名前

1 次の分数を，小数や整数になおしましょう。

① $\frac{16}{4}$ = 4　② $1\frac{2}{5}$ = 1.4　③ $\frac{9}{8}$ = 1.125
④ $\frac{3}{5}$ = 0.6　⑤ $1\frac{1}{10}$ = 1.1　⑥ $\frac{15}{8}$ = 1.875

2 次の分数を，四捨五入して $\frac{1}{1000}$ の位までの小数で表しましょう。

① $\frac{2}{7}$ = 0.286　② $1\frac{5}{7}$ = 1.714
③ $\frac{4}{9}$ = 0.444　④ $\frac{10}{13}$ = 0.769
⑤ $1\frac{1}{6}$ = 1.167　⑥ $\frac{6}{14}$ = 0.429

わり算の商を分数で表し，大きい方を通ってゴールしましょう。□に通った方の分数を書きましょう。（仮分数は帯分数になおす。）

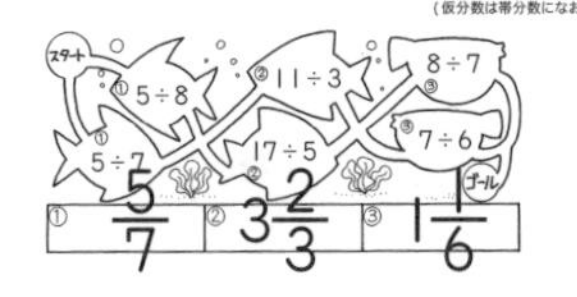

① $\frac{5}{7}$　② $3\frac{2}{3}$　③ $1\frac{1}{6}$

P.49

分数と小数，整数の関係 (3)　名前

1 次の小数を，分数になおしましょう。

① 0.7 = $\frac{7}{10}$　② $\frac{306}{100}$ ($\frac{153}{50}$)　③ $\frac{8}{100}$ ($\frac{2}{25}$)
④ 0.011 = $\frac{11}{1000}$　⑤ $\frac{272}{100}$ ($\frac{68}{25}$)　⑥ $\frac{15}{100}$ ($\frac{3}{20}$)
⑦ 1.003 = $\frac{1003}{1000}$　⑧ $\frac{462}{100}$ ($\frac{231}{50}$)　⑨ $\frac{1055}{1000}$ ($\frac{211}{200}$)

2 次の整数を，分数になおしましょう。

① 6 = $\frac{6}{1}$　② 9 = $\frac{9}{1}$　③ 17 = $\frac{17}{1}$
④ 28 = $\frac{28}{1}$　⑤ 3 = $\frac{3}{1}$　⑥ 14 = $\frac{14}{1}$

分数を小数で表し，大きい方を通ってゴールしましょう。□に通った方の小数を書きましょう。（わりきれない小数は，四捨五入して $\frac{1}{100}$ の位までにする。）

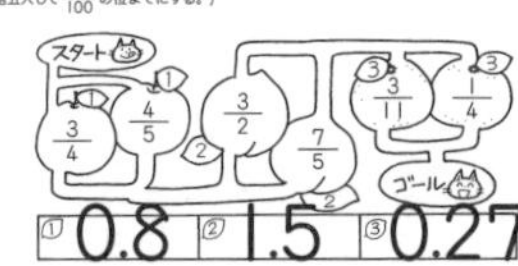

① 0.8　② 1.5　③ 0.27

分数と小数，整数の関係 (4)　名前

1 次の数を下の数直線に ↑ で書き入れましょう。

① 0.3 ，$2\frac{2}{5}$ ，$1\frac{3}{5}$ ，1.2 ，$1\frac{9}{10}$

0　1　2　3

↑ 0.3　↑ 1.2　↑ $1\frac{3}{5}$　↑ $1\frac{9}{10}$　↑ $2\frac{2}{5}$

② 0.15 ，$\frac{3}{4}$ ，$1\frac{1}{4}$ ，1.05 ，$\frac{11}{20}$

0　1

↑ 0.15　↑ $\frac{11}{20}$　↑ $\frac{3}{4}$　↑ 1.05　↑ $1\frac{1}{4}$

2 □にあてはまる不等号を書きましょう。

① $\frac{4}{9}$ < 0.5　② 0.55 > $\frac{6}{11}$
③ $1\frac{5}{8}$ < 1.63　④ $\frac{7}{3}$ > 2.2
⑤ $3\frac{1}{5}$ < 3.3　⑥ $\frac{5}{4}$ > 1.2
⑦ 0.86 > $\frac{6}{7}$　⑧ 0.4 > $\frac{3}{8}$

児童に実施させる前に，必ず指導される方が問題を解いてください。本書の解答は，あくまでも１つの例です。指導される方の作られた解答をもとに，本書の解答例を参考に児童の多様な考えに寄り添って○つけをお願いします。

解答

P.50

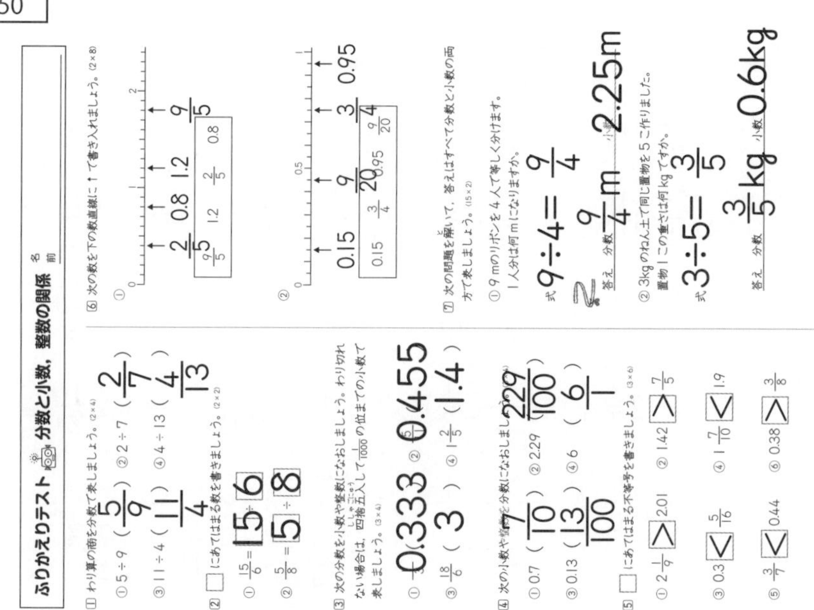

ふりかえりテスト 分数と小数，整数の関係

名前

1 わり算の商を分数で表しましょう。
① 5÷9 ($\frac{5}{9}$) ② 2÷7 ($\frac{2}{7}$)
③ 11÷4 ($\frac{11}{4}$) ④ 4÷13 ($\frac{4}{13}$)

2 □にあてはまる数を書きましょう。
① $\frac{15}{6}$ = 15 ÷ 6
② $\frac{5}{8}$ = 5 ÷ 8

3 次の分数を小数や整数になおしましょう。わりきれない場合は，$\frac{1}{1000}$の位を四捨五入して$\frac{1}{100}$の位までの小数で表しましょう。
① 0.333 ② 0.455 ③ $\frac{18}{6}$ (3) ④ $\frac{2}{5}$ (1.4)

4 次の小数や整数を分数になおしましょう。
① 0.7 ($\frac{7}{10}$) ② 2.29 ($\frac{229}{100}$)
③ 0.13 ($\frac{13}{100}$) ④ 6 ($\frac{6}{1}$)

5 □にあてはまる不等号を書きましょう。
① $2\frac{1}{9}$ < 2.01 ② 1.42 > $\frac{7}{5}$
③ 0.3 < $\frac{5}{16}$ ④ $1\frac{7}{10}$ < 1.9
⑤ $\frac{3}{7}$ < 0.44 ⑥ 0.38 > $\frac{3}{8}$

6 次の数を下の数直線に↑で書き入れましょう。
① $\frac{2}{5}$ 0.8 1.2 $\frac{9}{5}$
② 0.15 $\frac{9}{20}$ $\frac{3}{4}$ 0.95

7 次の問題を解いて，答えはすべて分数と小数の両方で表しましょう。
① 9mのリボンを4人で等しく分けます。1人分は何mになりますか。
式 9÷4＝$\frac{9}{4}$ 答え 分数 $\frac{9}{4}$m 小数 2.25m
② 3kgのねん土で同じ置物を5こ作りました。置物1この重さは何kgですか。
式 3÷5＝$\frac{3}{5}$ 答え 分数 $\frac{3}{5}$kg 小数 0.6kg

50

P.51

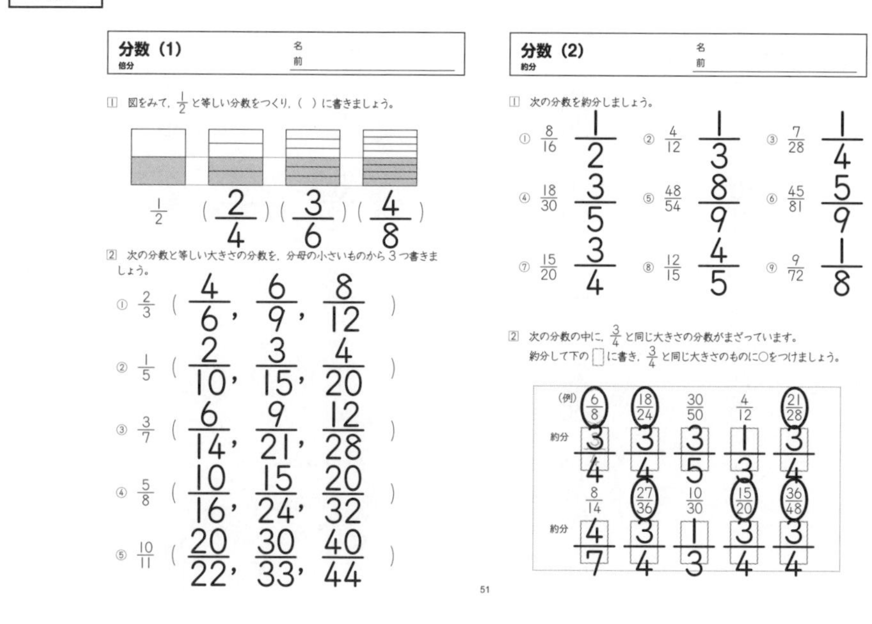

分数（1） 倍分

1 図をみて，$\frac{1}{2}$と等しい分数をつくり，( )に書きましょう。
$\frac{1}{2}$ ($\frac{2}{4}$) ($\frac{3}{6}$) ($\frac{4}{8}$)

2 次の分数と等しい大きさの分数を，分母の小さいものから３つ書きましょう。
① $\frac{2}{3}$ ($\frac{4}{6}$, $\frac{6}{9}$, $\frac{8}{12}$)
② $\frac{1}{5}$ ($\frac{2}{10}$, $\frac{3}{15}$, $\frac{4}{20}$)
③ $\frac{3}{7}$ ($\frac{6}{14}$, $\frac{9}{21}$, $\frac{12}{28}$)
④ $\frac{5}{8}$ ($\frac{10}{16}$, $\frac{15}{24}$, $\frac{20}{32}$)
⑤ $\frac{10}{11}$ ($\frac{20}{22}$, $\frac{30}{33}$, $\frac{40}{44}$)

分数（2） 約分

1 次の分数を約分しましょう。
① $\frac{8}{16}$ $\frac{1}{2}$ ② $\frac{4}{12}$ $\frac{1}{3}$ ③ $\frac{7}{28}$ $\frac{1}{4}$
④ $\frac{18}{30}$ $\frac{3}{5}$ ⑤ $\frac{48}{54}$ $\frac{8}{9}$ ⑥ $\frac{45}{81}$ $\frac{5}{9}$
⑦ $\frac{15}{20}$ $\frac{3}{4}$ ⑧ $\frac{12}{15}$ $\frac{4}{5}$ ⑨ $\frac{9}{72}$ $\frac{1}{8}$

2 次の分数の中に，$\frac{3}{4}$と同じ大きさの分数がまざっています。約分して下の□に書き，$\frac{3}{4}$と同じ大きさのものに○をつけましょう。
(例) $\frac{6}{8}$ → $\frac{3}{4}$, $\frac{18}{24}$ → $\frac{3}{4}$, $\frac{30}{50}$ → $\frac{3}{5}$, $\frac{4}{12}$ → $\frac{1}{3}$, $\frac{21}{28}$ → $\frac{3}{4}$
$\frac{8}{14}$ → $\frac{4}{7}$, $\frac{27}{36}$ → $\frac{3}{4}$, $\frac{10}{30}$ → $\frac{1}{3}$, $\frac{15}{20}$ → $\frac{3}{4}$, $\frac{36}{48}$ → $\frac{3}{4}$

51

P.52

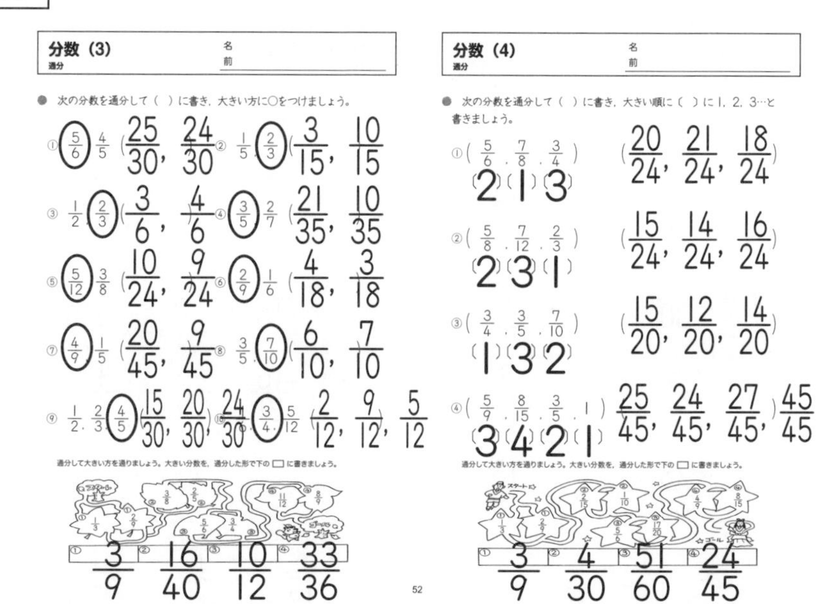

分数（3） 通分

● 次の分数を通分して( )に書き，大きい方に○をつけましょう。
① ($\frac{5}{6}$) $\frac{4}{5}$ ($\frac{25}{30}$, $\frac{24}{30}$) ② $\frac{1}{5}$ ($\frac{2}{3}$) ($\frac{3}{15}$, $\frac{10}{15}$)
③ $\frac{1}{2}$ ($\frac{2}{3}$) ($\frac{3}{6}$, $\frac{4}{6}$) ④ ($\frac{3}{5}$) $\frac{2}{7}$ ($\frac{21}{35}$, $\frac{10}{35}$)
⑤ ($\frac{5}{12}$) $\frac{3}{8}$ ($\frac{10}{24}$, $\frac{9}{24}$) ⑥ ($\frac{2}{9}$) $\frac{1}{6}$ ($\frac{4}{18}$, $\frac{3}{18}$)
⑦ ($\frac{4}{9}$) $\frac{1}{5}$ ($\frac{20}{45}$, $\frac{9}{45}$) ⑧ $\frac{3}{5}$ ($\frac{7}{10}$) ($\frac{6}{10}$, $\frac{7}{10}$)
⑨ $\frac{1}{2}$, $\frac{2}{3}$, ($\frac{4}{5}$) ($\frac{15}{30}$, $\frac{20}{30}$, $\frac{24}{30}$) ⑩ ($\frac{3}{4}$), $\frac{5}{12}$ ($\frac{2}{12}$, $\frac{9}{12}$, $\frac{5}{12}$)

通分して大きい方を通りましょう。大きい分数を，通分した形で下の□に書きましょう。
$\frac{3}{9}$ $\frac{16}{40}$ $\frac{10}{12}$ $\frac{33}{36}$

52

分数（4） 通分

● 次の分数を通分して( )に書き，大きい順に( )に1，2，3…と書きましょう。
① ($\frac{5}{6}$, $\frac{7}{8}$, $\frac{3}{4}$) (2)(1)(3) ($\frac{20}{24}$, $\frac{21}{24}$, $\frac{18}{24}$)
② ($\frac{5}{8}$, $\frac{7}{12}$, $\frac{2}{3}$) (2)(3)(1) ($\frac{15}{24}$, $\frac{14}{24}$, $\frac{16}{24}$)
③ ($\frac{3}{4}$, $\frac{3}{5}$, $\frac{7}{10}$) (1)(3)(2) ($\frac{15}{20}$, $\frac{12}{20}$, $\frac{14}{20}$)
④ ($\frac{5}{9}$, $\frac{8}{15}$, $\frac{3}{5}$, 1) (3)(4)(2)(1) ($\frac{25}{45}$, $\frac{24}{45}$, $\frac{27}{45}$, $\frac{45}{45}$)

通分して大きい方を通りましょう。大きい分数を，通分した形で下の□に書きましょう。
$\frac{3}{9}$ $\frac{4}{30}$ $\frac{51}{60}$ $\frac{24}{45}$

P.53

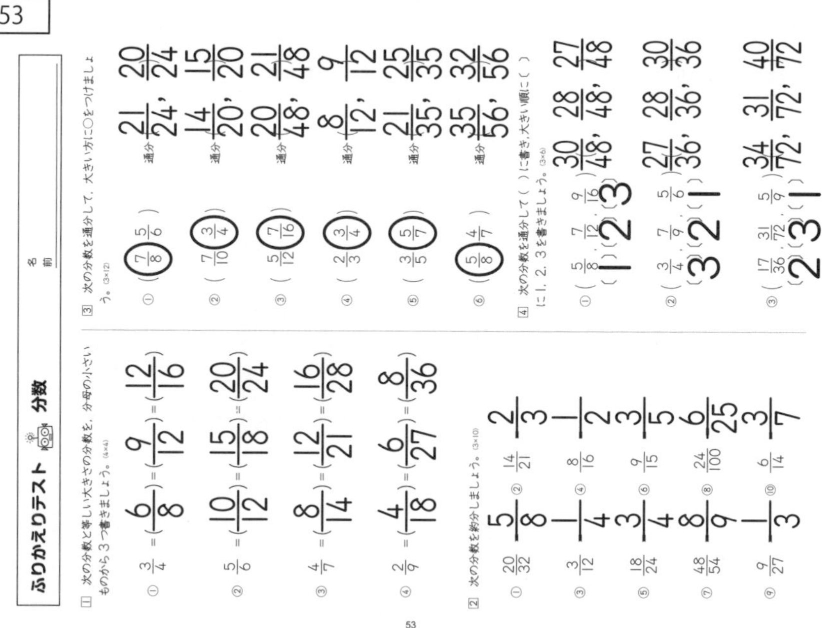

ふりかえりテスト 分数

名前

1 次の分数と等しい大きさの分数を，分母の小さいものから３つ書きましょう。
① $\frac{3}{4}$ = ($\frac{6}{8}$) = ($\frac{9}{12}$) = ($\frac{12}{16}$)
② $\frac{5}{6}$ = ($\frac{10}{12}$) = ($\frac{15}{18}$) = ($\frac{20}{24}$)
③ $\frac{4}{7}$ = ($\frac{8}{14}$) = ($\frac{12}{21}$) = ($\frac{16}{28}$)
④ $\frac{2}{9}$ = ($\frac{4}{18}$) = ($\frac{6}{27}$) = ($\frac{8}{36}$)

2 次の分数を約分しましょう。
① $\frac{20}{32}$ $\frac{5}{8}$ ② $\frac{14}{21}$ $\frac{2}{3}$
③ $\frac{3}{12}$ $\frac{1}{4}$ ④ $\frac{8}{16}$ $\frac{1}{2}$
⑤ $\frac{18}{24}$ $\frac{3}{4}$ ⑥ $\frac{9}{15}$ $\frac{3}{5}$
⑦ $\frac{48}{54}$ $\frac{8}{9}$ ⑧ $\frac{24}{100}$ $\frac{6}{25}$
⑨ $\frac{9}{27}$ $\frac{1}{3}$ ⑩ $\frac{6}{14}$ $\frac{3}{7}$

3 次の分数を通分して，大きい方に○をつけましょう。
① ($\frac{7}{8}$) $\frac{5}{6}$ 通分 $\frac{21}{24}$, $\frac{20}{24}$
② $\frac{7}{10}$ ($\frac{3}{4}$) 通分 $\frac{14}{20}$, $\frac{15}{20}$
③ $\frac{5}{12}$ ($\frac{7}{16}$) 通分 $\frac{20}{48}$, $\frac{21}{48}$
④ $\frac{2}{3}$ ($\frac{3}{4}$) 通分 $\frac{8}{12}$, $\frac{9}{12}$
⑤ $\frac{3}{5}$ ($\frac{5}{7}$) 通分 $\frac{21}{35}$, $\frac{25}{35}$
⑥ ($\frac{5}{8}$) $\frac{4}{7}$ 通分 $\frac{35}{56}$, $\frac{32}{56}$

4 次の分数を通分して( )に書き，大きい順に( )に1，2，3を書きましょう。
① ($\frac{5}{8}$, $\frac{7}{12}$, $\frac{9}{16}$) (1)(2)(3) $\frac{30}{48}$, $\frac{28}{48}$, $\frac{27}{48}$
② ($\frac{3}{4}$, $\frac{7}{9}$, $\frac{5}{6}$) (3)(2)(1) $\frac{27}{36}$, $\frac{28}{36}$, $\frac{30}{36}$
③ ($\frac{17}{36}$, $\frac{31}{72}$, $\frac{5}{9}$) (2)(3)(1) $\frac{34}{72}$, $\frac{31}{72}$, $\frac{40}{72}$

53

解答

児童に実施させる前に，必ず指導される方が問題を解いてください。本書の解答は，あくまでも１つの例です。指導される方の作られた解答をもとに，本書の解答例を参考に児童の多様な考えに寄り添って○つけをお願いします。

P.54

分数のたし算 (1)
約分なし

名前

① $\frac{13}{20}+\frac{1}{5}$ $\frac{17}{20}$　② $\frac{1}{6}+\frac{5}{8}$ $\frac{19}{24}$

③ $\frac{1}{3}+\frac{3}{7}$ $\frac{16}{21}$　④ $\frac{3}{4}+\frac{1}{5}$ $\frac{19}{20}$

⑤ $\frac{2}{9}+\frac{3}{5}$ $\frac{37}{45}$　⑥ $\frac{3}{14}+\frac{5}{7}$ $\frac{13}{14}$

⑦ $\frac{3}{5}+\frac{2}{15}$ $\frac{11}{15}$　⑧ $\frac{2}{9}+\frac{5}{12}$ $\frac{23}{36}$

⑨ $\frac{1}{12}+\frac{5}{6}$ $\frac{11}{12}$　⑩ $\frac{3}{8}+\frac{5}{12}$ $\frac{19}{24}$

分数のたし算 (2)
約分あり

名前

① $\frac{4}{15}+\frac{1}{3}$ $\frac{3}{5}$　② $\frac{1}{12}+\frac{3}{20}$ $\frac{7}{30}$

③ $\frac{5}{18}+\frac{5}{36}$ $\frac{5}{12}$　④ $\frac{1}{4}+\frac{5}{12}$ $\frac{2}{3}$

⑤ $\frac{5}{14}+\frac{3}{10}$ $\frac{23}{35}$　⑥ $\frac{5}{6}+\frac{1}{15}$ $\frac{9}{10}$

⑦ $\frac{1}{5}+\frac{3}{10}$ $\frac{1}{2}$　⑧ $\frac{1}{7}+\frac{1}{42}$ $\frac{1}{6}$

答えの大きい方を通りましょう。通った答えを下の □ に書きましょう。

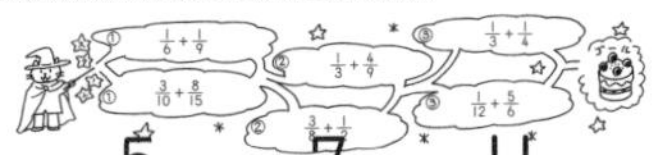

① $\frac{1}{6}+\frac{1}{9}$　① $\frac{3}{10}+\frac{8}{15}$　② $\frac{1}{3}+\frac{4}{9}$　② $\frac{3}{8}+\frac{1}{2}$　③ $\frac{1}{3}+\frac{1}{4}$　③ $\frac{1}{12}+\frac{5}{6}$

① $\frac{5}{6}$　② $\frac{7}{8}$　③ $\frac{11}{12}$

P.55

分数のたし算 (3)
約分あり

名前

① $\frac{19}{20}+\frac{11}{12}$ $\frac{28}{15}\left(1\frac{13}{15}\right)$　② $\frac{23}{15}+\frac{1}{6}$ $\frac{17}{10}\left(1\frac{7}{10}\right)$

③ $\frac{7}{6}+\frac{17}{30}$ $\frac{26}{15}\left(1\frac{11}{15}\right)$　④ $\frac{4}{3}+\frac{2}{21}$ $\frac{10}{7}\left(1\frac{3}{7}\right)$

⑤ $\frac{7}{6}+\frac{3}{10}$ $\frac{22}{15}\left(1\frac{7}{15}\right)$　⑥ $\frac{11}{6}+\frac{1}{14}$ $\frac{40}{21}\left(1\frac{19}{21}\right)$

⑦ $\frac{13}{14}+\frac{3}{2}$ $\frac{17}{7}\left(2\frac{3}{7}\right)$　⑧ $\frac{13}{12}+\frac{5}{4}$ $\frac{7}{3}\left(2\frac{1}{3}\right)$

⑨ $\frac{17}{15}+\frac{7}{10}$ $\frac{11}{6}\left(1\frac{5}{6}\right)$　⑩ $\frac{6}{5}+\frac{2}{15}$ $\frac{4}{3}\left(1\frac{1}{3}\right)$

分数のたし算 (4)
くり上がりなし

名前

① $2\frac{3}{10}+1\frac{1}{6}$ $3\frac{7}{15}$　② $1\frac{5}{14}+2\frac{3}{7}$ $3\frac{11}{14}$

③ $1\frac{7}{9}+1\frac{1}{18}$ $2\frac{5}{6}$　④ $1\frac{5}{11}+1\frac{1}{22}$ $2\frac{1}{2}$

⑤ $1\frac{1}{60}+1\frac{11}{12}$ $2\frac{14}{15}$　⑥ $1\frac{1}{15}+1\frac{3}{5}$ $2\frac{2}{3}$

⑦ $2\frac{1}{12}+1\frac{7}{15}$ $3\frac{11}{20}$　⑧ $1\frac{7}{18}+1\frac{1}{9}$ $2\frac{1}{2}$

答えの大きい方を通りましょう。通った答えを下の □ に書きましょう。

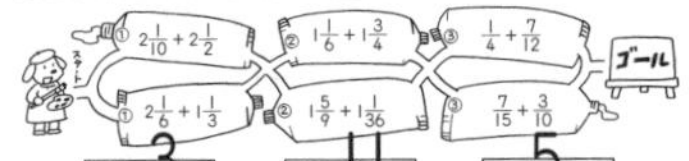

スタート　① $2\frac{1}{10}+2\frac{1}{2}$　① $2\frac{1}{6}+1\frac{1}{3}$　② $1\frac{1}{6}+1\frac{3}{4}$　② $1\frac{5}{9}+1\frac{1}{36}$　③ $\frac{1}{4}+\frac{7}{12}$　③ $\frac{7}{15}+\frac{3}{10}$　ゴール

① $4\frac{3}{5}$　② $2\frac{11}{12}$　③ $\frac{5}{6}$

P.56

分数のたし算 (5)
くり上がりあり

名前

① $1\frac{3}{4}+1\frac{3}{5}$ $3\frac{7}{20}$　② $1\frac{3}{4}+2\frac{7}{8}$ $4\frac{5}{8}$

③ $2\frac{3}{4}+1\frac{7}{12}$ $4\frac{1}{3}$　④ $2\frac{5}{6}+1\frac{9}{10}$ $4\frac{11}{15}$

⑤ $1\frac{11}{12}+2\frac{17}{18}$ $4\frac{31}{36}$　⑥ $1\frac{2}{3}+1\frac{11}{12}$ $3\frac{7}{12}$

⑦ $2\frac{9}{10}+1\frac{1}{2}$ $4\frac{2}{5}$　⑧ $1\frac{3}{4}+1\frac{9}{20}$ $3\frac{1}{5}$

⑨ $1\frac{5}{6}+1\frac{7}{15}$ $3\frac{3}{10}$　⑩ $1\frac{17}{21}+1\frac{6}{7}$ $3\frac{2}{3}$

分数のたし算 (6)
いろいろな型

名前

① $\frac{3}{8}+1\frac{11}{24}$ $1\frac{5}{6}$　② $1\frac{7}{15}+\frac{5}{6}$ $2\frac{3}{10}$

③ $1\frac{11}{12}+\frac{21}{20}$ $2\frac{29}{30}$　④ $\frac{13}{10}+1\frac{5}{6}$ $3\frac{2}{15}$

⑤ $\frac{7}{6}+1\frac{9}{10}$ $3\frac{1}{15}$　⑥ $2\frac{5}{6}+\frac{5}{3}$ $4\frac{1}{2}$

⑦ $\frac{5}{12}+2\frac{1}{9}$ $2\frac{19}{36}$　⑧ $1\frac{3}{4}+\frac{5}{2}$ $4\frac{1}{4}$

答えの大きい方を通りましょう。通った答えを下の □ に書きましょう。

スタート　① $\frac{3}{4}+\frac{13}{20}$　① $\frac{4}{3}+\frac{4}{15}$　② $1\frac{1}{2}+\frac{3}{10}$　② $1\frac{23}{24}+\frac{5}{8}$　③ $2\frac{7}{15}+2\frac{5}{6}$　③ $1\frac{7}{10}+2\frac{1}{2}$　ゴール

① $\frac{8}{5}\left(1\frac{3}{5}\right)$　② $2\frac{7}{12}$　③ $5\frac{3}{10}$

P.57

分数のひき算 (1)
約分なし

名前

① $\frac{5}{6}-\frac{5}{8}$ $\frac{5}{24}$　② $\frac{5}{9}-\frac{1}{12}$ $\frac{17}{36}$

③ $\frac{11}{12}-\frac{7}{9}$ $\frac{5}{36}$　④ $\frac{3}{4}-\frac{2}{7}$ $\frac{13}{28}$

⑤ $\frac{3}{10}-\frac{4}{15}$ $\frac{1}{30}$　⑥ $\frac{11}{12}-\frac{5}{18}$ $\frac{23}{36}$

⑦ $\frac{7}{8}-\frac{2}{3}$ $\frac{5}{24}$　⑧ $\frac{5}{6}-\frac{1}{4}$ $\frac{7}{12}$

⑨ $\frac{17}{20}-\frac{7}{15}$ $\frac{23}{60}$　⑩ $\frac{17}{18}-\frac{2}{9}$ $\frac{13}{18}$

分数のひき算 (2)
約分あり

名前

① $\frac{7}{12}-\frac{1}{30}$ $\frac{11}{20}$　② $\frac{14}{15}-\frac{5}{6}$ $\frac{1}{10}$

③ $\frac{11}{12}-\frac{2}{3}$ $\frac{1}{4}$　④ $\frac{5}{9}-\frac{7}{18}$ $\frac{1}{6}$

⑤ $\frac{5}{6}-\frac{3}{10}$ $\frac{8}{15}$　⑥ $\frac{5}{6}-\frac{1}{3}$ $\frac{1}{2}$

⑦ $\frac{13}{14}-\frac{1}{6}$ $\frac{16}{21}$　⑧ $\frac{2}{3}-\frac{5}{12}$ $\frac{1}{4}$

答えの大きい方を通りましょう。通った答えを下の □ に書きましょう。

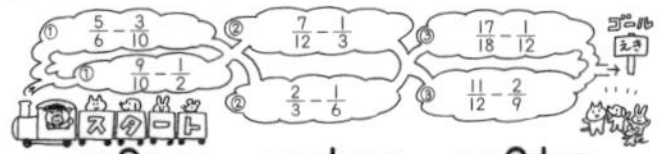

スタート　① $\frac{5}{6}-\frac{3}{10}$　① $\frac{9}{10}-\frac{1}{2}$　② $\frac{7}{12}-\frac{1}{3}$　② $\frac{2}{3}-\frac{1}{6}$　③ $\frac{17}{18}-\frac{1}{12}$　③ $\frac{11}{12}-\frac{2}{9}$　ゴール　えき

① $\frac{8}{15}$　② $\frac{1}{2}$　③ $\frac{31}{36}$

児童に実施させる前に，必ず指導される方が問題を解いてください。本書の解答は，あくまでも１つの例です。指導される方の作られた解答をもとに，本書の解答例を参考に児童の多様な考えに寄り添って○つけをお願いします。

P.58

分数のひき算 (3)
約分あり

名前

① $\frac{13}{6}-\frac{23}{18}$　$\frac{8}{9}$
② $\frac{7}{3}-\frac{7}{12}$　$\frac{7}{4}\left(1\frac{3}{4}\right)$
③ $\frac{7}{6}-\frac{13}{15}$　$\frac{3}{10}$
④ $\frac{17}{12}-\frac{21}{20}$　$\frac{11}{30}$
⑤ $\frac{19}{14}-\frac{5}{6}$　$\frac{11}{21}$
⑥ $\frac{8}{3}-\frac{5}{12}$　$\frac{9}{4}\left(2\frac{1}{4}\right)$
⑦ $\frac{17}{12}-\frac{1}{15}$　$\frac{27}{20}\left(1\frac{7}{20}\right)$
⑧ $\frac{19}{10}-\frac{16}{15}$　$\frac{5}{6}$
⑨ $\frac{13}{6}-\frac{3}{2}$　$\frac{2}{3}$
⑩ $\frac{13}{10}-\frac{3}{14}$　$\frac{38}{35}\left(1\frac{3}{35}\right)$

分数のひき算 (4)
くり下がりなし

名前

① $2\frac{17}{18}-1\frac{1}{6}$　$1\frac{7}{9}$
② $4\frac{5}{6}-2\frac{3}{10}$　$2\frac{8}{15}$
③ $5\frac{7}{12}-2\frac{1}{4}$　$3\frac{1}{3}$
④ $2\frac{2}{3}-1\frac{5}{21}$　$1\frac{3}{7}$
⑤ $5\frac{9}{10}-2\frac{13}{20}$　$3\frac{1}{4}$
⑥ $3\frac{5}{6}-2\frac{1}{3}$　$1\frac{1}{2}$
⑦ $3\frac{5}{6}-1\frac{3}{4}$　$2\frac{1}{12}$
⑧ $4\frac{7}{9}-2\frac{11}{18}$　$2\frac{1}{6}$

答えの大きい方を通りましょう。通った答えを下の □ に書きましょう。

スタート
① $\frac{9}{4}-\frac{1}{12}$　① $3\frac{7}{9}-\frac{11}{18}$
② $5\frac{1}{6}-2\frac{1}{10}$　② $5\frac{2}{3}-2\frac{1}{5}$
③ $3\frac{9}{10}-1\frac{13}{20}$　③ $2\frac{1}{3}-1\frac{1}{12}$
ゴール

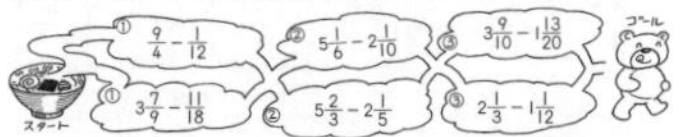

① $3\frac{1}{6}$　② $3\frac{7}{15}$　③ $2\frac{1}{4}$

58

P.59

分数のひき算 (5)
くり下がりあり

名前

① $5\frac{3}{14}-2\frac{5}{6}$　$2\frac{8}{21}$
② $3\frac{1}{12}-1\frac{5}{6}$　$1\frac{1}{4}$
③ $3\frac{2}{21}-1\frac{5}{12}$　$1\frac{19}{28}$
④ $4\frac{2}{5}-2\frac{5}{6}$　$1\frac{17}{30}$
⑤ $2\frac{1}{4}-1\frac{7}{20}$　$\frac{9}{10}$
⑥ $4\frac{11}{20}-2\frac{4}{5}$　$1\frac{3}{4}$
⑦ $3\frac{1}{9}-1\frac{5}{18}$　$1\frac{5}{6}$
⑧ $4\frac{1}{6}-2\frac{7}{10}$　$1\frac{7}{15}$
⑨ $5\frac{1}{5}-3\frac{17}{30}$　$1\frac{19}{30}$
⑩ $5\frac{7}{24}-3\frac{11}{12}$　$1\frac{3}{8}$

分数のひき算 (6)
いろいろな型

名前

① $2\frac{3}{14}-\frac{5}{6}$　$1\frac{8}{21}$
② $1\frac{7}{12}-\frac{1}{4}$　$1\frac{1}{3}$
③ $2\frac{1}{6}-\frac{13}{10}$　$\frac{13}{15}$
④ $\frac{15}{8}-1\frac{1}{2}$　$\frac{3}{8}$
⑤ $2\frac{13}{15}-\frac{8}{5}$　$1\frac{4}{15}$
⑥ $2\frac{3}{10}-\frac{15}{14}$　$1\frac{8}{35}$
⑦ $\frac{19}{5}-2\frac{3}{10}$　$1\frac{1}{2}$
⑧ $3\frac{1}{14}-\frac{1}{6}$　$2\frac{19}{21}$

答えの大きい方を通りましょう。通った答えを下の □ に書きましょう。

スタート
① $\frac{11}{6}-\frac{13}{12}$　① $\frac{11}{4}-\frac{9}{10}$
② $1\frac{7}{10}-\frac{4}{5}$　② $1\frac{5}{6}-1\frac{1}{3}$
③ $2\frac{5}{6}-\frac{13}{12}$　③ $2\frac{1}{2}-1\frac{5}{6}$
ゴール

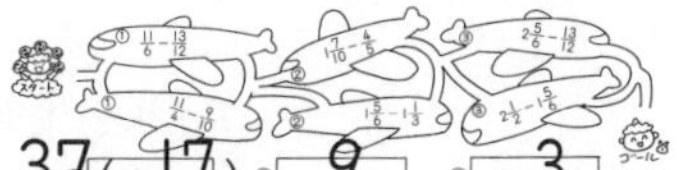

① $\frac{37}{20}\left(1\frac{17}{20}\right)$　② $\frac{9}{10}$　③ $1\frac{3}{4}$

59

P.60

分数のたし算・ひき算 (1)
3つの分数の計算

名前

● 次の計算をしましょう。答えが約分できるものは約分しましょう。

① $\frac{1}{5}+\frac{1}{3}+\frac{1}{6}$　$\frac{7}{10}$
② $\frac{9}{10}-\frac{6}{15}-\frac{3}{8}$　$\frac{1}{8}$
③ $\frac{5}{8}+\frac{2}{3}-\frac{5}{12}$　$\frac{7}{8}$
④ $\frac{1}{7}-\frac{1}{21}+\frac{3}{14}$　$\frac{13}{42}$
⑤ $\frac{3}{4}-\frac{1}{3}-\frac{1}{12}$　$\frac{1}{3}$
⑥ $\frac{4}{5}-\frac{5}{12}+\frac{8}{15}$　$\frac{11}{12}$
⑦ $\frac{2}{3}+\frac{7}{15}-\frac{3}{5}$　$\frac{8}{15}$
⑧ $\frac{3}{4}-\frac{5}{12}+\frac{2}{3}$　1
⑨ $\frac{1}{2}+\frac{5}{6}-\frac{1}{3}$　1
⑩ $\frac{5}{6}-\frac{3}{4}+\frac{2}{3}$　$\frac{3}{4}$

分数のたし算・ひき算 (2)
3つの分数の計算

名前

● 次の計算をしましょう。答えが約分できるものは約分しましょう。

① $\frac{14}{9}-\frac{4}{3}+\frac{1}{6}$　$\frac{7}{18}$
② $\frac{11}{6}-\frac{1}{3}-\frac{3}{4}$　$\frac{3}{4}$
③ $\frac{5}{6}+\frac{2}{3}+\frac{7}{2}$　5
④ $\frac{7}{16}-\frac{5}{12}+\frac{7}{48}$　$\frac{1}{6}$
⑤ $\frac{5}{6}-\frac{5}{9}+\frac{5}{18}$　$\frac{5}{9}$
⑥ $\frac{3}{8}+\frac{3}{10}+\frac{1}{4}$　$\frac{37}{40}$
⑦ $\frac{7}{8}-\frac{1}{3}-\frac{1}{6}$　$\frac{3}{8}$
⑧ $1\frac{5}{8}-\frac{3}{4}+\frac{7}{12}$　$\frac{35}{24}\left(1\frac{11}{24}\right)$

答えの大きい方を通りましょう。通った答えを下の □ に書きましょう。

スタート
① $1\frac{5}{6}+\frac{1}{2}+1\frac{1}{12}$　① $2\frac{7}{18}-\frac{1}{6}-\frac{1}{3}$
② $2\frac{4}{5}-1\frac{1}{2}+1\frac{7}{10}$　② $1\frac{5}{6}+3-1\frac{1}{2}$
③ $1\frac{9}{14}+2\frac{3}{7}-\frac{13}{14}$
ゴール

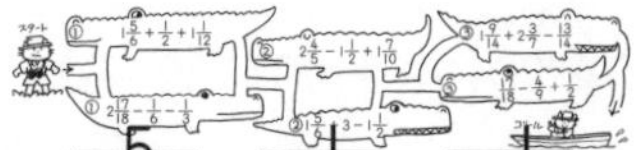

① $3\frac{5}{12}$　② $3\frac{1}{3}$　③ $3\frac{1}{7}$

60

P.61

分数のたし算・ひき算 (3)
分数と小数の計算

名前

● 小数は分数になおして計算しましょう。答えが約分できるものは約分しましょう。

① $\frac{1}{6}+0.25$　$\frac{5}{12}$
② $\frac{2}{3}+0.7$　$\frac{41}{30}\left(1\frac{11}{30}\right)$
③ $\frac{7}{10}-0.2$　$\frac{1}{2}$
④ $\frac{3}{4}+0.45$　$\frac{6}{5}\left(1\frac{1}{5}\right)$
⑤ $0.8+\frac{3}{5}$　$\frac{7}{5}\left(1\frac{2}{5}\right)$
⑥ $0.5+\frac{1}{4}$　$\frac{3}{4}$
⑦ $0.6-\frac{1}{3}$　$\frac{4}{15}$
⑧ $0.5-\frac{1}{3}$　$\frac{1}{6}$
⑨ $0.3+\frac{4}{5}$　$\frac{11}{10}\left(1\frac{1}{10}\right)$
⑩ $\frac{1}{8}+0.4$　$\frac{21}{40}$

分数のたし算・ひき算 (4)
分数と小数の計算

名前

● 小数は分数になおして計算しましょう。答えが約分できるものは約分しましょう。

① $\frac{3}{8}-0.2$　$\frac{7}{40}$
② $\frac{2}{5}-0.08$　$\frac{8}{25}$
③ $\frac{9}{10}-0.8$　$\frac{1}{10}$
④ $0.15+\frac{1}{8}$　$\frac{11}{40}$
⑤ $0.3+\frac{1}{10}$　$\frac{2}{5}$
⑥ $1.5-\frac{7}{10}$　$\frac{4}{5}$
⑦ $0.8-\frac{1}{6}$　$\frac{19}{30}$
⑧ $\frac{3}{4}+0.9$　$\frac{33}{20}\left(1\frac{13}{20}\right)$

答えの大きい方を通りましょう。通った答えを下の □ に書きましょう。

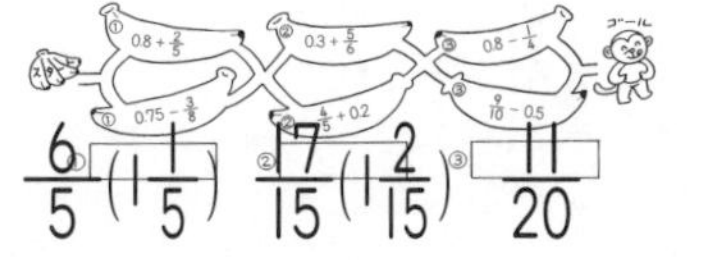

① $\frac{6}{5}\left(1\frac{1}{5}\right)$　② $\frac{17}{15}\left(1\frac{2}{15}\right)$　③ $\frac{11}{20}$

61

解答

児童に実施させる前に，必ず指導される方が問題を解いてください。本書の解答は，あくまでも１つの例です。指導される方の作られた解答をもとに，本書の解答例を参考に児童の多様な考えに寄り添って○つけをお願いします。

P.62

分数のたし算・ひき算 (5)　名前

1 お茶がやかんに$\frac{3}{4}$L，水とうに$\frac{3}{8}$L入っています。

① お茶は合わせて，何Lになりますか。

式 $\frac{3}{4}+\frac{3}{8}=\frac{9}{8}(1\frac{1}{8})$　答え $\frac{9}{8}(1\frac{1}{8})$L

② ちがいは，何Lになりますか。

式 $\frac{3}{4}-\frac{3}{8}=\frac{3}{8}$　答え $\frac{3}{8}$L

2 りんごを$\frac{4}{5}$kgのかごに入れると，全体の重さは$3\frac{1}{2}$kgになりました。りんごだけの重さは何kgですか。

式 $3\frac{1}{2}-\frac{4}{5}=2\frac{7}{10}$　答え $2\frac{7}{10}$kg

3 けいたさんは水泳の練習でクロールを$\frac{3}{4}$km，平泳ぎを$\frac{5}{8}$km，背泳ぎを$1\frac{1}{2}$km泳ぎました。全部で何km泳ぎましたか。

式 $\frac{3}{4}+\frac{5}{8}+1\frac{1}{2}=2\frac{7}{8}$　答え $2\frac{7}{8}$km

分数のたし算・ひき算 (6)　名前

1 ジュースが$\frac{4}{5}$Lありましたが，$\frac{3}{4}$L飲みました。ジュースは何L残っていますか。

式 $\frac{4}{5}-\frac{3}{4}=\frac{1}{20}$　答え $\frac{1}{20}$L

2 家から駅まで歩きます。と中にある公園までは$1\frac{2}{5}$kmで，公園から駅までは$\frac{2}{3}$kmです。家から駅までは何kmですか。

式 $1\frac{2}{5}+\frac{2}{3}=2\frac{1}{15}$　答え $2\frac{1}{15}$km

3 下の図を見て答えましょう。

① あおいさんの家までと，はやとさんの家までとでは，…

式 $\frac{5}{6}-\frac{3}{4}=\frac{1}{12}$

はやとさんの家が$\frac{1}{12}$km遠い。

② みずきさんの家から，あおいさんの家の前をとおって，はやとさんの家まで何kmですか。

$\frac{5}{6}+\frac{3}{4}=\frac{19}{12}(1\frac{7}{12})$　答え $\frac{19}{12}(1\frac{7}{12})$km

62

P.63

分数のたし算・ひき算 (7)　名前

● 次の計算をして，答えの大きい方へ進み，ゴールまで行きましょう。通った方の答えを□に書きましょう。

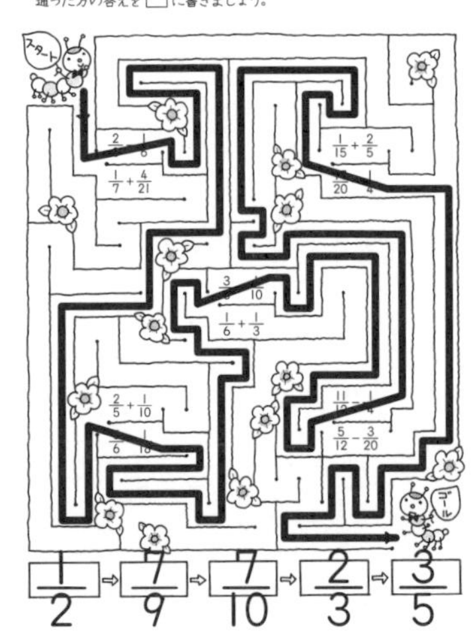

$\frac{1}{2}$ ⇨ $\frac{7}{9}$ ⇨ $\frac{7}{10}$ ⇨ $\frac{2}{3}$ ⇨ $\frac{3}{5}$

分数のたし算・ひき算 (8)　名前

● 次の計算をして，答えの大きい方へ進み，ゴールまで行きましょう。通った方の答えを□に書きましょう。

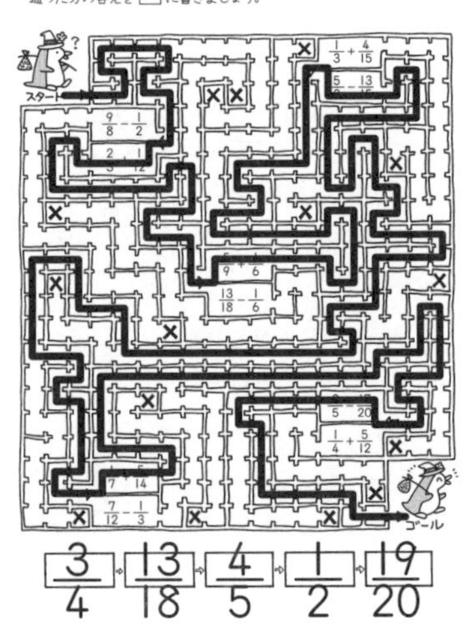

$\frac{3}{4}$ ⇨ $\frac{13}{18}$ ⇨ $\frac{4}{5}$ ⇨ $\frac{1}{2}$ ⇨ $\frac{19}{20}$

63

P.64

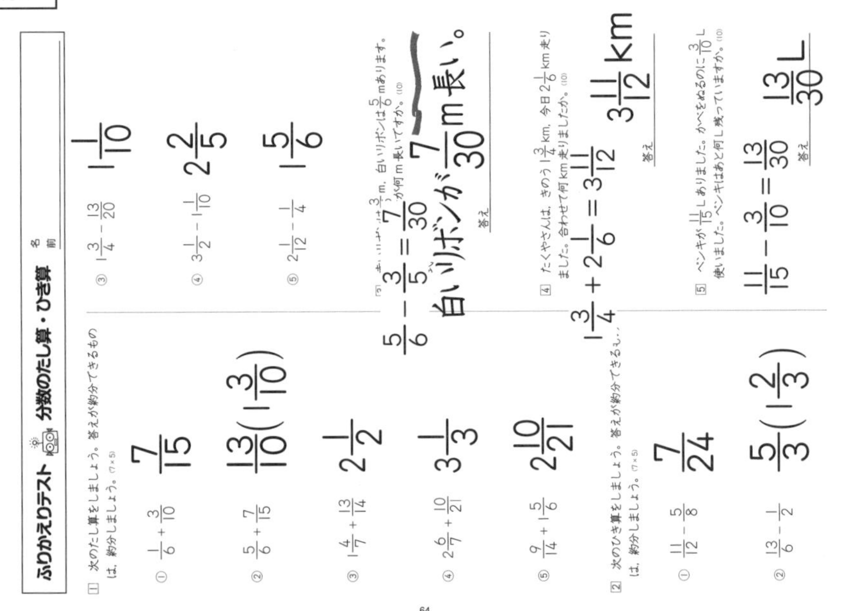

P.65

平均 (1)　名前

1 にわとりが産んだたまご５個の重さを量りました。１個平均何gですか。

$(68+55+65+60+63)\div5=62.2$　答え 62.2g

2 下の表は，ある小学校の学年ごとの人数です。平均すると，１学年が何人になりますか。

式 $(61+66+58+57+68+65)\div6=62.5$　62.5人

3 まなさんが今週読んだ本のページ数を調べると，下のようになりました。１日平均何ページ読んだことになりますか。

式 $(35+26+19+12+22+10+23)\div7=21$　答え 21ページ

4 たいきさんが今日つってきた魚５ひきの重さを量りました。

式 $(240+320+210+190+230)\div5=238$　答え 238g

平均 (2)　名前

1 ６回の計算テストをしました。１回平均何点といえますか。

式 $(90+85+100+95+80+90)\div6=90$　答え 90点

2 輪投げを４回しました。１回平均何点といえますか。

9点	6点	0点	10点

$(9+6+0+10)\div4=6.25$　6.25点

3 まさしさんは１週間ジョギングをしました。走ったきょりは下のとおりです。１日平均何km走ったといえますか。

式 $(1.6+1.2+1.1+1.2+0.9+1+1.4)\div7=1.2$　答え 1.2km

次の数の平均を求めて，数の大きい方を通ってゴールしましょう。通った数を下の□に書きましょう。

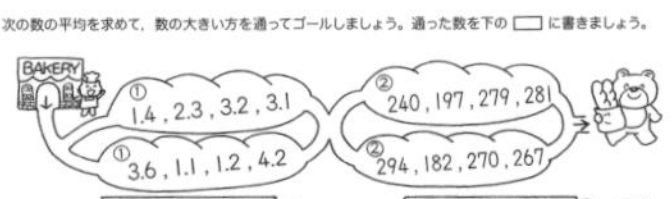

① 2.525　② 253.25

65

P.66

平均 (3)

名前

1 箱づめのトマトを５個取り出して重さをはかったら，次のようでした。

250g	254g	260g	258g	252g

式 (250+254+260+258+252)÷5=254.8

答え 254.8g

254.8×30=7644 …考えられますか。
7644g=7.644kg

7.644kg

2 まいさんが学校のまわりを歩はばではかったら，860 歩ありました。
まいさんの歩はばの平均は 0.59m です。

式 0.59×860=507.4

答え 約507.4m

3 ある週の月曜日から木曜日までの給食のエネルギーは，１食平均 650kcal …エネルギーは 700kcal でした。この…ギーは平均何 kcal ですか。

650×4=2600
(2600+700)÷5=660

660kcal

平均 (4)

名前

1 はり金１本の平均の重さは，6.4g です。
このはり金 50 本では何 g になりますか。

式 6.4×50=320

答え 320g

2 まりなさんは，１日平均 25 ページの読書を目標にしています。日曜から金曜までの６日間の平均は 23 ページでした。土曜に何ページ読めば，日曜から土曜までの７日間の平均で，目標を達成できますか。

25×7=175
23×6=138
175−138=37

答え 37ページ

3 子ども会で A・B ２つのグループに分かれて空きかん集めをしました。それぞれのグループの人数と，１人が集めた平均の個数は右の表のとおりです。子ども会全体では，１人平均何個集めたことになりますか。

空きかん集め

	人数	1人が集めた平均個数
A	10人	13個
B	15人	18個

13×10+18×15=400
400÷(10+15)=16

答え 16個

P.67

ふりかえりテスト 平均

名前

1 平均を求めましょう。(10×5)

① かき１個の重さ

(210+196+216+205+208)÷5=207

答え 207g

② 読書をした時間

(25+20+0+30+15+20+30)÷7=20

答え 20分

③ 漢字テストの成績

(73+88+96+90+84+96+100+97)÷8=90.5

答え 90.5点

④ 走りはばとびの結果

1回目	2回目	3回目
280cm	307cm	316cm

(280+307+316)÷3=301

301cm

⑤ ５年１組の先週の欠席者の人数

月	火	水	木	金
3人	0人	5人	2人	1人

(3+0+5+2+1)÷5=2.2

答え 2.2人

2 １日平均 1.6km ずつ走ると，１ヶ月（30日）間では，全部で何 km 走ることになりますか。(10)

1.6×30=48

答え 48km

3 かいとさんの家では，燃えないごみが１日平均 …

500×7=3500
3500g=3.5kg

答え 3.5kg

4 オレンジ１個から平均 75mL のジュースをしぼることができました。(10×2)

① このオレンジ 20 個では何 mL のジュースが作れることになりますか。

75×20=1500

答え 1500mL

② このオレンジで 1200mL のジュースを作るには，オレンジは何個あればいいですか。

1200÷75=16

答え 16個

5 計算テスト５回の平均点を 90 点以上にするには，…いですか。(10)

90×5=450
450−(83+85+97+88)=97

答え 97点

P.68

単位量あたりの大きさ (1)

こみぐあい

名前

1 A チームはマット２まいに 12 人，B チームはマット３まいに 15 人乗っています。A チームのマットと B チームのマットとでは，どちらがこんでいますか。

A 12÷2=6
B 15÷3=5

答え Aチーム

2 A 電車は７両に 504 人，B 電車は６両に 450 人乗っています。
どちらの電車がこんでいますか。

A 504÷7=72
B 450÷6=75

答え B電車

3 遠足に行くのに，東小学校はバス 12 台に 612 人乗りました。
西小学校はバス９台に 468 人乗りました。
どちらのバスがこんでいますか。

東 612÷12=51
西 468÷9=52

答え 西小学校

4 11 人で旅行に行き，A・B ２つの部屋に分かれました。どちらの部屋がこんでいますか。

部屋	たたみの数（じょう）	人数（人）
A	8	5
B	12	6

A 5÷8=0.625
B 6÷12=0.5

答え Aの部屋

単位量あたりの大きさ (2)

こみぐあい

名前

1 右の表を見て，A と B のとり小屋では，どちらがこんでいますか。

とり小屋の面積とにわとりの数

	面積 (m^2)	とりの数(わ)
A	6	9
B	10	16

A 9÷6=1.5
B 16÷10=1.6

答え Bのとり小屋

2 特急電車は７両に 378 人，急行電車は９両に 504 人乗っています。

特急 378÷7=54
急行 504÷9=56

急行電車

3 右の図は A・B ２つの小学校の図書…

	面積 (m^2)	利用人数
	280	42人
	320	64人

A 42÷280=0.15
B 64÷320=0.2

B小学校

4 ５年生 194 人は４台のバスで，６年生 252 人は５台のバスで遠足に行きます。どちらのバスがこんでいますか。

5年 194÷4=48.5
6年 252÷5=50.4

6年生

P.69

単位量あたりの大きさ (3)

人口密度

名前

1 A 町の面積は $55km^2$ で，人口は 15400 人です。

A町 15400÷55=280
B町 9100÷35=260

答え A町

2 C 村の面積は $58km^2$ で，人口は 6820 人です。人口密度を，小数第一位を四捨五入して整数で求めましょう。

6820÷58=117.5…（118）

答え 118人

3 D 市の面積は $830km^2$ で，人口は 1460000 人です。

D 1460000÷830=1759.0
E 1970000÷1200=1641.6（1642）

D 1759人
E 1642人

（D）市がこんでいる。

単位量あたりの大きさ (4)

とれ高

名前

1 東の畑は 3a でキャベツが 102kg とれ，西の畑は 4a でキャベツが 140kg とれました。どちらの畑がよくとれるといえますか。

東 102÷3=34
西 140÷4=35

答え 西の畑

2 みなさんの家では 40m^2 の畑から，さつまいもが 62kg とれました。あつしさんの家では 50m^2 の畑から，さつまいもが 76kg とれました。

みな 62÷40=1.55
あつし 76÷50=1.52

答え みなさん

3 右の表を見て，A・B のどちらの田がお米がよくとれるといえますか。

田の面積ととれた米の重さ

	米の重さ (kg)
	3250
	2522

A 3250÷65=50
B 2522÷52=48.5

答え Aの田

解答

児童に実施させる前に，必ず指導される方が問題を解いてください。本書の解答は，あくまでも１つの例です。指導される方の作られた解答をもとに，本書の解答例を参考に児童の多様な考えに寄り添って○つけをお願いします。

P.70

単位量あたりの大きさ (5)
単価

名前

① 6本で630円の黒えんぴつと，10本で1100円の赤えんぴつとでは，

黒 630÷6=105
赤 1100÷10=110

答え 黒えんぴつ

② 30個で360円の青色のビー玉と，24個で264円の黄色のビー玉とでは，

青 360÷30=12
黄 264÷24=11

答え 青色のビー玉

③ 8さつ944円で売っている白いノートと，12さつ1440円で売っている青いノートがあります。それぞれ1さつあたり何円で，どちらが安いですか。

白 944÷8=118
青 1440÷12=120

白いノート（118）円
青いノート（120）円
（白い）ノートが安い。

④ 9dLで423円のA店のしょうゆと，5dLで230円のB店のしょうゆと

A 423÷9=47
B 230÷5=46

答え B店

単位量あたりの大きさ (6)
いろいろな単位量

名前

① 右の表を見て，ガソリン1Lあたりで走るきょりが長い自動車は，A・Bのどちらですか。

使ったガソリンと走ったきょり

	ガソリン（L）	きょり（km）
A	15	255
B	42	630

A 255÷15=17
B 630÷42=15

答え A

② $4m^2$が540gの白い紙と，$11m^2$が1463gの黒い紙とでは，どちらが重

白 540÷4=135
黒 1463÷11=133

答え 白い紙

③ Aの印刷機は16分間に720まい印刷できます。Bの印刷機は5分間に…印刷できますか。

A 720÷16=45
B 210÷5=42

答え Aの印刷機

④ 90Lの水を25分間でくみ出すポンプAと，60Lの水を15分間でくみ出…力が強いですか。

A 90÷25=3.6
B 60÷15=4

答え ポンプB

70

P.71

単位量あたりの大きさ (7)
いろいろな単位量

名前

① ガソリン18Lで288km走る自動車Aと，ガソリン25Lで475km走…リン1Lで走るきょりが長い)

A 288÷18=16
B 475÷25=19

答え 自動車B

② 長さ35cmで重さ49gのはり金Aと，長さ60cmで重さ93gのはり

A 49÷35=1.4
B 93÷60=1.55

答え はり金B

③ 右の表は，A・Bの工場で車の部品を作る

かかった時間と部品の数

	時間（分）	部品の数（個）
A	30	225
B	42	252

A 225÷30=7.5
B 252÷42=6

答え Aの工場

④ …とれ，Bの畑は8aで84kgの…あたりのとれ高が多いですか。

A 132÷11=12
B 84÷8=10.5

答え Aの畑

単位量あたりの大きさ (8)
単位量あたりを求める

名前

① 長さが26mで，重さが520gのはり金があります。このはり金1mあたりの重さは何gですか。

520÷26=20

答え 20g

② ある畑は，広さが3aで，108kgのきゅうりがとれたそうです。1aあたり何kgとれたことになりますか。

108÷3=36

答え 36kg

③ A町の面積は$125km^2$で，人口は15000人です。人口密度を求めましょう。

15000÷125=120

答え 120人

④ ある工場では，32分間で224個のおもちゃを作ります。1分間あたり何個のおもちゃが作れますか。

224÷32=7

答え 7個

71

P.72

単位量あたりの大きさ (9)
全体の量を求める

名前

① ある工場では，薬品を1時間に118L作ります。15時間では何Lの薬品ができますか。

118×15=1770

答え 1770L

② 1mあたりの重さが17gのはり金があります。このはり金33mの重さは何gになりますか。

17×33=561

答え 561g

③ 畑$1m^2$あたり12dLの肥料が必要です。畑が$270m^2$あるとき，肥料は何dL必要ですか。

12×270=3240

答え 3240dL

④ 北町の面積は$92km^2$で，人口密度は$1km^2$あたり130人です。この町の人口は何人だといえますか。

130×92=11960

答え 11960人

単位量あたりの大きさ (10)
いくつ分を求める

名前

① 1dLのペンキで$0.7m^2$のかべをぬることができます。$17.5m^2$のかべをぬるには，ペンキは何dL必要ですか。

17.5÷0.7=25

答え 25dL

② 1aあたり45kgの米がとれる田んぼがあります。全部で360kgの米がとれました。田んぼの広さは何aありますか。

360÷45=8

答え 8a

③ はるきさんは，本を1日平均23ページ読みました。368ページの本を読み終わるのに，何日間かかりましたか。

368÷23=16

答え 16日間

④ 1分間あたり25Lの水をくみ出すポンプがあります。2kLの水をくみ出すには何分間かかりますか。

2kL =（2000）L

2000÷25=80

答え 80分間

72

P.73

単位量あたりの大きさ (11)
いろいろな問題

名前

① 6mの重さが510gのはり金があります。

① このはり金1mあたりの重さは何gですか。また，このはり金11mの重さは何gですか。

510÷6=85
85×11=935

1mあたり 85g
11mの重さ 935g

② このはり金が1700gあるとき，長さは何mですか。

1700÷85=20

答え 20m

② 5分間で130個のおかしを作る機械があります。

① 18分間では，何個作ることができますか。

130÷5=26
26×18=468

答え 468個

② 1300個作るには，何分かかりますか。

1300÷26=50

答え 50分

単位量あたりの大きさ (12)
いろいろな問題

名前

① ある電車の乗客の人数を調べました。4両に乗っていたのは228人でした。電車は全部で7両です。同じようなこみ具合で乗っているとすると，7両に何人乗っていると考えられますか。

228÷4=57
57×7=399

答え 399人

② 右の表はともやさん，なつきさんの家のじゃがいも畑の面積ととれ高です。

畑の面積とじゃがいものとれ高

	面積（a）	とれ高(kg)
ともや	3	72
なつき	5	125

① それぞれ1aあたり何kgのじゃがいも

ともや 72÷3=24
なつき 125÷5=25

答え ともやさん 24kg
なつきさん 25kg

② ともやさんの家の畑が10aの広さなら，何kgのじゃがいもがとれますか。（1aあたりのとれ高は同じとする。）

24×10=240

答え 240kg

③ なつきさんの家の畑でじゃがいもを200kgとるには，畑の広さは何a必要ですか。

200÷25=8

答え 8a

73

P.74

ふりかえりテスト 単位量あたりの大きさ

1 6まいの白いマットに27人，5まいの青いマットに25人… どちらのマットがこんでいますか。
白 27÷6=4.5
青 25÷5=5
答え 青いマット

2 A列車は3両で216人，B列車は4両で280人… こんでいますか。
A 216÷3=72
B 280÷4=70
答え A列車

3 図書館800m²には20人います。美術館…
図書館 20÷800=0.025
美術館 240÷10000=0.024
答え 図書館

4 右の表は，A町とB町の面積と人口…

	面積(km²)	人口(人)
A町	94	26000

A町 26000÷94=276.5…
B町 20000÷72=277.7…
答え 277人 278人
② どちらの町がこんでいますか。
答え B町

5 Aの店のノートは12さつで1140円，Bの店の…
A 1140÷12=95
B 1890÷18=105
答え Aの店

6 木村さんの田は12aで米が516kgとれました。中田さんの田は16aで640kgとれました。
木村 516÷12=43
中田 640÷16=40
答え 木村さん

7 自動車Aはガソリン50Lで1200km走ることができます。自動車Bは35Lで784km走ることができます。どちらの自動車の燃費がよい…
A 1200÷50=24
B 784÷35=22.4
答え 自動車A

8 7分間で560まい印刷できる印刷機があります。
560÷7=80
80×40=3200
答え 3200まい
② この印刷機で4400まい印刷するには，何分かかりますか。
4400÷80=55
答え 55分

P.75

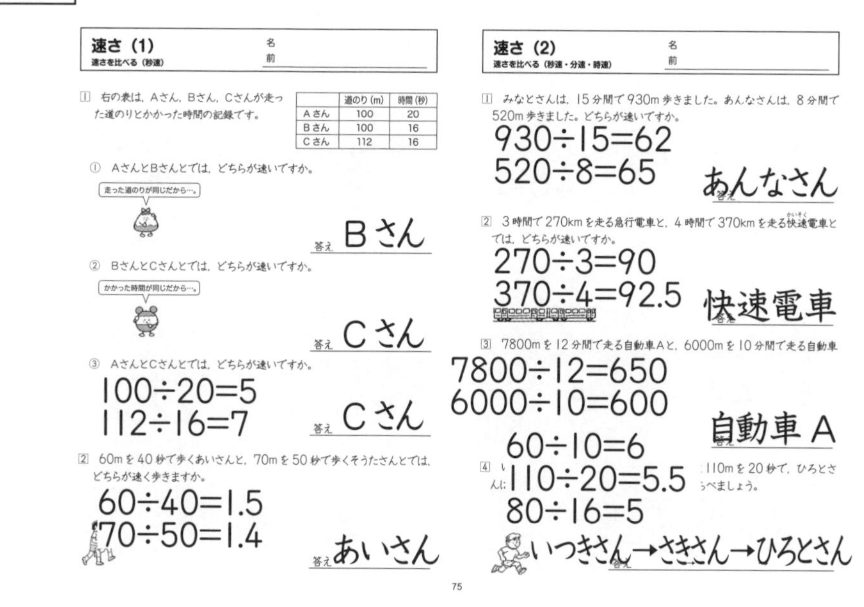
速さ（1） 速さを比べる（秒速）

1 右の表は，Aさん，Bさん，Cさんが走った道のりとかかった時間の記録です。

	道のり(m)	時間(秒)
Aさん	100	20
Bさん	100	16
Cさん	112	16

① AさんとBさんとでは，どちらが速いですか。
走った道のりが同じだから…。
答え Bさん
② BさんとCさんとでは，どちらが速いですか。
かかった時間が同じだから…。
答え Cさん
③ AさんとCさんとでは，どちらが速いですか。
100÷20=5
112÷16=7
答え Cさん

2 60mを40秒で歩くあいさんと，70mを50秒で歩くそうたさんとでは，どちらが速く歩きますか。
60÷40=1.5
70÷50=1.4
答え あいさん

速さ（2） 速さを比べる（秒速・分速・時速）

1 みなとさんは，15分間で930m歩きました。あんなさんは，8分間で520m歩きました。どちらが速いですか。
930÷15=62
520÷8=65
答え あんなさん

2 3時間で270kmを走る急行電車と，4時間で370kmを走る快速電車とでは，どちらが速いですか。
270÷3=90
370÷4=92.5
答え 快速電車

3 7800mを12分間で走る自動車Aと，6000mを10分間で走る自動車…
7800÷12=650
6000÷10=600
答え 自動車A

4 … 110mを20秒で，ひろとさ… …べましょう。
60÷10=6
110÷20=5.5
80÷16=5
答え いつきさん→さきさん→ひろとさん

P.76

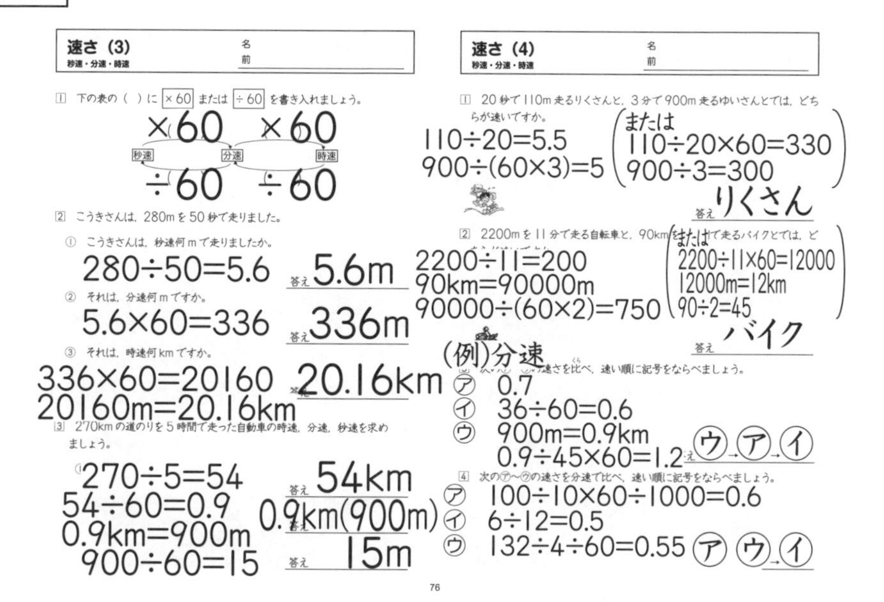
速さ（3） 秒速・分速・時速

1 下の表の（ ）に ×60 または ÷60 を書き入れましょう。
秒速 ×60 分速 ×60 時速
秒速 ÷60 分速 ÷60 時速

2 こうきさんは，280mを50秒で走りました。
① こうきさんは，秒速何mで走りましたか。
280÷50=5.6
答え 5.6m
② それは，分速何mですか。
5.6×60=336
答え 336m
③ それは，時速何kmですか。
336×60=20160
20160m=20.16km
答え 20.16km

3 270kmの道のりを5時間で走った自動車の時速，分速，秒速を求めましょう。
270÷5=54
答え 54km
54÷60=0.9
0.9km=900m
答え 0.9km(900m)
900÷60=15
答え 15m

速さ（4） 秒速・分速・時速

1 20秒で110m走るりくさんと，3分で900m走るゆいさんとでは，どちらが速いですか。
110÷20=5.5
900÷(60×3)=5
（または 110÷20×60=330 900÷3=300）
答え りくさん

2 2200mを11分で走る自転車と，90km… 走るバイクとでは，ど…
2200÷11=200
90km=90000m
90000÷(60×2)=750
（または 2200÷11×60=12000 12000m=12km 90÷2=45）
答え バイク

3 (例)分速 …の速さを比べ，速い順に記号をならべましょう。
㋐ 0.7
㋑ 36÷60=0.6
㋒ 900m=0.9km 0.9÷45×60=1.2
答え ㋒→㋐→㋑

4 次の㋐〜㋒の速さを分速で比べ，速い順に記号をならべましょう。
㋐ 100÷10×60÷1000=0.6
㋑ 6÷12=0.5
㋒ 132÷4÷60=0.55
答え ㋐→㋒→㋑

P.77

速さ（5） 道のりを求める

1 □にことばを入れて，道のりを求める式をつくりましょう。

道のり ＝ 速さ × 時間

2 時速215kmで走る新幹線が，3時間に進む道のりは何kmですか。

215×3=645

答え 645km

3 1秒間あたりに1.2km飛ぶロケットが，5分間で飛ぶきょりを求めましょう。

1.2×60×5=360

答え 360km

4 秒速250mで飛ぶ飛行機が，50秒間に飛ぶきょりは何kmですか。

250m=0.25km
0.25×50=12.5

答え 12.5km

5 分速150mでランニングをしている人が，40分間に進む道のりは何kmですか。

150m=0.15km
0.15×40=6

答え 6km

速さ（6） 時間を求める

1 □にことばを入れて，時間を求める式をつくりましょう。

時間 ＝ 道のり ÷ 速さ

2 時速220kmの新幹線は，京都〜博多間660kmを何時間で走りますか。

660÷220=3

答え 3時間

3 家から駅まで792mあります。分速72mで歩くと，家から駅まで何分かかりますか。

792÷72=11

答え 11分

4 音は空気中を1秒間に340m伝わります。かみなりが鳴ったところから3060mはなれたところで音が聞こえるのは何秒後ですか。

3060÷340=9

答え 9秒後

5 秒速7.5kmのロケットが，月までのきょり378000kmを飛ぶのには何…

378000÷7.5=50400
50400÷60=840
840÷60=14

答え 840分，14時間

解答　児童に実施させる前に，必ず指導される方が問題を解いてください。本書の解答は，あくまでも１つの例です。指導される方の作られた解答をもとに，本書の解答例を参考に児童の多様な考えに寄り添って○つけをお願いします。

P.78

速さ (7) 速さのまとめ　名前

1 115kmの道のりを2.5時間かけてドライブしました。この自動車は，時速何kmで走りましたか。

115÷2.5=46　答え 46km

2 6分間に7.2cm燃えるろうそくは，分速何cmで燃えるといえますか。

7.2÷6=1.2　答え 1.2cm

3 台風が時速15kmで北上しています。このまま速さが変わらないとすると，1日（24時間）後には何km進んでいますか。

15×24=360　答え 360km

4 10kmの山道をスキーですべりおります。分速1250mですべると，何分かかりますか。

10km=10000m
10000÷1250=8　答え 8分

速さ (8) 速さのまとめ　名前

1 時速44kmで進むフェリーがあります。目的地の港までは198kmあります。何時間何分かかりますか。

198÷44=4.5　4.5時間=4時間30分
4時間30分

2 あつやさんは，232mを40秒で走ります。これは秒速何mですか。…

232÷40=5.8　5.8×60=348
348×60=20880
20880m=20.88km
答え 秒速 5.8m　分速 348m　時速 20.88km

2時間30分=2.5時間
90×2.5=225　225km

② この自動車の分速を求めましょう。

90÷60=1.5　答え 1.5km

③ 次のサービスエリアで休けいしますが，あと42kmあります。…

42÷1.5=28
（または 1.5×30=45）　答え できる。

78

P.79

ふりかえりテスト　速さ　名前

1 下の表は，3人が走った道のりと時間です。(5×3)

名前	道のり (m)	時間 (分)
ことな	1460	10
まなと	1160	10
たつし	1160	8

① ことなさんとまなとさんとでは，どちらが速いですか。　ことなさん

② まなとさんとたつしさんとでは，どちらが速いですか。　たつしさん

③ ことなさんとたつしさんとでは，どちらが速いですか。
ことな 1460÷10=146　146m
たつし 1160÷8=145　145m
ことなさん

2 5時間で265km走った自動車と，4時間で232km走ったトラックとでは，どちらが速いですか。(5×3)
自動車 265÷5=53　53km
トラック 232÷4=58　58km
答え トラック

3 ななみさんは，80mを50秒で歩きました。(5×3)
① 秒速を求めましょう。　80÷50=1.6　1.6m
② 分速を求めましょう。　1.6×60=96　96m
③ 時速を求めましょう。　96×60=5760　5760m=5.76km　5760m (5.76km)

4 分速15mのカメが，3時間に進むきょりは何kmですか。(10)
15×60×3=2700
2700m=2.7km　答え 2.7km

5 140kmはなれたおじさんの家へ自動車で行きます。時速40kmで行くと，何時間かかりますか。(10)
140÷40=3.5　答え 3.5時間

6 秒速35mで走る電車が，5425mのトンネルを通りぬけるには，何分何秒かかりますか。（電車の長さは考えません）
5425÷35=155
155秒=2分35秒　答え 2分35秒

7 秒速12.5kmで飛ぶロケットについて考えましょう。(5×3)
① このロケットは，30秒間に何km飛びますか。　12.5×30=375　答え 375km
② このロケットの分速は何kmですか。　12.5×60=750　答え 750km
③ このロケットの時速は何kmですか。　750×60=45000　答え 45000km

79

P.80

四角形と三角形の面積 (1)　名前

● 平行四辺形の面積を求めましょう。

① 式 7×2=14　答え 14cm²

② 式 4×6=24　答え 24cm²

③ 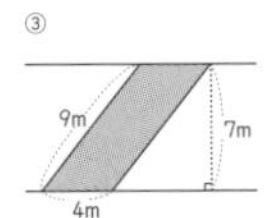
式 4×7=28　答え 28m²

④ 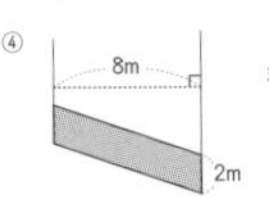
式 2×8=16　答え 16m²

四角形と三角形の面積 (2)　名前

● 平行四辺形の面積を求めましょう。

① 式 5×7=35　答え 35cm²

② 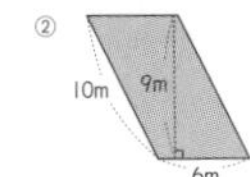
式 6×9=54　答え 54m²

③ 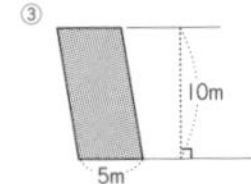
式 5×10=50　答え 50m²

④ 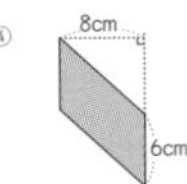
式 6×8=48　答え 48cm²

80

P.81

四角形と三角形の面積 (3)　名前

● 三角形の面積を求めましょう。

① 式 10×4÷2=20　答え 20cm²

② 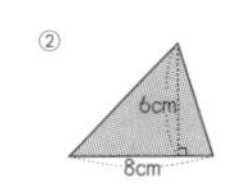
式 8×6÷2=24　答え 24cm²

③ 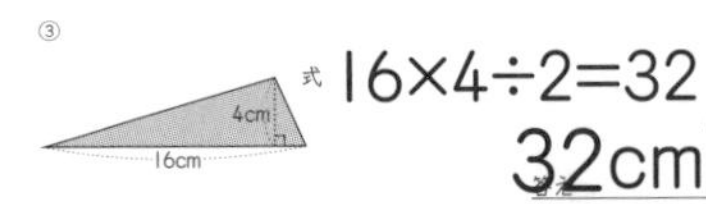
式 16×4÷2=32　答え 32cm²

④ 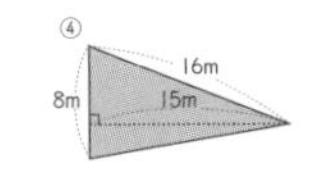
式 8×15÷2=60　答え 60m²

四角形と三角形の面積 (4)　名前

● 三角形の面積を求めましょう。

① 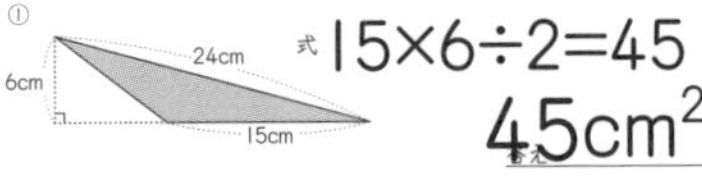
式 15×6÷2=45　答え 45cm²

② 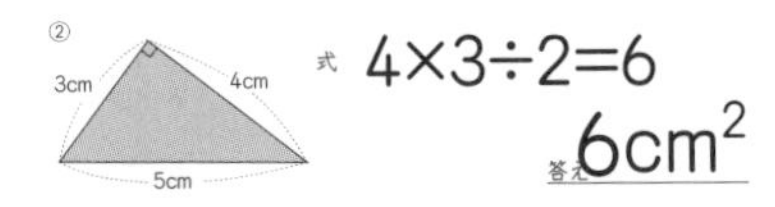
式 4×3÷2=6　答え 6cm²

③ 
式 8.5×8÷2=34　答え 34m²

下の図形で，面積が3cm²になるものに色をぬりましょう。

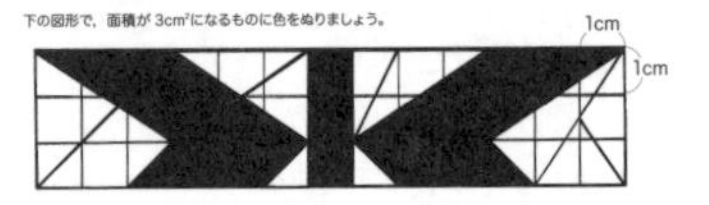

81

児童に実施させる前に，必ず指導される方が問題を解いてください。本書の解答は，あくまでも１つの例です。指導される方の作られた解答をもとに，本書の解答例を参考に児童の多様な考えに寄り添って○つけをお願いします。

解答

P.82

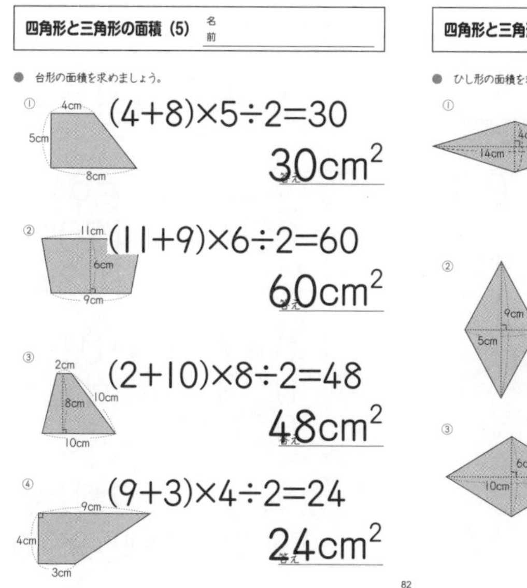

四角形と三角形の面積（5）　名前

● 台形の面積を求めましょう。

① (4+8)×5÷2=30　答え 30cm²

② (11+9)×6÷2=60　答え 60cm²

③ (2+10)×8÷2=48　答え 48cm²

④ (9+3)×4÷2=24　答え 24cm²

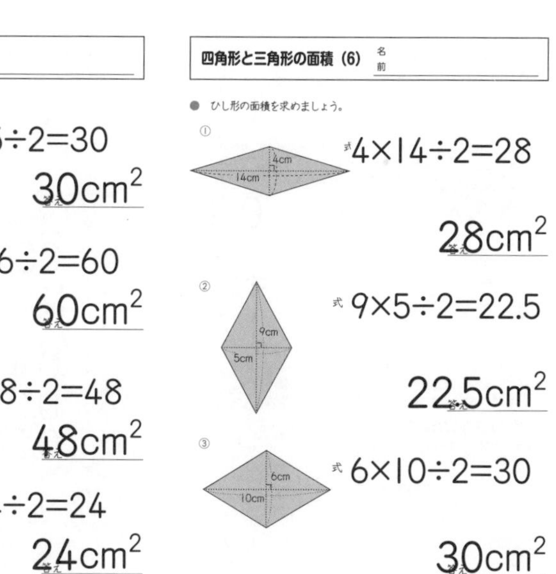

四角形と三角形の面積（6）　名前

● ひし形の面積を求めましょう。

① 式 4×14÷2=28　答え 28cm²

② 式 9×5÷2=22.5　答え 22.5cm²

③ 式 6×10÷2=30　答え 30cm²

82

P.83

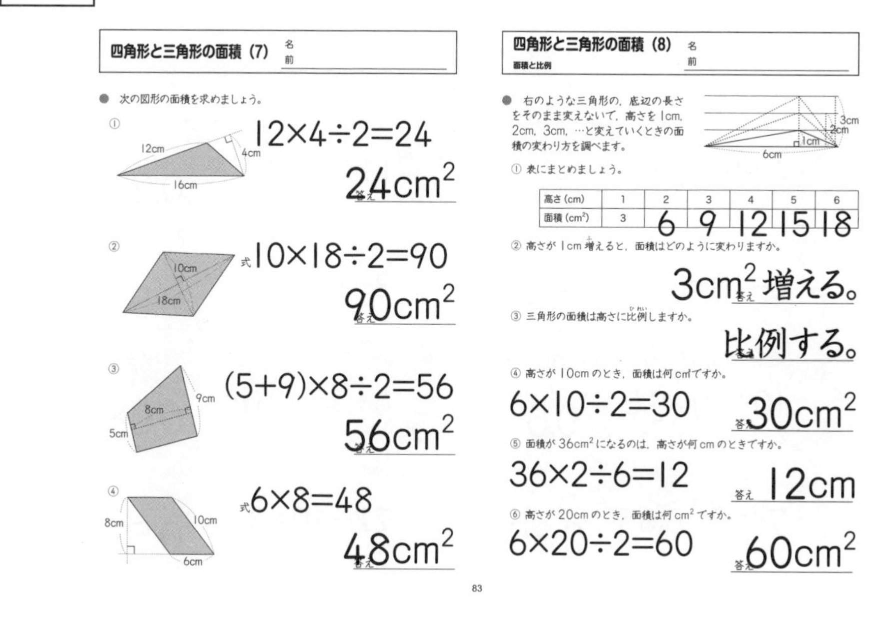

四角形と三角形の面積（7）　名前

● 次の図形の面積を求めましょう。

① 12×4÷2=24　答え 24cm²

② 式 10×18÷2=90　答え 90cm²

③ (5+9)×8÷2=56　答え 56cm²

④ 式 6×8=48　答え 48cm²

四角形と三角形の面積（8）　面積と比例　名前

● 右のような三角形の，底辺の長さをそのまま変えないで，高さを1cm，2cm，3cm，…と変えていくときの面積の変わり方を調べます。

① 表にまとめましょう。

高さ (cm)	1	2	3	4	5	6
面積 (cm²)	3	6	9	12	15	18

② 高さが1cm増えると，面積はどのように変わりますか。　答え 3cm² 増える。

③ 三角形の面積は高さに比例しますか。　答え 比例する。

④ 高さが10cmのとき，面積は何cm²ですか。　6×10÷2=30　答え 30cm²

⑤ 面積が36cm²になるのは，高さが何cmのときですか。　36×2÷6=12　答え 12cm

⑥ 高さが20cmのとき，面積は何cm²ですか。　6×20÷2=60　答え 60cm²

83

P.84

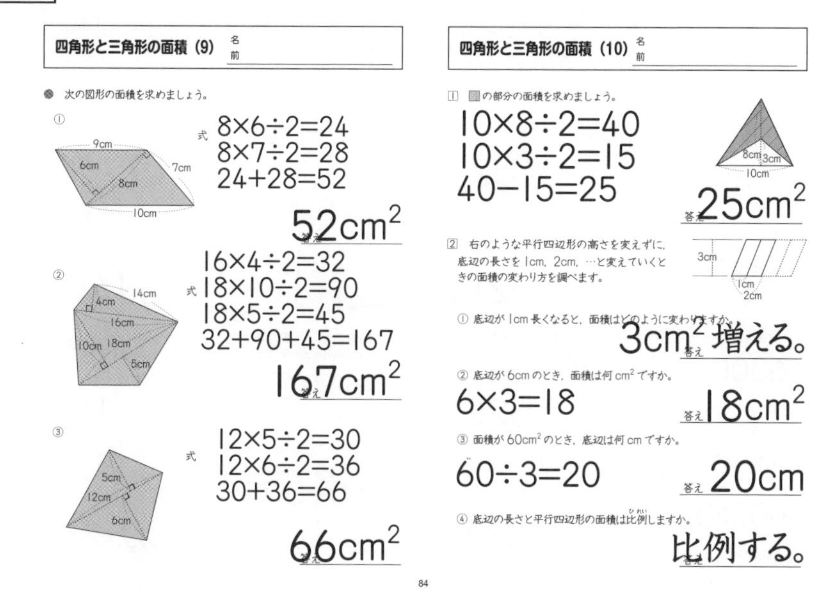

四角形と三角形の面積（9）　名前

● 次の図形の面積を求めましょう。

① 式 8×6÷2=24　8×7÷2=28　24+28=52　答え 52cm²

② 式 16×4÷2=32　18×10÷2=90　18×5÷2=45　32+90+45=167　答え 167cm²

③ 式 12×5÷2=30　12×6÷2=36　30+36=66　答え 66cm²

四角形と三角形の面積（10）　名前

1 ▒の部分の面積を求めましょう。

10×8÷2=40　10×3÷2=15　40−15=25　答え 25cm²

2 右のような平行四辺形の高さを変えずに，底辺の長さを1cm，2cm，…と変えていくときの面積の変わり方を調べます。

① 底辺が1cm長くなると，面積はどのように変わりますか。　答え 3cm² 増える。

② 底辺が6cmのとき，面積は何cm²ですか。　6×3=18　答え 18cm²

③ 面積が60cm²のとき，底辺は何cmですか。　60÷3=20　答え 20cm

④ 底辺の長さと平行四辺形の面積は比例しますか。　答え 比例する。

84

P.85

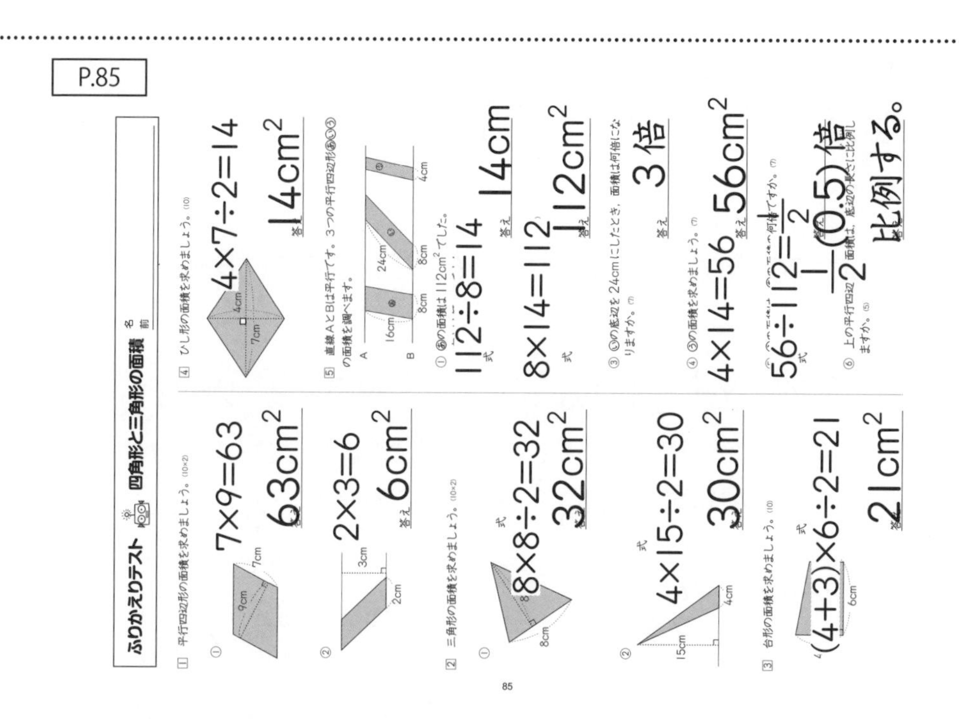

ふりかえりテスト　四角形と三角形の面積　名前

1 平行四辺形の面積を求めましょう。

① 7×9=63　答え 63cm²

② 2×3=6　答え 6cm²

2 三角形の面積を求めましょう。

① 式 8×8÷2=32　答え 32cm²

② 式 4×15÷2=30　答え 30cm²

3 台形の面積を求めましょう。

式 (4+3)×6÷2=21　答え 21cm²

4 ひし形の面積を求めましょう。

4×7÷2=14　答え 14cm²

5 直線AとBは平行です。3つの平行四辺形あいうの面積を調べます。

① あの面積は112cm²でした。　式 112÷8=14　答え 14cm

② 式 8×14=112　答え 112cm²

③ うの底辺を24cmにしたとき，面積は何倍になりますか。　答え 3倍

④ うの面積を求めましょう。　4×14=56　答え 56cm²

⑤ 56÷112=1/2 (0.5) 倍

⑥ 上の平行四辺形の面積は，底辺の長さに比例しますか。　比例する。

85

解答

児童に実施させる前に，必ず指導される方が問題を解いてください。本書の解答は，あくまでも１つの例です。指導される方の作られた解答をもとに，本書の解答例を参考に児童の多様な考えに寄り添って○つけをお願いします。

P.86

割合とグラフ (1)

名前

● 次の割合を小数で表しましょう。

① バスケットボールのシュートを 10 回して，4 回成功したときの，成功した割合

式 4÷10=0.4　　答え 0.4

② バスケットボールのシュートを 10 回して，6 回成功したときの，成功した割合

式 6÷10=0.6　　答え 0.6

③ バスケットボールのシュートを 20 回して，10 回成功したときの，成功した割合

式 10÷20=0.5　　答え 0.5

④ バスケットボールのシュートを 20 回して，7 回成功したときの，成功した割合

式 7÷20=0.35　　答え 0.35

割合とグラフ (2)

名前

● 次の割合を小数で表しましょう。

① くじを 5 回引いて，1 回当たったときの，当たった割合

式 1÷5=0.2　　答え 0.2

② じゃんけんを 10 回して 3 回勝ったときの，勝った割合

式 3÷10=0.3　　答え 0.3

③ 5 年生 75 人のうち，バドミントンクラブに入っている 6 人の割合

式 6÷75=0.08　　答え 0.08

④ 40 人のクラスで，女子が 22 人のときの，女子の割合

式 22÷40=0.55　　答え 0.55

P.87

割合とグラフ (3)

割合を求める

名前

1 りょうたさんが T シャツを買いに行くと，A店では 1200 円，B店では 1500 円で売っていました。

① B店のねだんをもとにした，A店のねだんの割合を求めましょう。

A店 / B店 1500円 / 割合 0　0.5　?　1

式 1200÷1500=0.8　　答え 0.8

② A店のねだんをもとにした，B店のねだんの割合を求めましょう。

A店 / B店 1500円 / 割合 0　0.5　1　?

式 1500÷1200=1.25　　答え 1.25

2 高さ 50m のAビルのそばに，高さ 70m のBビルがあります。Aビルの高さをもとにして，Bビルの高さの割合を求めましょう。

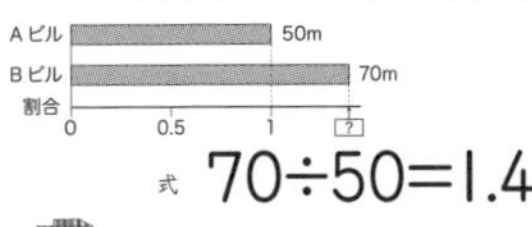

式 70÷50=1.4　　答え 1.4

割合とグラフ (4)

割合を求める（百分率・歩合）

名前

小数	1	0.1	0.01	0.001
歩合	10割	1割	1分	1厘
百分率	100%	10%	1%	0.1%

1 次の小数を百分率で表しましょう。

① 0.06　6%　　② 0.59　59%

③ 0.8　80%　　④ 1.2　120%

⑤ 1.82　182%　　⑥ 1.03　103%

2 次の百分率を，割合を表す小数で表しましょう。

① 47%　0.47　　② 60%　0.6

③ 3%　0.03　　④ 110%　1.1

⑤ 20.1%　0.201

3 次の割合を歩合で表しましょう。

① 0.4　4割　　② 0.71　7割1分

③ 0.014　1分4厘　　④ 1割5分9厘

P.88

割合とグラフ (5)

割合を求める

名前

● 次の割合を，百分率や歩合で表しましょう。

① 前田さんのキャベツ畑は $140m^2$ で，木村さんのキャベツ畑は $200m^2$ です。前田さんの畑は，木村さんの畑の何%ですか。

140÷200=0.7　　答え 70%

② サッカーのシュートが，20 回のうち 4 回成功しました。成功したのは何%ですか。

式 4÷20=0.2　　答え 20%

③ あさがおの種を 40 個まいたら，34 本の芽が出ました。芽が出た割合（発芽率）を百分率で表しましょう。

式 34÷40=0.85　　答え 85%

④ りなさんが計算テストをしたら，50 問のうち 47 問が正解でした。りなさんの正答率（問題の数をもとにした，正解の数）を歩合で表しましょう。

式 47÷50=0.94　　答え 9割4分

割合とグラフ (6)

割合を求める

名前

● 次の割合を，百分率や歩合で表しましょう。

① ある飛行機の定員は 200 人です。160 人乗ったときのとう乗率（定員をもとにした，乗っている人数の割合）は何%ですか。

160÷200=0.8　　答え 80%

② 5 年 2 組は全員で 36 人ですが，そのうち 9 人がインフルエンザで欠席しました。欠席した人数の割合（欠席率）を百分率で表しましょう。

式 9÷36=0.25　　答え 25%

③ Aの橋の長さは 26m で，Bの橋の長さは 40m です。Bの橋の長さをもとにした，Aの橋の長さの割合を歩合で表しましょう。

26÷40=0.65　　答え 6割5分

④ くじを 250 本作り，そのうち 5 本を当たりにしました。当たりの割合は何%ですか。

式 5÷250=0.02　　答え 2%

P.89

割合とグラフ (7)

比べられる量を求める

名前

1 松本さんの家の土地は $440m^2$ で，そのうち 30%が庭です。庭の広さは何 m^2 ですか。

440×0.3=132　　答え $132m^2$

2 かべにペンキをぬっています。かべは全部で $28m^2$ あります。今，かべ全体の 75% をぬり終えました。ぬり終えたかべは何 m^2 ですか。

28×0.75=21　　答え $21m^2$

3 定価 6500 円のセーターをその 8 割のねだんで売ります。売るねだんは何円ですか。

式 6500×0.8=5200　　答え 5200 円

4 600 席が定員の音楽ホールにお客さんがたくさんやって来て，定員の 120%になりました。お客さんは何人来ましたか。

600×1.2=720　　答え 720 人

割合とグラフ (8)

もとにする量を求める

名前

1 わかなさんの身長は 142cm で，お父さんの身長の 80%にあたります。お父さんの身長は何 cm ですか。

式 142÷0.8=177.5　　答え 177.5cm

2 ある列車は，1 両に 182 人乗っています。これは定員の 130%にあたります。この車両の定員は何人ですか。

182÷1.3=140　　答え 140 人

3 家のお風呂の水で洗たくをします。お風呂の水を 36L くみ出しました。これはお風呂全体の 20%です。お風呂の水は何 L ありましたか。

36÷0.2=180　　答え 180L

4 かずきさんは本を 150 ページまで読みました。これは本全体の 75%にあたります。本は全部で何ページですか。

式 150÷0.75=200　　答え 200 ページ

P.90

割合とグラフ (9) 割引き・割増し

名前

1 定価が4200円のくつを３割引きで買うことができました。何円で買いましたか。

式 4200×(1−0.3)=2940

答え 2940円

2 800円で仕入れた品物に，仕入れのねだんの40%の利益を加えて売りました。売るねだんはいくらですか。

式 800×(1+0.4)=1120

答え 1120円

3 あるお店では，仕入れた品物に，仕入れのねだんの30%の利益を加えて2860円で売っています。仕入れのねだんは何円ですか。

式 2860÷(1+0.3)=2200

答え 2200円

4 定価2500円で売っていたスカートを安くしてもらって，2000円で買い

(2500−2000)÷2500=0.2

または

(2000÷2500=0.8
1−0.8=0.2)

答え 20%引き

90

割合とグラフ (10) 割合・比べられる量・もとにする量

名前

● ゆうかさんの家の畑は300m² です。

① この畑のうち，トウモロコシ畑は72m² です。トウモロコシ畑は畑全体の何%ですか。また，歩合でも表しましょう。

式 72÷300=0.24

答え 百分率 24%　歩合 2割4分

② また，畑の32%はジャガイモ畑です。ジャガイモ畑は何m² ですか。

式 300×0.32=96

答え 96m²

③ ゆうかさんの家の畑の面積は，ひなたさんの家の畑の面積の７割５分にあたります。ひなたさんの家の畑の面積は何m² ですか。

式 300÷0.75=400

答え 400m²

P.91

割合とグラフ (11)

名前

● 下のグラフはももの収かく量の都道府県別割合をグラフにしたものです。

都道府県別ももの収かく量の割合

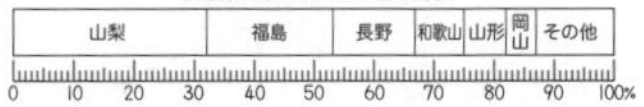

山梨	福島	長野	和歌山	山形	岡山	その他

0 10 20 30 40 50 60 70 80 90 100%

1 上のグラフを見て答えましょう。

① このようなグラフを何グラフといいますか。 帯グラフ

② 山梨は，全体の何%ですか。 32%

③ 福島は，全体の何%ですか。 21%

④ 長野は，全体の何%ですか。 14%

⑤ 和歌山は，全体の何%ですか。 8%

2 全体の収かく量が120000 tとすると，次の県の収かく量はそれぞれ何tになりますか。

120000×0.32=38400　38400 t
120000×0.21=25200　25200 t
120000×0.14=16800　16800 t

3 山梨は，和歌山の何倍ですか。

32÷8=4　答え 4倍

91

割合とグラフ (12)

名前

● 右のグラフは，日本のある年の耕作地の作付面積の割合を表したものです。

日本の作付面積の割合

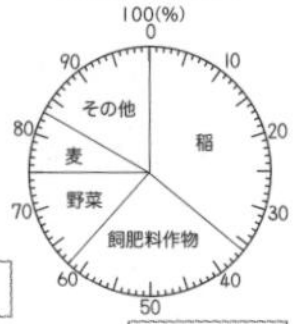

100(%)

(円グラフ：稲，飼肥料作物，野菜，麦，その他)

① このようなグラフを何グラフといいますか。 円グラフ

② 稲は，全体の何%ですか。 36%

③ 飼肥料作物は，全体の何%ですか。 26%

④ 野菜は，全体の何%ですか。 13%

⑤ この年の日本の耕作地全体の面積は約440万haでした。次の面積を求めましょう。（答えは１万の位までのがい数にしましょう。）

・稲の作付面積は，約何万haですか。

式 440万×0.36=158.4万　約158万ha

・野菜の作付面積は，約何万haですか。

式 440万×0.13=57.2万　約57万ha

158万+57万=215万　約215万ha

P.92

割合とグラフ (13)

名前

● 右の表は，ある小学校の１年間のけがの人数調べをしたものです。

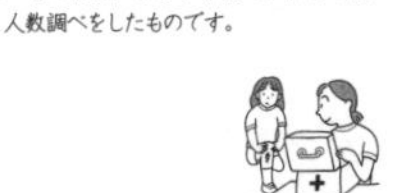

けがの種類	人数(人)
すりきず	52
打ぼく	38
切りきず	21
ねんざ	12
こっせつ	2
その他	5
合計	130

① 全体をもとにして，それぞれの割合を百分率で表しましょう。（小数第三位を四捨五入しましょう。）

・すりきず 52÷130=0.4　答え 40%
・打ぼく 38÷130=0.292…　答え 29%
・切りきず 21÷130=0.161…　答え 16%
・ねんざ 12÷130=0.092…　答え 9%
・こっせつ 2÷130=0.015…　答え 2%
・その他 5÷130=0.038…　答え 4%

② 下の帯グラフに表しましょう。

けが調べ

すりきず	打ぼく	切りきず	ねんざ	こっせつ	その他

0 10 20 30 40 50 60 70 80 90 100(%)

92

割合とグラフ (14)

名前

● 下の表は，ある通りを通った車100台の種類と台数を調べたものです。

車の種類	台数(台)
乗用車	50
トラック	19
バイク	13
バス	8
その他	10
合計	100

① 全体をもとにして，それぞれの割合を百分率で表しましょう。

・乗用車 式 50÷100=0.5　答え 50%
・トラック 式 19÷100=0.19　答え 19%
・バイク 式 13÷100=0.13　答え 13%
・バス 式 8÷100=0.08　答え 8%
・その他 式 10÷100=0.1　答え 10%

② 下の円グラフに表しましょう。

ある通りを通った100台の種類別の割合

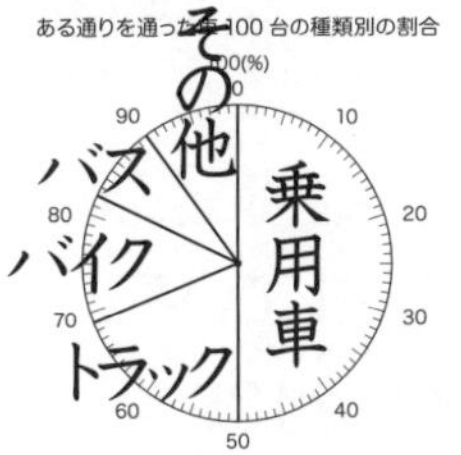

(円グラフ：乗用車，トラック，バイク，バス，その他)

P.93

ふりかえりテスト 割合とグラフ

名前

1 次の小数を百分率で，百分率を小数で表しましょう。(2×6)

① 0.86 86%　② 0.3 30%
③ 1.7 170%　④ 55% 0.55
⑤ 8% 0.08　⑥ 70% 0.7

2 次の小数を歩合で，歩合を小数で表しましょう。(2×6)

① 0.9 9割　② 0.61 6割1分
③ 0.132 1割3分2厘
④ 1割5分 0.15
⑤ 4割6厘 0.406
⑥ 12割 1.2

3 次の問題を解きましょう。(8×3)

① くじを800本つくり，そのうち3%を当たりにしました。当たりの数は何本ですか。

800×0.03=24　答え 24本

② 本を75ページまで読みました。これは本全体の25%にあたります。本は全部で何ページですか。

75÷0.25=300　答え 300ページ

③ あるバスの定員は40人です。定員をもとにすると，28人乗ったときの人数の割合は何%ですか。

28÷40=0.7　答え 70%

4 次の問題を解きましょう。(8×3)

① 定価3000円のおもちゃを４割引きで買いました。

3000×(1−0.4)=1800　1800円

② 定価4000円のゲームソフトを3000円で買

3000÷4000=0.75
1−0.75=0.25　答え 25%

③ お肉を２割引きで買って640円はらいました。

640÷(1−0.2)=800　800円

5 右の表は，５年１組の図書コーナーにある本の種類と数を調べたものです。

図書コーナーの本調べ

本の種類	さっ数(さつ)	割合(%)
物語	118	59
図かん	48	24
伝記	14	7
その他	20	10
合計	200	100

① それぞれの割合を百分率で求めて表に書きましょう。(4×4)

② 帯グラフに表しましょう。(6)

図書コーナーにある本の割合

物語	図かん	伝記	その他

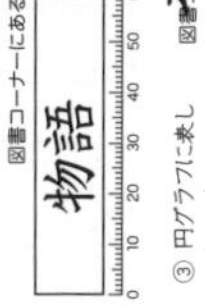

③ 円グラフに表しましょう。(6)

図書コーナーにある本の割合

(円グラフ：物語，図かん，伝記，その他)

93

解答

児童に実施させる前に，必ず指導される方が問題を解いてください。本書の解答は，あくまでも１つの例です。指導される方の作られた解答をもとに，本書の解答例を参考に児童の多様な考えに寄り添って○つけをお願いします。

P.94

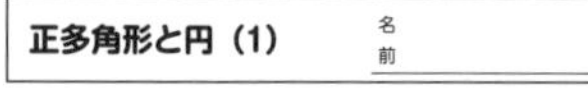

正多角形と円 (1)　名前

1 次の正多角形について，名前と辺の数を書きましょう。

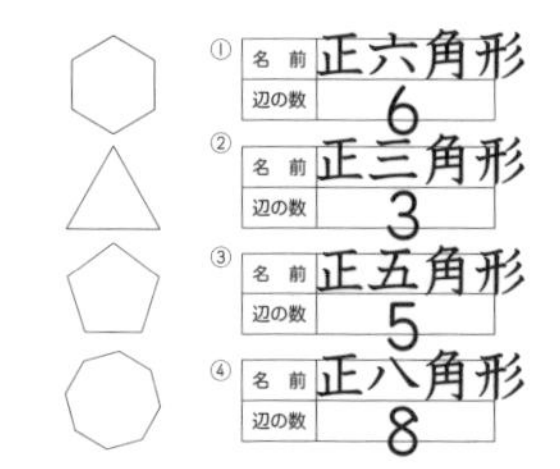

	名前	辺の数
①	正六角形	6
②	正三角形	3
③	正五角形	5
④	正八角形	8

2 円の中心のまわりの角を５等分して，正五角形をかきました。

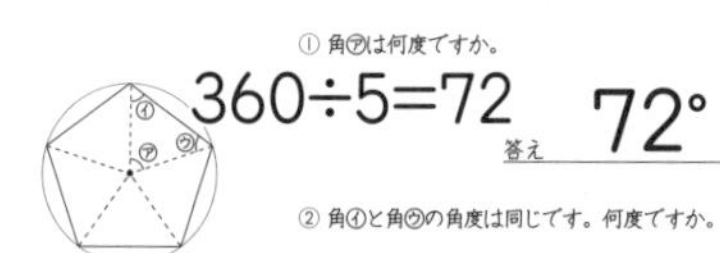

① 角㋐は何度ですか。

360÷5=72　答え 72°

② 角㋑と角㋒の角度は同じです。何度ですか。

(180−72)÷2=54　答え 54°

正多角形と円 (2)　名前

● 円の中心のまわりの角を等分して，次の正多角形をかきましょう。

① 正八角形

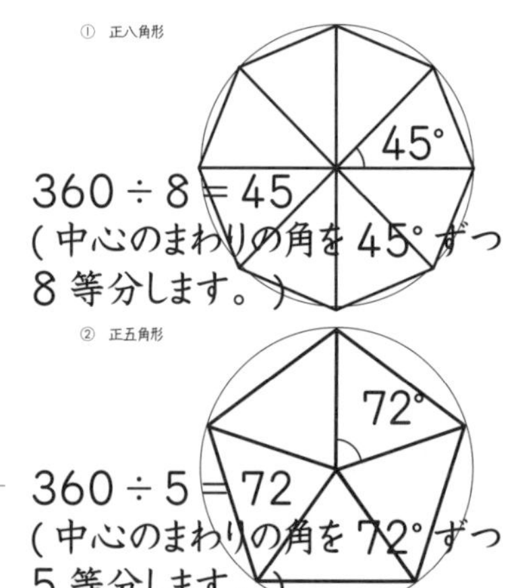

45°

360 ÷ 8 = 45
(中心のまわりの角を 45° ずつ 8 等分します。)

② 正五角形

72°

360 ÷ 5 = 72
(中心のまわりの角を 72° ずつ 5 等分します。)

P.95

正多角形と円 (3)　名前

1 円の中に，コンパスを使って，正六角形をかきましょう。

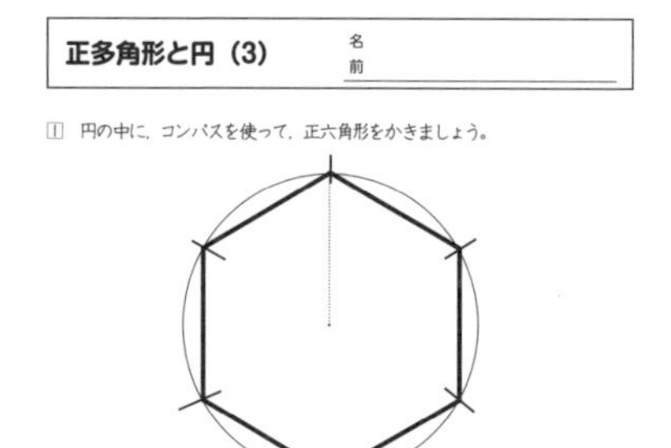

2 コンパスを使って下のもようを方眼にかきましょう。

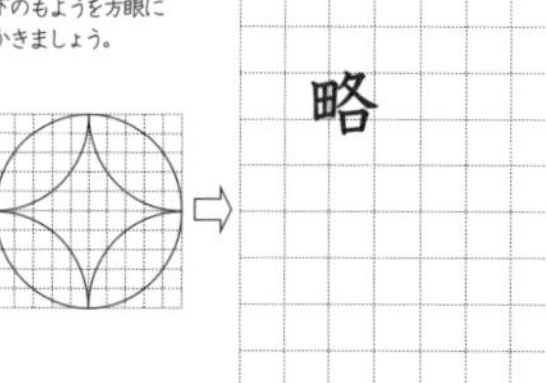

略

正多角形と円 (4)　名前

1 次の□にはことばを，(　)には数を書き入れましょう。

① 円周の長さは，直径の約 (3.14) 倍になります。

② どんな大きさの円でも，円周÷直径は同じ数になります。
この数のことを 円周率 といいます。

③ 円周の長さは，次の式で求められます。
円周＝ 直径 × (3.14)

④ 円周の長さがわかっているとき，直径の長さは次の式で求められます。
直径＝ 円周 ÷ 円周率

2 次の円の円周の長さを求めましょう。

① 4×3.14=12.56　答え 12.56cm

② 6×3.14=18.84　答え 18.84cm

P.96

正多角形と円 (5)　名前

● 次の円の円周の長さを求めましょう。

①

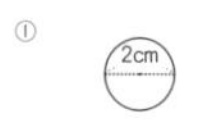

式 2×3.14=6.28　答え 6.28cm

②

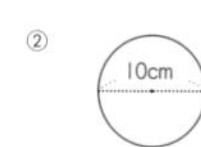

式 10×3.14=31.4　答え 31.4cm

③

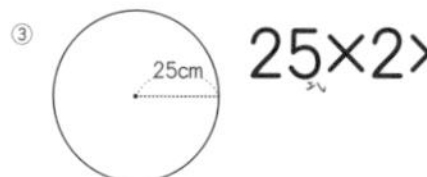

式 25×2×3.14=157　答え 157cm

④

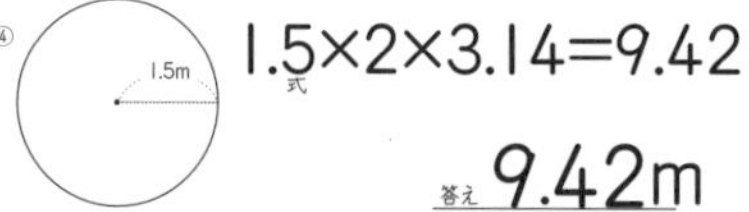

式 1.5×2×3.14=9.42　答え 9.42m

正多角形と円 (6)　名前

● 円周が次の長さの円の直径や半径を求めましょう。

① 円周が 25.12cm の円の直径

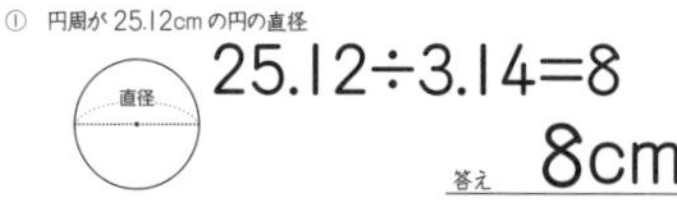

25.12÷3.14=8　答え 8cm

② 円周が 50.24cm の円の直径

50.24÷3.14=16　答え 16cm

③ 円周が 6.28cm の円の半径

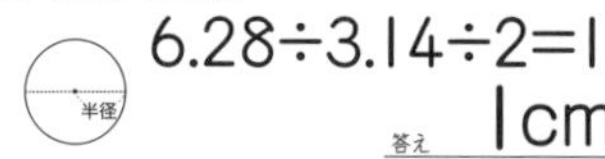

6.28÷3.14÷2=1　答え 1cm

④ 円周が 69.08cm の円の半径

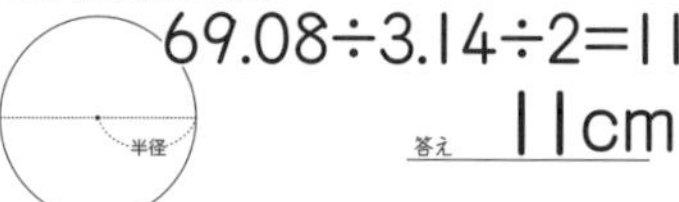

69.08÷3.14÷2=11　答え 11cm

P.97

正多角形と円 (7)　名前

1 次の図のまわりの長さを求めましょう。

6×2×3.14÷4=9.42
9.42+6×2=21.42　答え 21.42cm

10×3.14=31.4
31.4+10×2=51.4　答え 51.4cm

2 下の図を見て，問いに答えましょう。

① 円の直径 (□) が変わると，円周の長さ (○) はどうなるか調べて，表に書きましょう。

直径□ (cm)	1	2		4	5
円周○ (cm)	3.14	6.28	9.42	12.56	15.7

② 直径が２倍，３倍，…になると，円周の長さはどうなりますか。

2 倍，3 倍，…になる。

③ ○と□を使って，円周の長さを求める式を書きましょう。

○＝□× 3.14

④ 円周の長さ (○) は直径 (□) に比例していますか。

比例している。

⑤ 直径が 60cm のとき，円周の長さは何 cm になりますか。

60×3.14=188.4　答え 188.4cm

正多角形と円 (8)　名前

1 車輪の直径が 50cm の一輪車で，車輪が 10 回転したとき，何m進みますか。

式 50×3.14×10=1570
1570cm=15.7m

答え 15.7m

2 大きな木のまわりを子ども４人が手をつないで囲んでいます。この木の直径はおよそ何mですか。
子ども１人が両手を広げた長さを 1.5m，円周率を 3.14 として計算しましょう。
(答えは，小数第二位を四捨五入しましょう。)

式 1.5×4=6
6÷3.14=1.91…

答え 約 1.9m

P.98

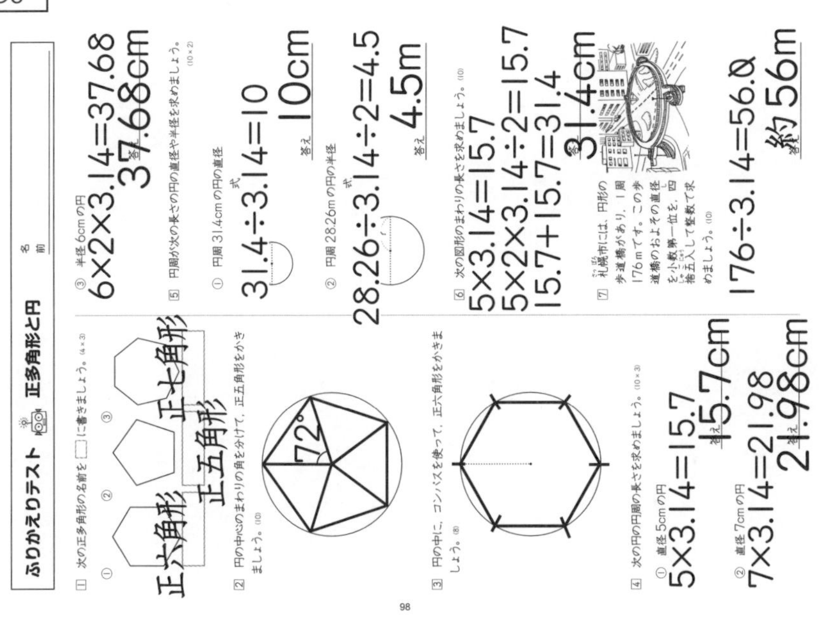

ふりかえりテスト 正多角形と円
1 次の正多角形の名前を□に書きましょう。
① 正六角形 ② 正五角形 ③ 正七角形
2 円の中心のまわりの角を等分して，正五角形をかきましょう。
72°
3 円の中に，コンパスを使って，正六角形をかきましょう。
4 次の円の円周の長さを求めましょう。
① 直径5cmの円 5×3.14=15.7 答え 15.7cm
② 直径7cmの円 7×3.14=21.98 答え 21.98cm
③ 半径6cmの円 6×2×3.14=37.68 答え 37.68cm
5 円周が次の長さの円の直径や半径を求めましょう。
① 円周31.4cmの円の直径 31.4÷3.14=10 答え 10cm
② 円周28.26cmの円の半径 28.26÷3.14÷2=4.5 答え 4.5m
6 次の図形のまわりの長さを求めましょう。
5×3.14=15.7
5×2×3.14÷2=15.7
15.7+15.7=31.4 答え 31.4cm
7 札幌市には，円形の歩道橋があり，1周176mです。この歩道橋のおよその直径を小数第一位を四捨五入して整数で求めましょう。
176÷3.14=56.0 答え 約56m
98

P.99

角柱と円柱（1） 名前

1 角柱の部分の名前を（ ）に書きましょう。（③と④はちがうことばが入ります。）

①（辺） ②（頂点） ③（底面） ④（側面）

2 平面で囲まれた立体のうち，平行な面がある下のような立体について調べましょう。

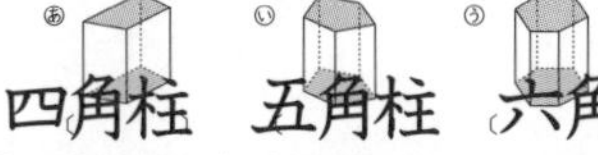

あ 四角柱 い 五角柱 う 六角柱

① 立体あいうの名前を（ ）に書きましょう。

② それぞれの立体で，色のついた平行な１組の面はどんな形をしていますか。

あ（四角形） い（五角形） う（六角形）

③ 色のついていないまわりの面は，それぞれいくつありますか。

あ（4つ） い（5つ） う（6つ）

④ 下の（ ）にあてはまることばを書きましょう。

・色のついた平行な１組の面を（底面）といいます。

・色のついていないまわりの面を（側面）といい，その形はどれも（長方形）か正方形です。

角柱と円柱（2） 名前

1 角柱の底面，側面，頂点，辺，面について調べ，表にまとめましょう。

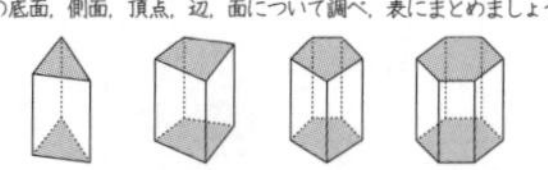

	三角柱	四角柱	五角柱	六角柱
底面の形	三角形	四角形	五角形	六角形
側面の数	3	4	5	6
頂点の数	6	8	10	12
辺の数	9	12	15	18
面の数	5	6	7	8

2 （ ）にあてはまることばを書きましょう。

① 角柱では，向かい合った２つの面を（底面）といい，それ以外のまわりの面を（側面）といいます。

② 角柱の２つの底面は，同じ大きさ，同じ形で，たがいに（平行）な関係になっています。

③ 角柱の底面と側面とは，たがいに（垂直）な関係になっています。

④ 角柱の側面の形は（長方形）か正方形になっています。

99

P.100

角柱と円柱（3） 名前

● 下の図のような立体を円柱といいます。（ ）にあてはまることばを□から選んで書きましょう。（同じことばを何回使ってもよい。）

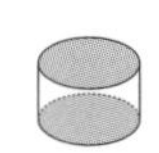
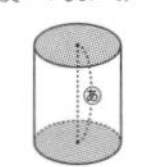

① 円柱では，向かい合った２つの面を（底面）といい，それ以外のまわりの面を（側面）といいます。

② 円柱の（2）つの底面の形は，同じ大きさの（円）で，たがいに（平行）な関係になっています。

③ 円柱の底面と側面とは，たがいに（垂直）な関係になっています。

④ 円柱の（側面）のように曲がった面を，（曲面）といいます。

⑤ 上の図のあのように，円柱の２つの底面に（垂直）な直線の長さを，円柱の（高さ）といいます。

⑥ 角柱の側面はすべて（平面）ですが，円柱の側面は（曲面）になっています。

１・２・３・円・高さ・平行・垂直・底面・側面・平面・曲面

角柱と円柱（4） 名前

1 次の立体の見取図の続きをかきましょう。

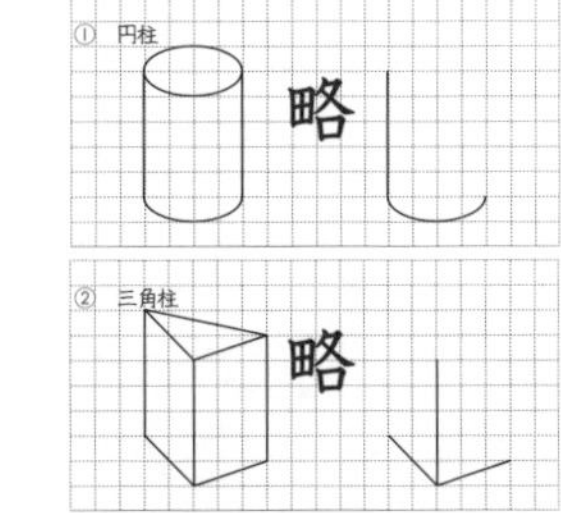

① 円柱
略
② 三角柱
略

2 立体の見取図に合う展開図を線で結びましょう。

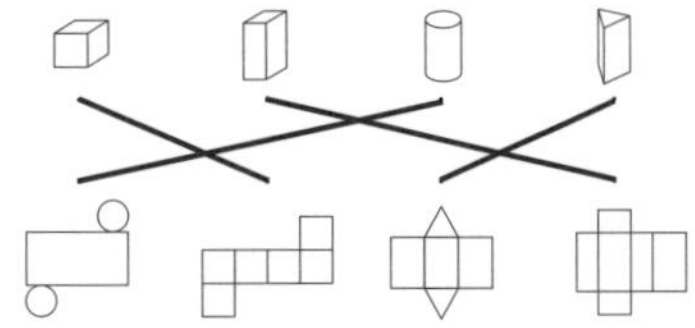

100

P.101

角柱と円柱（5） 名前

1 次の展開図を組み立てると，どんな立体ができあがりますか。（ ）に立体の名前を書きましょう。

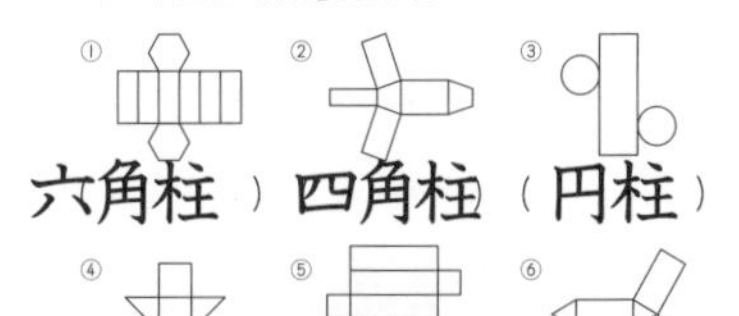

①（六角柱） ②（四角柱） ③（円柱）

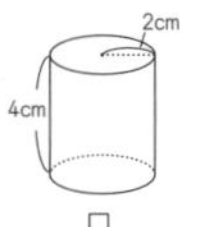

④（三角柱） ⑤（四角柱（直方体）） ⑥（三角柱）

2 底面が１辺3cmの正三角形で，高さが4cmの三角柱の展開図をかきましょう。

（例）

角柱と円柱（6） 名前

● 下の図のような円柱の展開図をかきます。

2cm 4cm

① 展開図にしたとき，側面はどのような形になりますか。

（長方形）

② ①の側面の展開図では，たてと横の長さはそれぞれ何cmになりますか。ただし，円柱の高さを，側面の展開図のたてとします。

たて（4 cm） 横（12.56 cm）

③ 上の円柱の展開図を，下の方眼にかきましょう。

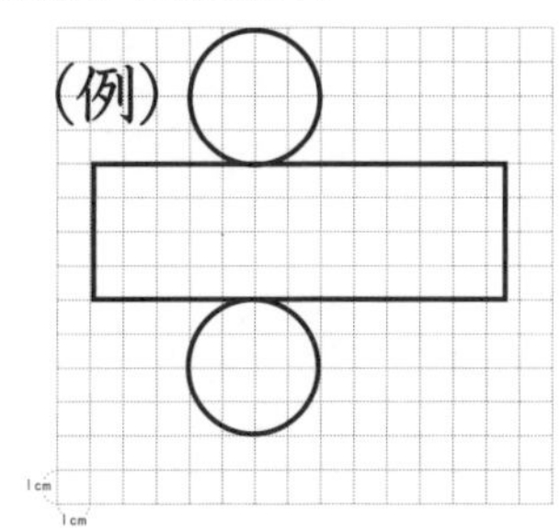

（例）
1cm
1cm

101

解答　児童に実施させる前に，必ず指導される方が問題を解いてください。本書の解答は，あくまでも１つの例です。指導される方の作られた解答をもとに，本書の解答例を参考に児童の多様な考えに寄り添って○つけをお願いします。

P.102

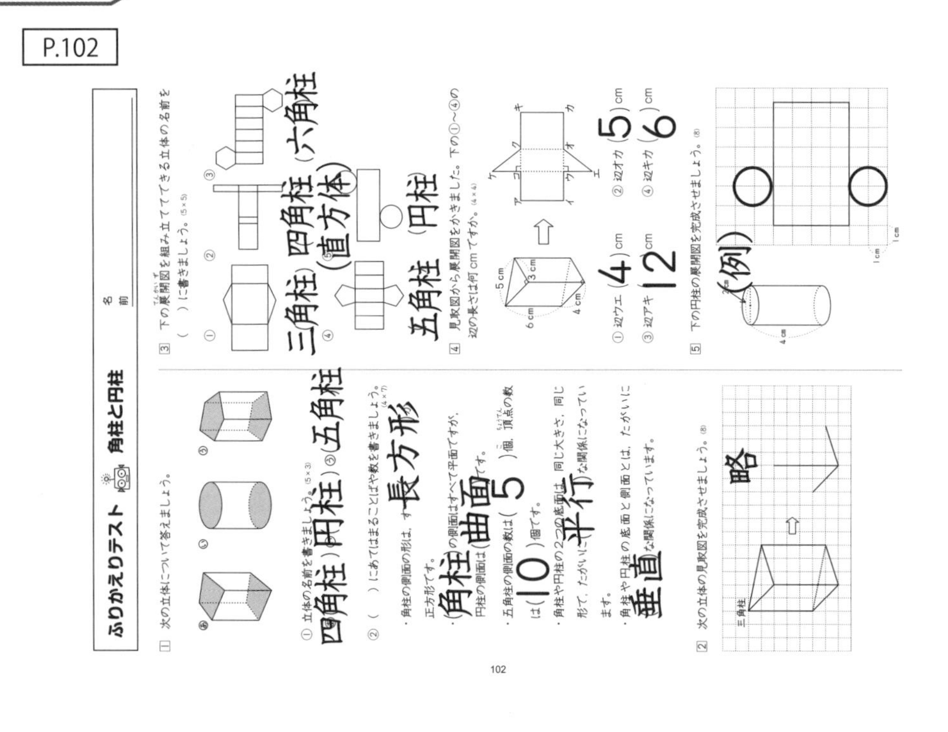
ふりかえりテスト　角柱と円柱　名前

1 次の立体について答えましょう。
① 立体の名前を書きましょう。(5×3)　㋐ 四角柱　㋑ 円柱　㋒ 五角柱
② （　）にあてはまることばや数を書きましょう。(4×7)
・角柱の側面の形は，すべて 長方形 か正方形です。
・角柱 の側面はすべて平面ですが，円柱の側面は 曲面 です。
・五角柱の側面の数は（5）個，頂点の数は（10）個です。
・角柱や円柱の2つの底面は，同じ大きさ，同じ形で，たがいに 平行 な関係になっています。
・角柱や円柱の底面と側面とは，たがいに 垂直 な関係になっています。

2 次の立体の見取図を完成させましょう。(8)　三角柱　略

3 下の展開図を組み立ててできる立体の名前を（　）に書きましょう。(5×5)
① 三角柱　② 四角柱（直方体）　③ 六角柱　④ 五角柱　⑤ 円柱

4 見取図から展開図をかきました。下の①～④の辺の長さは何cmですか。(4×4)
① 辺ウエ（4）cm　② 辺オカ（5）cm　③ 辺アキ（12）cm　④ 辺キカ（6）cm

5 下の円柱の展開図を完成させましょう。(8)　（例）

102

新版　教科書がっちり算数プリント
完全マスター編　5年　ふりかえりテスト付き
力がつくまでくりかえし練習できる

2020年9月１日　第１刷発行
2022年1月10日　第２刷発行

企画・編著：原田 善造・あおい えむ・今井 はじめ・さくら りこ
中田 こういち・なむら じゅん・ほしの ひかり・堀越 じゅん
みやま りょう（他４名）
イラスト：山口 亜耶　他

発行者：岸本 なおこ
発行所：喜楽研（わかる喜び学ぶ楽しさを創造する教育研究所）
〒604-0827　京都府京都市中京区高倉通二条下ル瓦町 543-1
TEL　075-213-7701　FAX　075-213-7706
HP　https://www.kirakuken.co.jp
印刷：株式会社イチダ写真製版

ISBN:978-4-86277-313-5

Printed in Japan

学校現場では，本書ワークシートをコピー・印刷して児童に配布できます。
学習する児童の実態にあわせて，拡大してお使い下さい。